建筑施工技术与管理研究

张鑫　王峰　韩小平　著

吉林科学技术出版社

图书在版编目（ＣＩＰ）数据

建筑施工技术与管理研究 / 张鑫，王峰，韩小平著
. -- 长春：吉林科学技术出版社，2023.7
　　ISBN 978-7-5744-0654-4

　　Ⅰ．①建… Ⅱ．①张… ②王… ③韩… Ⅲ．①建筑施
工—施工管理 Ⅳ．①TU71

中国国家版本馆CIP数据核字(2023)第136533号

建筑施工技术与管理研究

著	张 鑫 王 峰 韩小平
出 版 人	宛 霞
责任编辑	王天月
封面设计	南昌德昭文化传媒有限公司
制 版	南昌德昭文化传媒有限公司
幅面尺寸	185mm×260mm
开 本	16
字 数	290千字
印 张	13.75
印 数	1-1500册
版 次	2023年7月第1版
印 次	2024年2月第1次印刷

出 版	吉林科学技术出版社
发 行	吉林科学技术出版社
地 址	长春市福祉大路5788号
邮 编	130118
发行部电话/传真	0431-81629529 81629530 81629531
	81629532 81629533 81629534
储运部电话	0431-86059116
编辑部电话	0431-81629518
印 刷	三河市嵩川印刷有限公司

书 号	ISBN 978-7-5744-0654-4
定 价	81.00元

《建筑施工技术与管理研究》
编审会

著	张 鑫	王 峰	韩小平
编 著	陈万兵	任明虎	周九迎
	陈安保	武 锋	李文杰
	赵 斌	范晓娜	宋俊俊
	黄 睿	朱翠莹	李军利
	简淅霞	王 菲	杨培颜
	谢留俊	邹 川	全 勇
	胡 玲	李建中	乔亚茹
	郝晓斐	刘树强	周 涛
	崔鹏伟	陈汝霞	张鑫鑫
	姚元戎	向 宇	单 越
	陈 亮	郝志强	焦媛媛
	徐文飞	王 丹	代聪峰
	辛 建	高立磊	

前言 PREFACE

随着经济的发展，生活水平的提高，人们对建筑工程项目提出个性化要求，在这种情况之下，对工程施工管理显得格外重要。面对错综复杂的施工，如何高质量、短工期、高效益，以及安全地完成工程项目，就成为建筑施工企业关注的焦点。只有加强质量管理，狠抓安全管理，同时做好进度管理、成本核算等工作，以及借助信息技术等，对工程施工进行管理，才能实现持续发展。建筑是人们工作生活的场所，直接关系着国计民生，建筑工程的质量与安全是人们关注的焦点，只有全面做好施工管理，才能确保建筑物安全，符合建筑质量整体要求。建筑工程的管理工作内容较广泛，涉及建设的准备、施工、验收等不同方面，通过良好科学的管理，达到掌握进度、控制成本、保证质量、维护安全的目标。建筑管理工作受建筑周期的影响，一直存在于建设的全过程，只有不断提高管理能力与水平，才能确保露天高空作业安全，使各道工序按期推进。"建筑施工技术与管理"是建筑工程技术、工程造价、土木工程检测技术等土建类相关专业的一门专业核心课程。其主要任务是研究建筑工程施工中主要分部、分项工程的施工工艺、施工技术和施工方法。掌握现代建筑工程施工中的工艺和方法，根据工程实际特点独立分析建筑工程施工当中有关施工技术问题，科学、合理、有效地选择施工方法与措施。

本书是建筑施工方面的著作，主要研究建筑施工技术与管理，从现代建筑及施工的基本理论出发，对建筑工程中土方工程、钢筋混凝土工程、地下室工程等方面的施工方法、施工技术与施工管理做了详细阐述，对施工进度、质量、成本、安全、资源、合同管理等方面进行了详细的总结。在编写过程中，本书力求理论联系实际，突出针对性和实用性，力求做到深入浅出，图文并茂，理论阐述清晰、简明，易读易懂，具有较强的可操作性。因此，本书不仅适用于本科生做参考，同时也可作为工程技术人员的参考资料，希望本书对建筑施工技术理论知识分析和解决工程实际问题有一定的借鉴意义。

由于编者的施工实践经验有限，了解的方法与资料积累不全，本书中难免有不足之处，请广大读者批评指正。

目录 CONTENTS

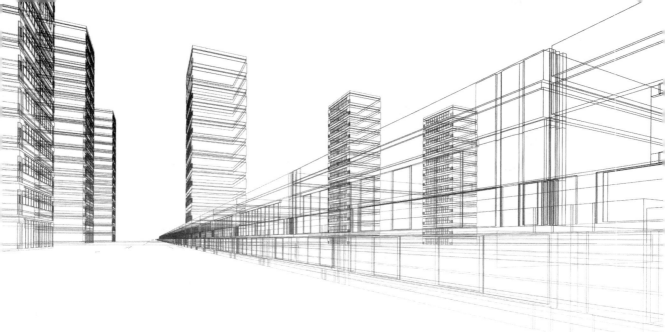

第一章　现代建筑与建筑施工的基本理论

第一节　现代建筑

一、现代建筑理论

运用文献资料、逻辑分析等方法，通过对现代建筑理论的研究，分析现代建筑新理论，提出了城市规划中要不断地融入多元化的现代建筑理论，丰富城市规划的内涵，将一个时代的风貌和精神潮流都融入进去，对城市规划保持既沉淀又继承的传承精神，是建筑形式呈现多元化的发展趋势，来期对现代建筑理论的内涵丰富提供围观的理论支持。

（一）现代建筑理论的发展

中国现代建筑理论与其他社会现象不同的地方，是它既体现了人们对自然界的认识和改造，因而必须服从唯物辩证法哲学思想，即自然辩证法规律的指导；又体现了人们对社会历史的认识和改造，因而又必须服从历史唯物主义哲学思想的指导。构成中国现代建筑内容的基本要素：①功能，它是中国现代建筑的目的；②材料、结构、设备、施工等物质技术条件，它是达到上述目的的手段；③经济，它体现国民经济和人民生活的现实水平。

（二）现代建筑理论多元化

1. 功能主义

认为建筑的形式应该服从它的功能，在建筑设计当中必须反映出形式与使用功能的一致性。

2. 国际式建筑

国际式建筑没有自己的组织，却在许多著名建筑师的作品中得以体现，以技术代替艺术，认为美即功能，把使用者抽象为生理或物理意义上的人，以精确的类似外科手术式的精密手法对待建筑中的功能问题，忽视不同文化地域人的精神审美要求，导致国际式建筑泛滥，又被称为方盒子建筑。

3. 可持续发展理论

"可持续发展"包括可持续性和发展两个基本概念。可持续性可以理解为人类对环境资源支配的可承受能力和承载能力。发展是指人类物质财富的增长、人们生活质量的提高，其实本质就是既要满足当代人的需要，又不对后代人满足其需要的能力构成危害的发展，可持续发展理论在建筑体系中的应用也被称为生态建筑。可持续建筑的设计尤其注重考虑建筑对于自然环境的适应和影响，其理念就是追求降低环境负荷，与环境相结合，且有利于居住者健康。

4. 建筑文化理论

众所周知，文明指的是人类所创造的物质和精神财富的总和，所以，文化即是在民族和地域的发展中起到正面积极或者负面消极作用的因子，而建筑文化是文明文化范畴中对建筑物的含义界定，是建筑所体现的一种民族和地域历史的一种载体，例如民族遗留下来的语言文字、建筑、历史遗迹或者宗教信仰。

（三）现代城市规划建设的新思想

1. 新城镇运动

城镇具有完整的社会功能，不但能为城里的居民提供足够多的工作机会，还有城市所缺乏的高空气质量和悠闲的生活节奏。城镇之间彼此分开，但又可以通过便捷的交通相互连接，形成一个环绕城市，并能满足城市人口所需要的资源的卫星城片区。

2. 城乡二元结构

二元结构理论，把国家的经济结构划分为资本主义与非资本主义，前者在生产中使用可再生产性资本，劳动的生产力较高；后者在生产中使用不可再生产性资本，劳动力隐蔽失业，劳动的生产力很低，甚至为零或负数。把经济发展看作城市资本吸收农业剩余劳动力的过程，并提出经济的发展是劳动力从农业转向工业的发展，从而导致了城乡的分化，形成二元结构，城市成为工业发展中心，而村镇则属于为城市提供服务的农业中心。

3. 现代建筑理论应满足城市规划

（1）在建筑功能上

一定要符合我国人民的生活方式及其物质文化现实需要。随我国国民经济发展，人们对建筑功能的要求会有所提高。

（2）在建筑技术采用上

同样必须立足于我国科学技术发展的现实水平，诚然，在建筑业中应当尽量多地采用世界上的新技术，当前，国际上正在出现一场新的技术革命。

（3）建筑经济问题

我们面临着大规模建设任务，但资金不足，矛盾比较集中。建设业经济效益如何，对整个国民经济关系极大。但是我们切不可把建筑经济问题仅仅理解为"片面节约"。建筑经济的基本问题，是以最少的人力、物力和财力，取得最大的经济效益。如果任意降低建筑功能标准和工程质量以及建筑技术要求，就只能是鼓励粗制滥造，将带来更大浪费。

由于人类思维方式的不同，对现代建筑理论的各种思路和各种方法也不尽相同，现代建筑理论的理解也是因人而异，对现代建筑理论的新意程度也是不一样的。在现代社会，建筑师所设计的建筑所承载的功能性意义也有所不同，公共建筑的内涵、意义和使用的范围也是不一样的。因此，我们应该顺应局势的创新思维，在运用传统良好的创作手法的同时要创新地吸收外来文化的营养部分，以求更加完美的现代建筑理论。

二、现代建筑的再现性

建筑学领域所探讨的"再现"的真正源头存在于文学与艺术理论之中，这一概念探讨的是人类的知识、语言、艺术能否或以何种方式"准确呈现"世界的真实面貌（真理、本质）的问题，与"艺术乃自然的直接复现或对自然的模仿"的理论一脉相承。与传统的模仿论相比，再现论更符合美学思考的要求，因为它更多的是关心作为再现形式的艺术是如何来表征外在世界的，以及其内在的美学规律何在，这样一来，再现论将艺术品的判断转化为一个审美判断，而不是一种简单的相似或相像关系的评价。

再现概念在建筑中的讨论远不如绘画和雕塑中那么常见，和绘画和雕塑不同，建筑无法再现自然界中的具体形象，只能抽象地再现自然，再现自然界的基本逻辑。建筑的"再现"即是建筑师使用传统形式以及可识别的元素（如柱式等）来为表达目的创建建筑物，可以从两个层面考虑。其一是建筑的隐喻维度，通过建筑的外观表达其重要性，同时也是区分"建筑"（architecture）与"房子"（building）的主要特征；其二涉及建筑的形式与结构，而不仅仅是建筑的外观，可被识别的元素代表对应缺少的真实的事物，使观察者相信代表性元素的真实，如采用装饰性的结构覆盖真实的建筑结构以表达其承载着的社会和制度，将建筑从普通的地位提升到具有特殊意义和权威的形象。

三、现代建筑设计方法

建筑设计是建筑文化的重要内容，代表了一个城市的历史文化和经济文化水平。现代建筑设计方法的创新主要是针对现代化的建筑项目。通常，建筑设计在建筑施工的每一个步骤和环节中都能得到应用，只有具备了良好的建筑设计方法，才可以保障建筑施工的顺利开展。

随着现代化建筑的不断发展和进步，创新成了现代建筑设计的一项重要元素，只有不断创新现代建筑的设计方法，才能推动建筑行业的发展。

（一）现代建筑设计方法创新概述

现代建筑设计方法的创新主要是针对现代化的建筑项目。传统的建筑设计方法不具备现代化建筑设计的要求，因此不能满足人们对建筑的要求，如果不及时的改进和更新建筑设计方法，建筑设计人员将难以生存在这个行业中，因此，有必要改革传统的建筑设计方法。对建筑设计方法进行创新要按照新时期建筑的特点进行。建筑水平在一定程度上反映了国家的科技发展水平、建筑理念、历史文化以及经济发展水平。建筑设计是建筑文化的重要内容，代表了一个城市的历史文化和经济文化水平。当前，我国的建筑设计在全社会得到了广泛的重视，同时也提高了建筑设计的地位。因此，创新建筑设计方法，是我国经济社会发展的必然要求，符合当前建设设计发展的形势，采用现代化的设计指导理念，创新建筑设计方法，是当代设计师在设计中首要解决的问题，现代建筑设计是现代建筑过程的首要环节，也是建筑完全的必要条件，所以创新现代建筑设计方法对于建筑本身来说具有至关重要的作用。所以，研究如何创新现代建筑设计方法，不但具有理论研究意义，还有重要的现实作用。

（二）现代建筑设计方法的创新策略

1. 充分地利用新材料和新技术

随着我国建筑行业的发展，房地产开发商与设计者对建筑节能的方法在不断的探寻，同时聚氨酯墙体保温材料、热源水泵和节能窗等这些新材料和新技术也在不断出现，其在建筑设计中的应用越来越普遍，而且为节能建筑和零能耗建筑的设计和建设提供了保障。树状的幕墙体系是建筑外立面外层所使用的，其具有浪漫的风格，将呼吸式外墙系统应用在双层外墙之间，同时将气候过渡带设置在双层外墙之间，这样在处理过程中可以利用热交换的除湿的方法，通过各层窗户流通空气，最后其排出过程是利用屋顶的绿化来完成的，在整个体系中有效地融合了被动的节能措施与楼宇生态系统。

2. 融入智能化、数字化的元素

科学技术的发展带动了建筑工程的发展，建筑工程的设计也应该不断朝着智能化方向发展。建筑工程设计师在开展建筑工程设计时，应该尽量把智能保安、通信技术等多媒体技术融入工程设计之中。除此之外，在开展建筑工程设计时，还应该考虑到建筑工程的实际情况，对建筑企业的能力和城市的发展环境等予以综合考虑，从而对建筑工程进行智能化设计。唯有如此才能够保证建筑工程设计不断朝着智能化的方向发展。智能化、数字化的设计需广泛应用到现代建筑的设计中去。许多的建筑设计都离不开计算机网络，可以利用智能保安保证建筑物的安全，通过智能检测调节建筑物的温度、湿度，数字化技术可以创造高科技的生存环境，通过计算机对数据及时准确的处理，可创造虚拟的和现实的建筑物，改善居住环境，保证居民安全，也符合信息化时代的发展需求。

3. 注重设计和使用绿色建筑

绿色建筑是近年来逐渐兴起的一种生态化建筑模式，通过使用绿色建筑，可以使建筑在预期的寿命年限中，最大程度的节约能源，降低能源的耗费量，还可以保护生态环境，降低对环境造成的污染，这些都是绿色建筑设计中的重要指标。通常，绿色设计和环保设计是绿色建筑设计的两个重点。科学的运用环保型施工作业材料，可以将环保型材料的价值充分地发挥出来，而且还实现了施工作业材料的防水功能以及保温隔热功能，降低了绿色建筑材料的价格，保障了绿色建筑工程的质量，满足了人们对生态建筑项目的需求。当前，绿色节能理念在我国已经得到了广泛的推广，生态节约型道路是建筑设计的必然发展趋势，因此必须对环保、绿色建材进行大力推广以及实施，将绿色设计理念体现在建筑设计中。当前，建筑设计人员通过使用屋顶花园，使建筑项目中的能源消耗大大减少，充分发挥被动式能源系统的优势，降低建筑工程项目的温度，从而提高建筑工程项目的自然性和亲和性，极大地降低了建筑工程项目的热负荷。此外，在对绿色建筑进行设计时，要遵循因地制宜的原则，不能盲目地照搬现有的设计方法。我国地域广阔，分布了多个气候区，而且地理因素也存在很大的差异，这就导致不同地区的绿色建筑工程项目设计存在很多不同之处。因此在进行城市建筑设计时，必须对城市的气候环境等实际情况进行具体分析，不但要合理的应用被动式集热方式，还应充分地运用自然通风和自然采光，大大地降低建筑项目在应用过程中的采光能耗和供暖能耗，提高建筑的运行效益。

4. 自然能源的使用

绿色建筑最大的特点是节能环保，如何在节能环保的同时，又满足人们对室内环境质量的要求，是评价一个绿色建筑设计成功与否的关键。光热转换是太阳能应用的基本形式，通过修建太阳房、太阳能地板辐射采暖技术，可以将自然的阳光转化为可利用的能源，从而完成太阳能在绿色建筑中的应用。如今我国30%以上的绿色建筑都使用到太阳能空调，太阳能空调的优势在于可将自然资源转化为可利用资源，从而减少建筑每年能源的消耗，达到节能环保的目的。被动式太阳能房则利用了建筑的结构与布局，是太阳能在建筑节能应用的主要手段，同时被动式太阳能装置能够将采集来的能源进行储存，能够在冬季阳光较弱的季节，满足建筑物的采暖要求。地热能也是重要的自然能源，已经成为了未来建筑节能自然能源应用的发展趋势，主要源于地热能利用的廉价性，能够在短时间内获得居民的认可，利于推广，尤其在绿色建筑节能设计当中，地热能的利用，能够有效的减少我国中南部以及北部地区的取暖问题，因此在业界得到了广泛的认可与使用。

随着现代建筑行业的快速发展，人们对建筑的要求越来越高，现代建筑行业也面临着新的改革要求，创新现代建筑设计方式是一个必然的要求。

四、现代建筑设计风格的本土化

当前，我国建筑规模不断扩大，建筑设计的风格和格局也存在着十分显著的差异，这也在一定程度上影响了审美和艺术水平，其中建筑设计本土化发挥着重要的作用。

起初，现代建筑设计来源于西方，在我国得以推广。从审美角度来看，中西方在现代建筑设计中均有优势，而中国现代建筑设计需积极发展本土化的建筑风格，来凸显中国建筑的独特魅力。

（一）现代建筑设计"本土化"

本土化主要指现代建筑设计中融入当地的人文和历史元素，彰显独特风格特征。现代建筑本土化应用并非静态过程。建筑设计人员须严格遵照当前建筑设计的规范和要求完成设计工作，且设置实践体验环节，采取有效的方式以地域特点为基础完成设计工作。现代建筑发展中，社会环境的开放性明显增强，文化交融趋势显著，时代特色和时代气息尤为明显。在现代建筑本土化设计中，须全面考量自然及人文环境。自然环境主要包括气候条件、地形地貌和水文条件。人文环境则主要指历史文化和地域特色，其主要侧重于精神层面。

（二）现代建筑设计风格本土化的总体思路

1. 以横向与纵向本土化为基础

色彩搭配是传统建筑文化的主要载体，这也在一定程度上展现了建筑的整体风格。传统的建筑设计中主要采用黄、白、黑、赤、青等颜色传统建筑色彩搭配更加重视视觉感官刺激，将建筑与自然融为一体，在现代建筑设计之中重新排列组合传统色彩，能够有效增强设计的整体效果。

2. 传统与现代、内与外的高度融合

现代建筑设计中普遍体现出内外结合、传统与现代结合的设计手法。我国本土化不是单一的故步自封，局限于本源性质的形式，而是植根于本国国情与民族传统，同样吸收西方的先进文明，不是简单的嫁接、拼凑，而是注重整体贯穿融会的方式。同时，在尊重昔日文明的基础上，利用时代进步的科技成果，既吸取传统精华，又灌输新时代特色，这些都是本土化在建筑设计风格中的革新与应用。在漫长的本土化建筑发展演进过

程之中，每个国家不同阶段的建筑风格也有着不同的本土化体现。

3. 实现人文情怀与工业文明的平衡发展

建筑发展的过程中，人们更加关注建筑功能的适用性以及建筑周边环境的协调性建筑与周边的环境逐渐形成了统一整体。在该完整的空间系统当中，群众可工作、生活、娱乐，始终保持相对稳定和平衡的状态，发达国家的工业和经济发展水平较高，初期建设的建筑风格相对生硬，容易给人以距离感。但是我国工业经济发展的稳定性较强，强调人文情怀与工业文明的协调发展。始终坚持以人为本道德理念，充分学习和借鉴西方的经验和教训，结合建筑功能和环境，采取不同的应对措施。比如，现如今形成的工厂、医院和物流站等多种建筑物，以及基于情感艺术建设的教堂和艺术馆现代建筑设计风格除满足人类情感需求外，也需要满足人们的物质需要，本土化建筑风格成为建筑设计未来发展的主要趋势。

（三）现代建筑风格本土化设计策略

1. 结合实际应用传统建筑材料

现代建筑设计中，设计者需积极发展并传承建筑文化，科学应用传统的建筑材料，转变建筑形式和工艺。当前，新型建筑材料类型较多，并在建筑设计中得以广泛应用，创新型材料以传统材料为基础进行创新，材料本身也体现出传统建筑文化的内涵。

社会文明发展中，不同类型的创新型建筑材料在建筑设计的过程中扮演着极为关键的角色，同时也在一定程度上取代了传统建筑材料。但是新型材料的发展并不等于完全不用传统材料，传统材料当中暗含了深厚的文化底蕴，这也是新型材料无法体现的独特优势。

再者，在传承本民族文化的过程中，虽然现代化的语言形式能够更好地展现文化特点，但是影响力十分有限。而科学应用传统材料则能够激发受众的情感共鸣，因此，建筑设计人员应合理应用传统建筑材料，正确认识和解读民族文化，以期待更好地展现现代建筑的文化内涵与审美价值。

2. 利用本土文化符号，凸显地域文化的特征及内涵

文化符号能够清晰地表达事物，展现事物的内涵，使人们能够更加全面地认识现代建筑本土文化符号在传统建筑文化中占据重要位置，而且其也是现代建筑设计领域中典型的艺术特征和文化元素，但现代建筑设计中，为将时代发展的主要特征与文化特点深度融合，需要简化和概括文化符号，一方面保留其最为核心的价值，另一方面也要融入地方特色，而后实现重塑，传承并弘扬本土文化，这也有利于提高现代建筑设计的综合水平。另外，在建筑设计的过程中，需充分体现本土文化符号的引申意义和艺术价值，全面把握传统建筑文化的内涵方可保证建筑设计的总体效果，全面地满足城市发展的基本要求。

3. 正确认识传统形制，完善现代建筑的布局

形制从本质上来看即为形式模式，体现在建筑物上即指建筑物的物理造型形式及外观特征。其与本土文化符号的相似性较强，均为传统建筑文化中的主要内容。在现代建筑设计中，为更好地继承和弘扬建筑文化，设计人员要充分结合传统形制与现代思想，实现创新型拼接和处理，既要充分保留本土文化的精华，也需在现代建筑中应用不同以往的表现形式，将传统建筑文化与现代建筑设计有机结合。

4. 合理融入传统人文观念

传统文化十分关注人与自然的和谐相处，天人合一也蕴含了古老的智慧。现代建筑设计中，设计人员要在地域环境和建筑关系的层面采取人本理念，重视人文关怀，将天人合一的理念落到实处不仅如此，现代建筑设计阶段，应将传统文化与建筑设计有机结合，凸显建筑的人文特征，真正实现自然、建筑和工艺的协调发展，融入人文理念后的建筑设计内涵将更为丰富。

（四）现代建筑设计风格的本土化发展趋势

1. 渗透本土文化，构建特色建筑

在建筑设计的过程中，需充分融入当地的特色，全面展现建筑设计的个性化特征具有显著地域特色的设计融合了建筑设计与本土特色文化，也展现了本土文化和当地历史，继承、弘扬了当地的历史文化。目前，我国民族意识显著增强，因此，地域特色鲜明的建筑也受到了政府和有关部门的高度重视。群众也对此十分关注，这对我国地域特色建筑的建设与发展起到了十分积极的推动作用。地域特色建筑一方面可有效展现出当地的特色和习俗，彰显出当地的文化和历史底蕴，另一方面可为居民提供更加多样化的休闲和工作场所。不同地区的建筑特点有所不同，但其设计理念的相似性较强，在设计之中均合理融入了本土特色和本土文化。

2. 开展个性化设计，促进建筑多样化发展

现代建筑设计风格本土化发展中，不仅要继承本土传统建筑的设计风格，而且也需高度关注建筑发展的丰富性与多样性。也就是说，在建筑设计风格本土化发展中，务必采取个性化设计手段，丰富建筑风格。

第一，在建筑风格本土化设计中，应与当地的风俗习惯和地域文化紧密结合，丰富建筑的功能和性能，以此实现风格的创新，更好地展现本土特色。例如福州马鞍墙即为建筑设计与本土文化高度融合的典范。该建筑造型具有鲜明特色和较高的审美价值，同时也暗含了吉祥如意的内涵与寓意。

第二，在建筑设计的过程中，需在展现其世界性的同时，关注本土化、历史和现代的全面结合。在建筑当中根据地域特色和地方文化开展设计工作，能够更加深入地展现当地的人文和历史，实现本土文化的高效渗透。设计人员要在建筑设计中不断学习新的设计理念和设计思维，学习先进的设计思路和设计技术，从而在彰显建筑本土特色文化

的基础上，融合现代元素。深圳的世界之窗就采用了这种设计方式，融合了自然风光、世界奇观和民族文化，真正实现了民族与世界的深度融合。

现代建筑风格本土化设计已经成为建筑设计发展中的主体趋势，其一方面能够促进建筑设计的创新与优化，另外一方面也能够更好地传承我国的传统文化，为我国建筑行业的长期稳定发展奠定坚实的基础。

五、古建筑与现代建筑的融合

精巧的古建筑是中华民族文化的瑰宝，现代建筑能和古代建筑技艺相融合更是传统文化的一种传承。巴黎圣母院失火事件中世界闻名的瑰宝就此付之一炬，闻者莫不痛心，而传承非物质文化遗产，弘扬中华古建筑技艺是我们的历史使命和责任，古建筑与现代建筑的融合需要我们认真钻研，用心思考。

我国历史悠久，源远流长，衣食住行中的"住"演变最为繁复，从远古时代的穴居到古代的木制厅堂再到现代的钢筋混凝土结构乃至钢结构，建筑行业不断变迁，历经时代的洗礼的同时也不断取得进步。我国幅员辽阔，各地风情迥异，建筑风格常常受到文化差异，观念不同等因素的影响而出现千姿百态的形式。在现代建筑中通过融入古建筑技艺的精髓不仅可以传承非物质文化遗产，也是弘扬中华古建筑技艺的一种途径。

（一）古建筑的建筑形式、设计理念及特征

我国古建筑主要以木材作为建筑主材料，木材料取材方便，造型可塑性高，是非常好的建筑材料。中国古建筑以榫卯结构为结合方式，通过柱梁间的"斗拱"搭接，使得结构稳定而完整。

1. 古建筑的结构形式

我国古建筑通过木结构的组合完成大部分的建筑框架，在历史的变迁中，古建筑的结构形式也在不断演变，这些演变不仅反映着朝代的兴衰更替，同时也反映华夏民族的审美文化、风尚观念的变化。采用木结构进行设计，体现出的是稳定性与灵活性相结合，木结构的韧性以及可塑性得到了长足的发展。

2. 古建筑的平面设计

古建筑的平面设计以立柱为主，通常以四个立柱为支撑系统，围成一个方形结构——间。并通过梁与梁的衔接组合成"开间"，其中"开间"数量为单数，呈对称形式。根据古代等级制度，有"三开间""五开间""九开间"等等。建筑开间数量越多，代表着地位越尊崇。在墙体和跨度方面，古建筑的墙体与现代建筑的墙体在设计形式上有着明显的差异，由于木结构本身的强度原因，在跨度上不能满足现代大型建筑的需求。

3. 建筑文化

由于古代建筑不能逾越建制，"歇山""重檐""斗拱"等建筑形式和构件只为君

主或宗教服务，民间则会采用精美雕刻的方式加以补充，在古建筑的门窗、梁枋上的体现最为突出。在满足构件的强度的条件下，适当地增加雕刻和色彩以彰显身份，这一文化充分体现出古代建筑的设计意图，由于文化内涵、文化底蕴的融入，更能体现古建筑的整体文化效果。

（二）现代建筑的建筑形式、设计理念及新颖性

1. 以功能实用为主的现代建筑

结合功能性的应用和城镇化发展的时代需要，在现代建筑之中首先应具备的是完善的配套设施，有时为了避免出现不同程度的缺陷的情况，在设计中通常采用多变形式作为基础，因地制宜发挥各自建筑形式的优势。很多情况下，在保证经济适用的原则下，通过建筑的表现形式来诠释文化底蕴。或通过对既有建筑进行改造来完善和更新建筑功能。

2. 通过设计方案来诠释理念

在东西方的设计理念中，融入本土文化，体现细节设计是每一个设计师应当具备的职业素养，在设计方案的需要彰显人文底蕴，同时又要确保建筑的可行性和稳定性这就对设计师提出了一个较高的标准设计师通过设计方案来诠释设计理念，在方案的不断更新中进行了建筑文化的迭代，保证了设计和文化融合的一致性。

3. 现代建筑的新颖性

在现代，人们已经使用很多工具对建筑进行模型设计，通过建立建筑的模型，对建筑进行可控化设计，完成建筑图纸的绘制，确保工程的顺利实施。但我国从近代建筑开始就已经借鉴西方的建筑设计理念，并在中华人民共和国成立后进行基础建设中形成了融合，主要代表有梁思成、林徽因、贝聿铭等建筑大师。而相对于古建筑来说，现代建筑的新颖性体现在新形式、新材料、新工艺的使用上，例如采用钢筋混凝土结构使得建筑高度不断攀升、使用新型环保节能材料使得居住更加舒适、利用新型工艺进行水下甚至是海底作业。

（三）古建筑与现代建筑的相互融合

在现代建筑中融合古建筑的工艺需要先了解古建筑的建筑精要，设计理念，结合方式等。在日常的设计中应尽量从全盘进行考虑，做到全面、协调和可持续。

1. 古建筑与现代建筑的主要区别

古建筑与现代建筑最主要的区别是建筑材料方面的区别。古建筑通常采用木质材料为主，在构件的组合中使用的是榫卯结合，现代建筑则以钢筋混凝土结构作为建筑的框架。钢筋混凝土结构的优点在于强度、刚度、耐久性等方面，但是可塑性和韧性方面比木质结构则存在着较大的不足。因此将古建筑与现代建筑进行融合，在建筑设计中取长

补短具有十分深远的意义。

2. 设计师对于两种建筑在思想上的融合

古建筑与现代建筑要融合，必须先经过设计师们融合两种建筑的精华然后再行汇聚。首先就是两者在思想上的融合，在工程实施之前的阶段就是设计阶段。根据建筑的实际要求进行技术手段上的融合，同时也要考虑视觉效果和经济适用方面的融合，这就是最终诠释建筑师设计理念的奥义。

建筑师可以在后续的设计中灵活运用建筑形式、建筑工艺以及建筑美学的搭配。一个非常经典的案例就是世博会的中国馆。中国馆跨度大底座采用钢筋混凝土，以达到结构的稳定功能，上部搭配钢结构进行造型塑造从整体上达到结构美学的演绎。中国馆的顶部采用56根衡量木进行设计，不仅映衬我国五十六个民族大团结，也借鉴了古建筑的设计精华——斗拱。在融入古建筑的元素后，建筑实现古今文化的交相辉映、和谐进步。

3. 古建筑与现代建筑的融合方式

古建筑与现代建筑融合的重点之一就是它们的建筑形式。现在国家大力发展旅游文化产业，许多地方开始修缮古建筑，兴建特色小镇。例如，湖南湘西的凤凰古镇，小镇中很多古街的改造设计就体现了古建筑与现代建筑的融合。小镇的吊脚楼是以木质结构进行组合的，但是作为商业运营，木质结构的耐久性、稳定性则不能满足功能要求，因此在设计中进行现代工艺的加固和改造，如：采用钢筋混凝土基础。

在现代建筑的设计理念中，融入古建筑文化到整体规划中，不仅能保留原有建筑的结构体系，还能让游客在建筑中欣赏古代建筑的美，领略古代建筑的风光，感受古代建筑深厚的文化底蕴。

中国古代建筑和现代建筑在设计形式上进行融合的过程是古代传统文化的传承和发扬，在优秀的设计者的作品上尽量做到完美融合。在建筑设计的阶段，考虑建筑的整体形式和内涵意境，不仅要在前人总结的基础上进行发扬，更要进行自我创新。在现代建筑设计中应该吸取古建筑设计中的优点和精髓，做到古建筑和现代建筑设计理念的融合，进而促进建筑行业的创新发展。

六、现代建筑中框架结构设计

现代建筑中框架结构设计策略的有效实施对于建筑工程高质量建设完成具有重要意义。随着社会经济的快速发展与城市化进程的不断推进，我国建筑工程建设规模不断扩大，在现代建筑建设中，框架结构得到了广泛应用。

（一）现代建筑中框架结构特点

随着建筑行业的快速发展，框架结构建筑数量逐渐增多，人们对框架结构建筑工程的关注度也在不断提升。通过对框架结构进行合理应用，可以让建筑工程空间得以节省，同时对室内设计具有积极影响。现代建筑中框架结构特点可以归纳为以下几个方面。

①现代建筑框架结构施工中原材料使用相对较少，可让施工成本得到有效降低，也可以让建筑空间得到灵活划分。

②可以让建筑平面布置的灵活性、协调性得到保证，在某些空间相对较大建筑工程中，框架结构设计优势较为明显。

③梁柱结构标准化程度容易实现，可以在建筑工程质量得到保证的同时，缩短施工工期，进而保证施工进度计划全面落实。

④现浇混凝土框架结构建筑工程具有较高的整体性、刚性，利用科学设计方法可以多样化改造梁柱截面形状，让人们对结构设计多样化需求得到满足。

（二）现代建筑中框架结构设计原则

1. 建筑结构设计原则

在现代建筑中，结构设计的主要目的是帮助建筑抵御自然界生成的荷载，同时服务于人类对空间的应用需求与美观需求，通常情况下，结构自身之美蕴含在建筑形象中。在现代建筑结构设计中，设计师应遵循一定的原则。

①应判断建筑可行性。通过分析、计算，提供给了建筑设计师修改意见、条件意见，完成结构形式、结构体系确定工作。

②应对结构变形、承载力、稳定性、抗倾覆技术问题予以积极解决，对连接构造、施工方法进行细化处理。

③应保证空间结构承重体系、稳定体系的可靠性，保证建筑结构在日常荷载影响下具有平衡稳定性，同时可以对风荷载、地震荷载予以抵御，结构动力性能相对较好。

④现代建筑结构设计应遵循统一性原则，保证材料性能、结构形式高度统一，不同材料应具有差异化结构选型，提升整体合理性、经济性。

2. 框架结构设计原则

框架结构是建筑结构形式中的重要类型，在框架结构设计工作开展之中，设计师应遵循以下基本原则。

①刚柔适度原则。建筑框架结构刚度如果过大，就会影响其整体柔韧度，柔度如果过大，就有可能导致框架变形情况产生。在建筑框架结构设计工作中，设计师应遵循刚柔适度原则，对框架结构刚柔度予以严格把控，保证刚柔度设计合理性、科学性，避免因外力影响让建筑工程受到损坏。

②主次分明原则。在框架结构中，不同构件具有不同作用，设计师应遵循主次分明原则，确保其整体结构具有良好的协调性、统一性，在外力作用影响下，建筑结构各构件依然能发挥其作用，共同形成对外力破坏进行抵抗的能力。

③多道防线原则。设计师应在框架结构设计工作中遵循多道防线原则，一方面，应保证建筑工程可以顺利投入使用，且使用寿命满足整体投运要求；另一方面，应保证在

外力侵袭、破坏下，其整体结构与居民均具有安全性，使建筑结构外力抵抗能力得到保证。

（三）现代建筑中框架结构设计问题

1. 民用建筑

在民用建筑框架结构设计中，当前存在的主要问题体现在以下几个方面：①在部分建筑框架结构设计中，存在缺少人性化设计。建筑结构框架设计科技投入过高，但是没有做到因地制宜、经济实用、就地取材，这会让整体成本加大，且会造成资源浪费问题。与此同时，在部分建筑工程中，存在技术大量引进，但是和实际需求偏离情况，如居住环境结构过于形式化，没有对当地土壤、气候条件予以考量等。②在民用建筑结构设计中，存在框架整体选材不合理现象。这类问题会对建筑框架产品综合质量造成不利影响，缩短建筑框架使用寿命。

2. 工业建筑

在工业建筑框架结构设计中，存在设计师考量不全面的问题。工业建筑框架结构设计、施工、使用、材料投入以及管理等内容具有密切联系，如果设计师没有对整体框架结构声明使用周期及建设全过程进行考量，就可能让其产生设计问题。与此同时，在现代工业建筑中，其施工过程中会有渣、烟、尘、毒、湿、噪声污染产生，如何在建筑中与设计中贯彻绿色环保理念，并以结构设计减少未来可能出现的污染问题是设计师需要考量的重要内容。

（四）现代建筑中框架结构设计策略

在民用建筑框架结构设计中，应对技术、建材进行合理选择，控制成本投入，保证产出质量，让优良的室外环境与建筑室内环境得到有效结合，共同提升住户居住品质。在此过程中，设计师可以在设计方案中适当融入具有当地特色的元素，并积极使用当地特色建材。在工业建筑结构设计中，设计师应对材料选择工作予以严格开展，避免有偷工减料行为出现；与此同时，因对结构材料耐火等级、耐压等级进行全面分析，并且积极使用吸声材料、绿色材料，为绿色工业建筑发展起到推动作用。

七、现代建筑设计风格本土化

现阶段，现代建筑设计风格受到文化意识不断强化的影响，对本土化风格的设计更加重视，很多现代建筑都具有浓郁的本土文化气息，且达到了与现代化时代气息的完美结合。

（一）现代建筑设计中本土化风格展现研究

1. 结合地区环境，注重文化传承

环境主要包含了历史、自然以及社会等三个方面的因素。现代建筑的设计需要灵感

才能实现，而环境正是人们创作的源泉，同时也是限制人们思维的一个方面。现代建筑在确定设计方案的时候，应该充分地考虑到建筑与环境所存在的联系，只有深入地了解了内在的联系，才能够以当前的实际情况来设计出更加符合本土化风格的建筑形式。现代化的社会中更加应该注意将自然、人文等融入建筑设计中，从而体现出独具特色的建筑风格，还要注重历史文化的传承与发展，可更加全面地展现出本土化的特点。

2. 灵活应用本土文化符号，彰显地域文化内涵

本土文化符号是传统建筑文化最基础且最重要的内容之一，也是现代建筑设计领域最具代表性的艺术特征和最突出的文化元素。但是在现代建筑设计中，为了寻求不同时代文化特征的融合，会对本土文化符号进行概括、提炼和精修，在保留重要价值的基础上增添地方特色，然后重新塑造，实现本土文化的继承和传播，同时，还可完善现代建筑设计水平，突出内涵。此外，在建筑设计领域，应实现传统建筑文化的弘扬和传播目的，不能仅依靠设计的复古性特征和传统元素符号的重叠来达到目的，而是要全面体现本土文化符号的引申含义和艺术价值，只有切实掌握传统建筑文化的精髓和内涵，才可以进一步强化现代建筑设计效果，满足城市发展建设的需求。

3. 深刻认知传统形制，优化现代建筑布局

从专业角度来说，形制的本质就是形式上的模式，也就是指建筑物宏观上的物理构造形式和外形特征，与本土文化符号类似，都是传统建筑文化的重要组成部分。在现代建筑设计领域，为推进传统建筑文化的继承和发扬，需要寻求传统形制与现代思想理念的有机结合，实现重新演化、拼接和处理，在保留本土文化精髓的基础上，通过全新的表现形式体现在现代建筑中，实现传统建筑文化与现代建筑设计的高度融合。

4. 合理搭配建筑色彩，突出现代建筑特征

在传统建筑文化中，色彩的搭配既是突出元素特征的载体，又是彰显整体建筑风格的表现手段。传统颜色多以黄、白、赤、青、黑等常用色彩为主，如紫禁城的朱楼绿阁、苏州园林的白墙青瓦、徽派建筑的白灰色搭配等。根据传统建筑色彩搭配可知，建筑装饰色彩的选用更加追求强烈的视觉冲击，强调与自然环境的协调统一。由此，把传统色彩重新排列组合应用到现代建筑设计领域，可以进一步强化实际设计效果。

5. 体恤人的情感，制衡工业文明

随着建筑行业与建筑艺术的不断发展，在现代建筑设计过程中，人们越发地注重建筑与环境的协调性，注重整体空间系统的维系，在生态建筑理念的引领作用下，实现生态环境的保护，推动人类生产生活的协调与平衡。"冰冷建筑""世界风格"现象的产生正是现代建筑过程中人的情感与工业文明之间不相平衡造成的。为此在中国建筑设计过程中，要充分地注重人类情感与工业文明之间的相互平衡，要充分地分析中国传统礼教中的人文精华，并结合西方先进的现代化建筑理念，取其精华，弃其糟粕，兼收并蓄，推陈出新。注重区分建筑设计的差异化，在医院、工厂等建筑物的设计过程中要充

分地体现现代工业文明，而在公园、陵园等建筑设计过程中要充分地考虑人类的情感，通过人的情感和工业文明之间的相互平衡创造出具有中国本土化风格的现代化建筑设计风格。

（二）我国现代建筑设计风格本土化的发展趋势分析

回顾我国建筑设计本土化的发展历程可以发现，我国的建筑设计师们的创作思想日趋完善和多元化，这归功于我国一代又一代的建筑设计师良好的传承和对于建筑设计的探索与进取精神，并在实践中不断积累、反思、总结、归纳，从而逐步明确建筑创作思路并形成了独特的建筑创作风格。在现代建筑本土化的创作过程中形成了自己的创作思想，本土化建筑与城市化的融合也取得了一定成就，但也要看到目前我国建筑设计面临的问题，在未来应进一步探索建筑与城市化的融合方式，把建筑设计与中国文化有机结合起来。中国建筑要想实现更加快速的发展就必须以本土化发展为契机，这条道路也是必然的选择。当前我国的建筑应该从西方建筑设计中吸取精华，并且以我国的文化为底蕴，结合我国实际情况，引入现代化的因素，利用传统文化的优势来进行转型，这样才能够积极的促进我国现代建筑更快地发展和进步。现代建筑要具备浓厚的人文主义色彩，同时还要具备较强的文化气息，从而为建筑赋予新的生命。

第二节　现代建筑施工的基本理论

一、现代建筑施工的新技术

随着科学技术的快速发展，更多的建筑施工新技术运用在现代建筑施工中，推进了建筑施工水平的提升，而建筑施工企业也必须要依靠新技术提升自身竞争力，在日益激烈的竞争中占有一席之地，使企业本身得到最大的发展。

近些年来随着建筑业产业规模、产业素质的发展与提高，我国建筑业取得不错成绩，但目前我国建筑技术的水平还比较低，建筑业作为传统的劳务密集型产业和粗放型经济增长方式，没有得到根本性的改变。在建筑工程领域加快科技成果转化，不断提高工程的科技含量，全面推进施工企业技术进步，促进建筑技术整体水平提高的唯一的途径就是紧紧依靠科技进步，将科学的管理和大量技术上先进、质量可靠的新技术广泛地应用到工程中去，应用到建筑业的各领域。

（一）我国当前建筑施工新技术

随着科学技术的不断发展，建筑施工技术也得到了不断地提升，由原来单一的技术发展成多元化的施工技术，已经达到一个比较成熟的水平。尤其是近年来科学技术日新月异的发展，新的施工技术、新工艺、新设备不断涌现出来，使原来很多存在的难题都迎刃而解，破除了很多限制技术发展方面的瓶颈。新的施工技术的不断引导和推广，大大改变过去施工效率低下的现状，使施工效率达到了新的高度。

①新的施工技术使施工成本大大降低，增加了单位时间能够完成的工作量。

②使工程施工的安全度大大提升，将施工风险降低到更低的程度，目前住建部推广的一些新技术，如深基坑支护技术、高强高性能混凝土技术、高效钢筋和预应力混凝土技术、建筑节能和新型墙体运用技术、新型建筑防水和塑料管运用等技术已广泛应用于建筑工程施工中。

（二）在建筑施工中施工新技术的地位

施工新技术有其鲜明的特点，施工新技术是指在面对客观世界的复杂性时，需要考虑多种因素，需要综合应用多门学科的知识，采取可靠和经济的方法，寻求最佳的解决方案，由于自然资源是有限的，因此除了要有效节约利用现有资源外，还必须不断开发新的自然资源或利用新资源的技术，要充分重视与自然界和环境的协调友好，功利当代，造福子孙，实现可持续发展。现代工程与人类社会关系密切，与人类生存息息相关，施工新技术问题的解决还应采取有关社会科学的知识。科学的成就往往不能一出现就得到应用，必须通过使新技术转化为直接的社会生产力，才可以创造出满足社会需要的物质财富，于是在建筑工程中使用新技术就是将技术科学运用到实际情况中去，是创造社会财富的过程，也是施工企业提高经济效益的重要手段。

（三）当前施工新技术在建筑工程中的应用举例

1. 当前建筑施工中防水新技术的应用

防水技术的根本实质就是指防水渗漏和有害性裂缝的防控技术，在实际操作中，必须坚持"质量第一，兼顾经济"的设计原则，选择最佳的防水材料，采用最合适的防水施工工艺。

一是从屋面防水工程来看，可以采用聚合物水泥基复合涂膜技术，采用此新技术必须做好基层处、板缝处和节点处的处理。二是在塔楼及裙楼屋面进行施工的时候，应该采用分遍涂布的方式进行涂膜，待第一次涂抹的涂料完全干燥变成膜之后，再进行第二遍涂料的涂布施工。涂料的铺设方向应该是互相垂直的，在最上面涂层进行施工时，应该严格控制涂层的厚度，其厚度必须大于1mm，在涂膜防水层的收头处，必须多涂抹几遍，以防止发生流淌、堆积等问题。三是在进行外墙防水施工时，为了严防抹灰层出现开裂和空鼓的问题，可以充分发挥加气砖墙的优势，在抹灰之前，可以用钢丝网将两种材料隔离起来。在固定好钢丝网之后，再处理好基面，将108胶水（20%）和水泥（15%）掺合起来，调配成浆体进行涂刷，待处理好基面后，再做好抹灰层的施工，在进行砌筑时，不可以直接将干砖或含水过多的砖投入使用，不得采用随浇随砌的方式。

2. 当前建筑施工中大体积混凝土技术的应用

大体积混凝土技术是一种新型的建筑施工技术，在当前的建筑工程中得到了十分广泛地应用，在进行大体积混凝土施工时，其中的水泥用量比较多，因此，其水化热作用十分强烈，混凝土内部温度会急剧升高。当温度应力超过极限时，就会致使混凝土产生裂缝，因此，必须对混凝土浇筑的块体大小进行严格控制，切实有效地控制水化热而导致的温升问题，尽可能缩小混凝土块体里面与外面的温度差距。在具体施工中，应该根据实际情况以及温度应力进行计算，再考虑采用整浇或是分段浇筑，之后，做好混凝土运输、浇筑、振捣机械及劳动力相关方面的计算。

3. 当前建筑施工中钢筋连接施工技术的应用

钢筋连接施工中有需要规范的问题，比如机连接、焊接接头面积百分率应按受拉区不宜控制，如遇钢筋数量单数时，百分率略超过些也是符合要求的绑扎接头面积百分率控制：受拉钢筋梁、板、墙类不宜大，当工程中确有必要增大接头面积百分率时，梁受拉钢筋不应大于50%，其他构件可根据实际情况放宽。因此梁中受拉钢筋接头面积百分率是一个底线，不应越过，其他构件则可以放宽，但必须满足搭接长度的要求，例如柱子钢筋，也可设置一个搭接头，这将方便于施工。

（四）现代建筑施工新技术的发展趋势

以最小的代价谋求经济效益与生态环境效益的最大化，是现代建筑技术活动的基本原则，在这一原则的规范下，现代建筑技术的发展呈现出一系列重要趋势，剖析和揭示这些发展趋势有助于认识和推动建筑技术的进步。

1. 建筑施工技术向高技术化发展

新技术革命成果向建筑领域的全方位、多层次渗透，是技术运动的现代特征，是建筑技术高技术化发展的基本形式。这种渗透推动着建筑技术体系内涵与外延的迅速拓展，出现了结构精密化、功能多元化、布局集约化、驱动电力化、操作机械化、控制智能化、运转长寿化的高新技术化发展趋势。建材技术向高技术指标、构件化、多功能建筑材料方向发展，在这种发展趋势中，工业建筑的施工技术也随之向着高科技方向发展，利用更加先进的施工技术，使整个施工过程合理化、高效化是工业建筑施工的核心理念。

2. 建筑施工技术向生态化发展

生态化促使建材技术向着开发高质量、低消耗、长寿命、高性能、生产和废弃后的降解过程对环境影响最小的建筑材料方向发展；要求建筑设计目标、设计过程以及建筑工程的未来运行。都必须考虑对生态环境的消极影响，尽量选用低污染、耗能少的建筑材料与技术设备，提高建筑物的使用寿命，力求使建筑物与周围生态环境和谐一致。在这样的趋势中，建筑的灵活性将成为工业建筑施工技术首先要考虑的问题，在使用高科技材料的同时也要有助于周围生态的和谐发展，此外在建筑使用价值结束后建筑的本身对周围环境的影响也要在建筑施工的考虑之中。

3. 建筑施工技术向工业化发展

工业化是现代建筑业的发展方向，它力图把互换性和流水线引入到建筑活动，以准化、工厂化的成套技术改造建筑业的传统生产方式。从建筑构件到外部脚手架等都可以由工业生产完成，标准化的实施带来建筑的高效率，为今后的工业建筑施工技术的统一化提供了可能。

总之，现代施工新技术不断应用，对工程质量、安全都起到了积极的作用，因此，施工企业要充分认识到建筑施工技术创新的重要性和必要性，重视施工新技术的应用，让企业更快更好的发展。

二、现代建筑施工技术的特点

建筑业是一个古老的行业。及至现代，建筑业更成为社会进步的标志性产业。我国是人口大国，建筑业在我国发展迅速，施工技术日新月异新技术的研发和应用是建筑企业和相关单位共同关注的问题，许多先进的技术已被我国所采纳，并在实际应用中得到了实惠。新技术的应用不但提高了工程的质量，且节约了建筑施工所消耗的资源，从而降低了工程所需成本。

（一）现阶段的建筑技术水平概述

近年来，随着城市化进程的不断加快，我国建筑业发展迅速，许多新型建筑技术被应用于施工中，并在使用过程中得到了发展和发展创新，同时也总结许多宝贵经验。然而，新型建筑技术的推广在我国仍不广泛，简单分析有如下几点：①大多数建筑企业规模较小，缺乏必要的资金引进先进的技术和设备；②一部分单位的技术人员业务能力相对较低，对新技术不能很好地理解和掌握，使得新技术在施工中得不到充分运用；③一些单位对新技术不够重视，国家缺乏相关管理部门进行管理和推广。

针对我国现有建筑业的实际发展情况，国家一定要充分重视新型施工技术的推广，让建筑行业充分认识到新技术的优越性：节约资源，节省工时，提高质技。因此，引进新技术是建筑行业发展的必然需求，是提高了建筑企业竞争力的必然需要。

1. 桩基技术

①沉管灌注桩，在振动、锤击沉管灌注桩的基础上，研制出新的桩型，例如新工艺的沉管桩、沉管扩底桩（静压沉管夯扩灌注桩和锤击振动沉管扩底灌注桩）直径 500mm 以上的大直径沉管桩等。先张法预应力混凝土管桩逐步扩大应用范围，在防止由于起吊不当、偏打、打桩应力过高、挤土、超静水压力等原因而产生的施工裂缝方面，研究出了有效的措施。②挖孔桩，近年来已可开挖直径 3.4m，扩大头直径达 6m 的超大直径挖孔桩，在一些复杂地质条件下，亦可施工深 60m 的超深人工挖孔桩。③大直径钢管桩。在建筑物密集地区的高层建筑中应用广泛，有效防止挤土桩沉桩时对周围环境产生影响。④桩检测技术。桩的检测包括成孔后检测和成桩后检测。后者主要是动力检测，我国检

测的软硬件系统正在赶上或达到国际水平。

2. 混凝土工程技术

建筑施工过程中，混凝土技术占据了较大的比例，对建筑工程施工也有重要的影响，我国建筑施工中混凝土技术现状：①混凝土作为建筑工程主要材料之一，施工技术以及质量都是建筑企业非常重视的问题，也是具有研究意义的课题，传统的混凝土技术主要以强度大为目标，但是随着科学技术的进步，施工技术不断革新，混凝土材料不仅要求强度大，更要求持久耐用。高强高性能混凝土、混凝土原材料、预拌混凝土，这些材料的制作技术都必须得到进步，比如混凝土添加剂的性能，由原来的单纯减水剂发展到早强、微膨胀、抗渗、缓凝、防冻等，这样就有效提高了混凝土质量。预拌混凝土的出现，减少了材料消耗、降低施工成本，改善劳动条件，提高了工程质量。②模板工程。模板在混凝土施工中起到重要作用，我国建筑施工行业的技师，以多年的建筑施工经验，研究出一些科学、先进的混凝土支模技术，例如：平模板、全钢模板、竖向模板，而且每种模板都有自身独特的优势，比如全钢模板独特的优势有，成型质量好、刚度高、承载能力较强等。③加强技术管理，严格检验入场的原材料。原材料是混凝土的重要组成部分，因此，要加强对原材料的把关，检验人员要严格按照相关标准和相关资料进行验收，杜绝不达标的材料入场。同时，加强人员的技术管理，在混凝土施工中的每一个环节，都要技术交底，且要在施工前完成。在施工完成后，要做技术总结工作，对于在施工过程中出现的各种问题，产生的各种现象，进行深入分析和研究，提出解决方案和措施。

（二）新技术在节约施工成本方面的作用

要想节约施工成本，就一定要熟悉施工过程中的所有环节。其内容包括：采用技术及设备、设计方案和材料选取等。由此看出工程施工是一个复杂的工作，它需要各个环节的相互配合才能顺利完成。建筑物的顺利竣工，需考虑以上所有因素。下面简单介绍一些工程施工中主要的施工方法：

理调配施工人力资源施工开始时，首先是提供施工地点，然后是组织人员合理开工。从这里可以发现，施工地点是固定不变的，而施工人数和材料设备是灵活多变的。因此，合理的调配施工人员和材料设备是管理人员提高施工效率的重点。在一个特定区域进行施工时，要结合建筑物设计的特点，合理施工，合理调配资源，以投入最少的资源来达到最理想的目标，由此来避免施工过程中造成的资源浪费、人员闲置、秩序混乱等问题，从而在保证施工质量的基础上，使整个施工过程合理有序。

建筑物在不同地区施工要求有所差异不同的地域都有代表当地文化特色的建筑物，所以，不同地区的建筑施工也会大相径庭。不同类型的建筑要根据自身特点采用不同的施工方法及建筑材料进行施工。施工技术必须兼顾天时、地利、人和、因时、因地、因人制宜，充分认识主客观条件，选用最合适的方法，经过了科学组织来实现施工。

施工过程中的多环节作业施工过程是个多环节作业过程，其中涉及多个单位的共同合作，消耗的资源巨大，资金更是重中之重。施工过程的复杂有以下几点：①工程施工需要政府支持，国家有关单位要监督和配合，为工程顺利施工提供必要的保障；②施工过程是一个复杂的过程，需要多个部门联合作业，环节众多，施工的复杂性是其重要的难题；③建筑企业要合理的制定施工计划，合理的调配人员和设备，在不影响工程质量的基础上，保证施工过程资源利用率最大化，施工过程虽是一个多环节作业过程，但充分地做好这几点，就是为提高经济效益提供了前提条件。

施工方法的多样性相同类型的建筑物施工方法各不相同，主要取决于施工技术及设备、设计方案、材料选取、天气情况和地理条件等。所以，由此看出施工方法具有多样性的特点，这就要求我们在施工过程中要做好资源整合，合理调配资源，选择符合施工要求的材料，选择合理的时间开始施工等。只有这样，才能保证工程质量，节约成本，提高经济效益。

加强安全管理，保证施工安全施工管理也是提高施工质量，保证施工安全的重点。施工管理可以有效的监督施工成本控制中各个环节的实际情况，可以根据实际情况进行合理控制，保证企业的资金合理的运用。同时，有效的管理可以保证工作人员的安全，防止危险发生。因此，管理人员要定期进行培训，提高安全责任意识，以保证在现场监督过程中可以灵活的解决各种问题，从而保证施工的安全，提高施工质量。建筑企业也要引进先进的技术和设备，为安全施工提供保障，并制定施工安全制度，加大投入，提高安全生产率，建立，健全的施工安全紧急预案，以应对各类突发事件，保证了人身安全，保证安全施工。

（三）施工过程中如何使用新技术

我国的建筑业发展迅速，所以，提高建筑企业的技术水平，提高施工质量是我们一直深入研究和急需解决的问题。新技术的应用和推广给建筑业带来了希望，并取得了一定的成效。新技术的应用主要体现在以下方面：

施工过程信息化管理信息技术应用贯穿整个施工过程是施工过程信息化的体现。施工过程中的信息多种多样，例如：施工材料、施工方案、建筑企业、施工人员和设备等。信息化的管理使这些信息为合理施工提供了依据，施工管理者通过信息管理平台获得可靠信息，加强对施工环节的管理，以此来提高施工技术，让整个施工过程更加明朗化。

新型建筑材料的应用建筑企业的合理用材是决定建筑企业经济效益的重要因素。因此，建筑材料的选取是建筑施工的重要环节。现今，大量新型材料被投入市场，例如广西区内重点推广的 10 项新技术中的自隔热混凝土砌块、页岩烧结多孔砖、HRB400 钢筋等，这些新型建筑材料的性能相对原有建筑材料都有所提高，而且更经济更环保。新型建筑材料给建筑业带来了可观的经济效益，建筑企业对新型建筑材料的依赖性越来越高，这也是加快了新型建筑材料产业的发展，可以说是互赢互利。

机器人技术的发展随着科技的不断进步，机器人逐步走进各个行业，并于多个行业中占据了不可替代的位置。建筑行业也不例外，机器人应用正在不断推广和实践，尤其在钢材喷涂和焊接技术中应用广泛。机器人具有其独特的特点：可靠性高，功能全面，可以完成高难工作等。机器人技术攻克了许多技术难题，提高了施工的技术水平，给建筑施工带来了便利。然而此项技术也有不足之处：机器人数量较少，投入成本较高，不是所有的建筑企业都可以使用。但随着科学的发展，这些问题终将会得以解决。

施工期间周边环境的保护建筑业的产品是庞大的建筑物。随着城市化进程的加快，高楼大厦拔地而起，钢筋混凝土结构的高楼象征着社会的发展，国家的富强，同时，环保意识在人类的脑海里也不断增强。在国家大力提倡可持续发展的今天，建筑企业在施工过程中应坚持保护施工周边的环境，选用先进施工设备，减少噪声污染，运用先进技术合理处理建筑废料，以此避免对生态环境造成不必要的破坏和影响。

随着国民经济与建筑业的发展，建筑工程施工技术在近几百年有了巨大的发展。我国的建筑企业已经采用了新型的施工技术，提高了施工队伍的技术水平，完善了施工的质量管理。但是，绝大多数建筑企业对新技术应用的认识还不够，新技术的应用效率还很低，这还需要国家的监督和管理，需要相关部门培训和指导，进而让新技术在建筑领域得到应用和推广，为建筑企业乃至整个建筑业创造更多的经济效益，为各地区的经济发展作出贡献。

三、现代建筑施工中绿色节能

合理的使用绿色节能建筑施工技术，能够实现绿色管理、节材、节地和节水等效果，并可充分保护自然环境。

资源的浪费导致近年来人与环境的关系日益紧张，我国走发展道路的同时，也越来越关注节能技术。特别是在建筑行业，其能耗是相当大的。而且随着城市现代化进程，房屋建筑成为重点对象。在此种情况下，怎样提升房建施工领域中的资源利用率成为重要的问题。不过，科技的发展为我们打开了新的大门，政府与相关建设团队也逐渐意识到绿色节能的重要性。

（一）绿色节能建筑概述

为了提高建筑整体的环保性能，需要对其构成进行具体分析。由于墙体、屋顶以及门窗都是关键的部位，而且使用率极高，因此需要针对这几个项目，具体的做出分析，使用污染小、对自然资源利用率高或者可回收的特质的绿色环保材料从而实现提高整体建筑的环保性能。就现今情况来讲，修建物想要达到绿色环保一定要拥有以下特征：

①舒适性：为人类创造定居、工作、娱乐的场所，而绿色环保修建物一定要能为人类营造安适健康的生活条件，让修建物里面的人能安适地工作以及从事娱乐行为。

②可以推进人与生态的融洽同处当代建筑学原理认知：建设与自然条件和人必须组成一种合理一致的共同体，环保节能建设一定需积极顺应周围环境，可提高我们日常生活的幸福指数，呈现人和人生态的融洽同处。

（二）现代建筑施工中绿色节能建筑施工的发展现状

现阶段，国内城市建设的速度越来越快，这也推动建筑业的良好发展。现代建筑投资的规模和建设的速度，均获得了前所未有的成绩，进而有效的推动了城市的较好发展，然而，施工管理的过程，不能给予施工环境保护更多的重视，这也使得我国施工建设构成人口密集、生活空间受限的情况，还会加重对生态环境的污染。建设数量的增加，导致施工过程产生的垃圾也越来越多，施工材料发生较大的浪费。施工环境的污染和大气污染，如粉尘、机械设备、车辆的废气所造成的污染。同时，施工中还容易产生严重的水污染情况，水污染主要包括：生活及工业废水。此外，施工阶段的噪声污染也非常严重，还存在固体废弃物和有害化学物品等污染

（三）绿色施工技术在现代建筑工程中的特点

1. 节约材料的优势

施工材料的费用占到了工程造价的一半以上，因此它是重要的一项开支。如果建筑企业采用了节能技术，可以有效降低施工成本。需要注意的是，不能为了利益而忽视了对质量的要求，只有不断提高施工技术，才可有效控制建筑垃圾的数量。

2. 绿色施工管理的优势

为了提高建筑工程的质量，必须从安全、进度以及成本三个关键要素出发。而要想做好这项工作，就必须强化管理。而在绿色节能理念下，就应该有整体意识，实施全局控制。

首先，定期对施工状况及有关设备展开考察，确保其稳定，如若发现问题及时处理；其次，严格按照施工方案，做好每一阶段的建设工作，保证工程能够按时完成；最后，必须将成本核算与管理贯穿到整个流程，从前期的决策到竣工审核，都必须确保企业能够达到效益最优化。才能在此基础上提高建筑目标，建成绿色环保型建筑。

3. 节水、节地和节能的优势

建筑施工阶段，会使用较多的水资源，特别为混凝土配置的过程，由此来说，在绿色建筑施工技术中绿色节水是不容忽视的一部分。因为我国人口众多，资源总量达人均贫乏，资源短缺问题十分严峻，因此，我们必须做好项目工程的设计工作和规划工作，只有这样才可以使设计内容变得更加完善，提高了土地使用效率。

4. 环境保护的优势

目前阶段，建筑项目现实实施的过程，基本有扬尘、噪声还有光污染等危害。所以，绿色型节能施工技术实施的时候，要求做好以上污染相关的扣除工资工作。制定管理粉尘等污染物的相关规定并严格执行，合理地分配工程施工的时间段，完善相关设备的运行模式，淘汰落后的施工设备，尽可能地降低污染程度。

（四）现代建筑施工过程中环保节能建造技术的应用

1. 保温屋面层绿色节能施工技术的应用

一般情况下，屋面保温，即为将容重低和吸水率低、导热吸水低，并具有较强强度的保温施工材料，合理的设置于防水层、屋面板间，选择适宜的保温施工，材料，如板块状的加气混凝土块、水泥聚苯板、水泥、聚苯乙烯板，以及沥青珍珠岩板等。散料加水泥的胶结料，现场施工浇筑的材料主要包括：陶粒、浮石、珠岩和炉渣等，施工现场发泡浇筑主要为：硬质的聚氨醋泡沫塑料、粉煤灰和水泥为主的混凝土。

2. 门窗绿色节能施工技术的应用

内外窗的选择有差别，需要根据实际情况对材料质量进行控制。合理的选择适宜的材料，可有效地提高绿色节能施工技术的利用率。首先，是对材料的选择，为保障其质量，必须强化监管，在采购过程就必须选择有资格生产的商家，而这评判的标准就是从其提供的营业执照、产品检验等出发，以此作为依据，由工作人员对该材料的性能与整体水平进行评定，结合自身的情况选择最佳的商家，进行合作采购。其次，门窗在选择节能技术的过程，由于不同的部位要求有差异，所以我们需将这项工作细致化，在选择的前充分了解门窗的特点，比如，外窗面积适宜，不可过大；传热系数的设置也要遵守规定，不同朝向和窗墙的面积比也要精确计算对于多层建筑住宅的外窗，可通过平开窗进行设置。目前最常见的塑钢型就是节能门窗首选；最后，就是安装工艺，必要遵循的就是确保垂直与水平面的高低保持一致，严格的控制洞口吃对位置，做好这些准备工作后再进行具体的安装。

3. 地源热泵绿色节能施工技术的应用

地缘热泵施工技术，即为通过地表层储存能量对温度实行调节针对温差较大的位置，以及室外气温较大的位置，其低温比较稳定。经吸收夏季建筑物的热量，确保建筑物体维持在稳定、平衡的状态下。然后，合理的使用绿色节能建筑施工技术，以此实现降低能耗的目的，这项施工技术的日常维护较为简单，也可以称为高效节能施工技术。建筑物体中，空调系统为达到节能的效果，应合理的使用地源热泵施工技术，进而实现控制能耗的效果，并可实现环保的目的，不会对施工环境、四周环境构成较大的影响，利于实行日常的维护工作。

绿色节能技术的应用与发展已经逐步成为我国房建工程的必然叙事，无论是从环境角度还是提高项目效益出发，都必须将这项技术真正的落实到具体施工过程。不过，目前我国要大力发展节能建筑还遇到一些瓶颈，比如施工，人员意识不足，专业性不强，管理者监察力度不够等等。但是，我们要相信这只是暂时的，只要提高重视程度，并且不遗余力的研究这项技术，在实践中总结更新，一定可以实现我国房建的绿色节能道路。

四、现代建筑施工技术的发展

伴随着科学水平的不断发展，越来越多的建筑施工新技术应用在当代建筑施工中，促进了建筑施工水平的发展，而建筑施工单位也一定要依赖新技术提高企业竞争力，在日益激烈的竞争中脱颖而出，让单位自身取得最大程度的提升。

目前，我国的科技水平逐渐提升，直接影响了我国的建筑施工技术，使得其水平不断提升，新技术可以减少施工任务的成本，提高工作效率，同时创造更高程度的安全保障，让施工工作的风险成本减少，推动了建筑工程的总体发展，建筑行业怎样推动科技成果的转换，逐渐提高事业的科学技术含量十分重要。

（一）我国现阶段建筑施工新技术的现实情况

科学技术的发展使得建筑技术也随之提高，传统的单一的技术向多元化的施工技术发展，现已趋于成熟。尤其是近几年科学技术发展不断更新的施工技术、新工艺以及新设施不断出现，而尚存的难题也都得以解决，科技发展的制约，消除了大量建筑行业的绊脚石。新的施工技术的运用并不断普及，很大程度上改变了传统施工低效率的问题，施工新技术提高了效率。①新的施工技术很大程度上节省了施工成本，提高了单位时间可以实现的工作量。②使工程施工过程中的安全性很大程度提高，减少了施工风险。现阶段建设单位推广的一些新技术，如新型建筑材料、预拌混凝土以及混凝土输送、使用技术、钢筋加工技术以及能源节约技术等均已广泛运用到建筑工程施工当中。

（二）现代施工技术在建筑施工中的地位

现代施工新技术具有其鲜明的特征，施工新技术在针对客观世界的繁杂性时，要求注意不同因素的影响，要求全面结合运用多种学科的知识，选择可信且经济的手段，探索最优的处理方案。而因为自然资源的有限性，所以不仅要充分节省使用现有资源，还一定要不断研究新能源、发现新自然资源或者利用新资源的技术，要对自然界与环境的和谐协调给予充分地关注，便于当代人，造福下一代，做到可持续发展。现代工程和人类社会生活紧密联系，和人类发展生存息息相关，施工新技术的处理还要求结合相关社会科学的知识。科学的成果通常无法刚产生就取得全面运用，一定要经过施工新技术转换成直接的社会生产力，才可以为社会需要提供物质财富，所以在建筑项目中运用新技术就是把新技术合理地应用到具体情况中，是创造社会财富的一个环节，也是施工单位加强经济成效的主要方案。

（三）现代施工新技术在建筑工程中的具体运用

1. 新型建筑材料的应用

建筑材料作为工程施工的物质前提，其价值占据建设工程造价的主要部分，目前已实现对传统建材巨大改进，同时有大量的替代材料以供选择。此外，大量新型材料逐渐被发现，让建筑施工得到较大的选择余地。这些新型材料都有良好的性能、能源损耗低、占用资源少、质量轻以及耐久性好等优点，推动了建筑施工的发展进程。新型材料的广泛运用会对房屋建筑带来很大的促进作用，使得建筑设计、结构设计以及建筑施工取得革命性的改变。建筑设计企业与建筑施工单位应该积极进行新材料运用部分探讨与实验工作，对一些性能、价格相对较好，有相应的经济效益和社会效益的新型材料，应及时介绍推行新材料运用的经验。

2. 预拌混凝土与混凝土运送、使用技术的革新

混凝土是当代建筑施工的重要原材料，混凝土的品质直接影响建筑施工的质量。预拌混凝土技术选用新型科学技术，把混凝土在施工以前就搅拌好，一方面缩减了施工步骤，很大程度上降低了人力、物力等资源的耗费，同时在客观上节省了施工工期；另一方面标准化的混凝土可以防止人工配比与拌料时的误差，确保混凝土的质量符合要求。此外，利用改革技术，选择泵送混凝土运送技术，确保混凝土在输送的时候的质量稳定。在混凝土的现场施工部分，利用选择防止混凝土碱集料反应的手段来进一步地确保混凝土施工质量，比如尽可能选用低碱水泥、砂石料以及低碱活性料等。利用预应力混凝土技术，选择低松弛高强度钢绞线与新型预应力锚夹具相结合，充分地降低混凝土板厚、高度，以此实现减轻建筑物自重、提高建筑物性能的目的。

3. 钢筋加工技术的革新

钢筋混凝土结构作为许多建筑物的第一选择，钢筋加工质量对建筑施工质量具有十分重要的意义。在钢筋的焊接部分，电渣压力焊因为不受钢筋化学成分、可焊性与天气的干扰，同时操作的时候没有明火、安全且简单，在钢筋加工的时候不断被推广，尤其适合现浇钢筋混凝土结构中竖向或者斜向（倾斜度在 4∶1 的范围内）钢筋的衔接，尤其是针对高层建筑的柱、墙钢筋，运用十分广泛。在钢筋衔接技术部分，钢筋剥肋滚压直螺纹技术经过滚丝机把要连接的钢筋两端的纵肋与横肋直接滚压成普通螺纹，再用特制的直螺纹套筒衔接。选择直螺纹衔接技术能够有效提高钢筋接头强度，完全体现钢筋抗拉，同时操作简单效率高，施工现场就能够快速完成加工工作。

4. 生态环境科学技术的运用

生态环境技术是建筑技术行业中的新观念，是模拟自然界物质生产阶段的新技术手段。在建筑施工过中运用生态技术，可以表现在具有生态环境的思想理念，重点是在落实避免施工污染，解决好建筑废品，实现文明施工，取得建筑施工与环境的配合协调，提供较好和谐的施氛围。比如，进行预制桩时控制噪音与振动，泥浆护壁灌注桩施工应重视废泥浆的排放和解决，基础施工时要避免水源的污染，在施工时倡导选择新型环保材料，在施工的时候保护植物，防止滥伐树木，对于建筑废物及时解决，全面运用，尽可能维持环境的原有状态，维持生态平衡，做到可持续发展。

所谓高科技生态技术，是指建筑设计通过现代高科技方式、新型材料以及构造与施工技术对建筑物的物理性质、采光设计、温、湿度控制、通风控制、空气阻力研究以及

建筑新材料特征等展开最佳配置，实现建筑物和大地共生，和自然相配合，而针对物质、资源耗费趋于循环和再利用，此类生态技术通常选择其他领域的技术成效，比如航空与汽车工业技术方法、计算机软件以及材料等，让建筑物具备时代前瞻性的特点。

伴随着城市化发展水平的加快，城市建筑形式的巨量化，此类联系高新技术、材料以及设施等的生态手段具有愈加重要的价值。除去了采用被动式的生态技术以外，因为现代建筑比以前任何一个时段的建筑更加宏伟巨大，其所占的面积也不是之前任何一个时期可以做到的，这就更要求主动选择高新技术方式来获得良好的活动氛围。一个巨型环境的支持系统、维护结构、室内采光、温湿度以及通风条件等要求人们针对技术的控制来处理。

建筑行业作为一个传统行业，国内的建筑业仅在高新技术部分和西方强国进行竞争有较大的难度。然而，我国目前尚处于城市化加速的起点，许多人居住条件的建设和资源的需求给高新科技的发展创造了较大的载体与最好的机遇。建筑行业运用未来新技术的原则应是：创建效率更高，智能化程度更高，给环境造成的影响更小，消耗自然资源更少。将来的建筑新技术依旧是实用技术和尖端技术相辅相成。所以，我们应该审时度势，充分重视独立自主，倡导并依靠自主创新，并在此基础上重视引入外国先进技术，让高新技术在建筑业中的运用变成建筑技术改革的突破点，成就建筑行业真正的"二次创业"。

五、现代建筑施工信息化发展

在我国社会不断发展，科技不断创新的背景下，建筑行业获得来了飞速发展，因此需要重视创新、优化建筑工程的管理模式，以便有效提高建筑质量，保证建筑施工过程的安全性、缩短施工周期及减少施工成本，进而增加建筑工程的建设效益。

（一）建筑施工信息化建设的意义

在当今的信息化发展的时代，建筑施工行业也需要积极的应对信息化发展的压力，通过内部体制的更新和优化升级来更好的体现信息化水平提升的要求和标准。在推动综合实力提升的过程之中，建筑施工领域的信息化水平有了较大的提升与发展，同时不同施工环节的有效性以及精确性能够获得极大的保障，相关的管理者也立足于信息化水平建设的相关要求不断的加深对信息化的认知和理解，以促进工作效率以及生产建设资源的合理配置为切入点，积极采取有效的策略和手段，获取全方位的信息，保障后期决策的科学性以及合理性。传统的建筑施工模式非常的复杂，同时在这种机械的运作模式之下工作人员以及相关管理部门受到了投资资金以及技术的影响，现有企业的信息化水平不符合时代发展的要求，严重影响到自身的进一步。对于建筑施工来说，除了需要对不同的发展战略进行分析之外，还需要关注建设技术和手段的有效应用，积极地引进一些新技术，更好地促进工业化水平落后这一问题的有效解决，促进了自身的进一步发展，提高综合竞争实力。

（二）现代建筑施工信息化发展趋势与对策

1. 建立完善的集约化信息系统

对于建筑工程来说，其最终的工程质量将会受到管理工作的直接影响，在我国建筑事业飞速发展的背景下，处理好工程管理工作与企业工程建造的关系变得尤为重要。在传统的工程管理工作中，应用信息化技术可以全面提升管理效率，同时还会降低传统建筑管理工作的成本。基于以上原因，现代建筑工程管理工作可以通过建立集约化信息系统提升管理效率。对于集约化信息系统的建立，应该立足于本土工程管理软件，从而建立一套高效率、高稳定、高安全的信息化系统。集约化信息系统的建立可以从以下几个方面实现：首先，相关的技术人员应该要结合企业自身发展特点以及发展方式对管理工程实现信息化，通过对国外现有的管理软件借鉴，制作出一款符合企业自身的专业管理软件。这个软件在应用过程中，需要对工程进度、工程质量以及工程成本等问题进行有效管理。其次，企业应该搭建一个共享性平台，以此来方便政府部门、施工单位以及设计单位等部门之间的交流，这样既可以省去纸张应用的成本，还可实现各个工程环节无缝衔接。最后，随着建筑工程规模的增加，管理工作中需要记录的信息日渐增多，单一性质的信息系统已经不能满足工程管理工作的诸多需求，复合型的信息系统被发明出来，其中不仅会包含施工，基本内容，还会细化到各个部门的负责人，让管理工程变得更加便捷。

2. 不断构建信息化管理平台和系统

在实际的施工过程中，建筑工程管理工作有着重要的作用。然而信息化管理可通过信息化的管理平台和系统来实现建筑工程管理工作更好地开展。所以，在对各个施工环节以及相关的制度进行确立以后，就要及时地建立一个能够覆盖整个工程信息化管理平台和相关的系统，这样可以在施工过程中，使得各个环节和各个部门能够根据施工的具体情况进行一些信息的交流和数据的分析，这样就可以更好地使各个部门的建筑工程管理信息化更加完善。在建立信息化平台管理系统的过程中，要针对具体的建筑工程管理工作各个工作内容和环节进行有针对性的改善，这样就可以使得建筑企业中各个部门在使用同一个信息化管理系统的时候就能够实现各个方面以及各个数据的共享，更能使得建筑企业中的各个部门更加的协调以及有利于他们之间有机的融合。这样也可以使得整个建筑工程施工的过程中，能够被全程的监测和控制。

3. 完善机构，制定信息化制度

对于企业来说，信息化不是孤立的，并非只有工程管理才能用到。信息化是渗透到整个企业管理的方方面面的。而且，随着时间的推移，信息化对于企业的作用会越来越大。所以，信息化不是随便指定一两个人就可以做到的，而应该指定或成立一个专门的部门来作为信息化工作的支撑，同时，必须及时转变传统管理思维、突破传统管理模式，进行信息化管理思维及模式的改革，建立了一系列完善合理的信息化管理体制，不断地推进管理信息化进程。

4. 发挥政府机关的引导作用

要让信息化管理技术在建筑行业中能够有一席之地，政府应加大力度，对企业进行相关的引导以及必要的支持。可以推出关于信息化管理的相关政策，引起企业的重视。使企业自身积极主动地去制定一系列相关的政策规定，促进信息化管理的发展，在实践中不断完善信息化管理的体系。政府也应推出关于信息化知识学习的活动，大力地鼓励企业对于相关管理人员进行信息化知识的讲授，重视对信息化管理人才的培养，政府进行有效的监督以及不定时地进行调查活动。

5. 开展培训，建设信息化队伍

人才是工作的保证。在信息化的大背景下，要推进建筑工程管理信息化建设工作，需要大量既懂得建筑行业又熟悉信息技术的复合型人才，企业应当构建多层次、多渠道的工程管理信息化人才培养机制，一方面要加大人才引进力度，招聘一批具备建筑行业和计算机行业知识的综合人才；另一方面，更需要内部挖潜，加大对原有管理人员的信息化技术应用培训力度。储备信息化人才，提升企业核心竞争力，不断推动企业建筑工程信息化程度，创造更多的经济效益和社会效益。

信息化建设所涉及的内容比较复杂，同时涉及许多不同的工作环节和工作要素，管理工作人员需要以信息化发展趋势为依据，更好的体现施工信息化发展的相关要求，结合新时期施工企业发展的现实条件和所选择的各类不足采取有效的解决对策，以实现信息资源的合理利用和配置为前提，更好地加强不同环节之间的紧密联系和互动，保障建筑施工企业能够提高自身的综合竞争实力。

六、现代混凝土与混凝土施工建筑

如今，随着生态、环保、美观等理念的提出，建筑师们不断创新现代混凝土建筑，逐渐为混凝土找回了地位。现代混凝土科技在材料以及工艺上的创新，使得建筑师以往不可能完成的非凡创作具备了极大的可能性。

随着经济的发展和人民生活水平的不断提高，人们对现代建筑施工提出了更高的要求。混凝土施工作为现代建筑施工的一个重要组成部分，其施工技术起着决定性作用，因此要严把混凝土的质量关，提高施工技术，要想控制好混凝土的质量就要控制好混凝土的水灰比和水泥这两个环节。因此在施工过程中一定要进行适当的养护，保证混凝土强度的作用的正常发挥。

（一）关于建筑混凝土的阐述

所谓混凝土，主要指的是由石头、砂子、水泥与水资源按固定的比例研究调制而成的，用于建筑施工过程中大面积使用的一种材料。对于混凝土的特点而言，商品混凝土具有可连续作业、容易成型、较大的输送能力的特点，对比其他的建筑材料具有无法比拟的多种优势。混凝土的运输速度很快，可使现代混凝土在建筑工程中的施工作业较之传统的建筑工程施工建设节省了不少时间，快速有效地提高了工程的竣工期。在现代社会中，混凝土主要在各种高层、超高层或者中小层建筑中广泛应用。商品混凝土的推广，为当今混凝土施工技术在建筑过程中提供了极大便利。所以，在工程施工的过程当中所进行的质量控制必须予以高度重视，并且严格按照国家所规定的要求来进行施工作业。为了防止因为混凝土质量问题所产生的各种安全隐患的发生，对于那些无法在质量上满足国家规定的要求以及工程施工质量要求的混凝土，坚决不可以投入到建筑工程建筑中使用。

（二）建筑工程中混凝土材料的选择

1. 水泥和主要材料的选择

建筑工程中对材料的选择的要求非常严格，只有科学、合理的选择建筑材料才能保证建筑工程的质量，其中对于混凝土的施工主要是以水泥和沙石为主，我们在运送材料的过程中首先要检查的是水泥，主要对水泥的型号、出厂合格证、使用年限和质量证明等严格的把关，以此来保障建筑工程的整体的质量关，对于砂石的要求要根据实际需要进行选择，如果混凝土的要求较高的时候，沙石的选择就要优先考虑到沙石的质量和韧性，砂石的无盐和杂质的多少也要根据混凝土的具体要求确定，总之，对于砂石的选择要根据混凝土的实际需要随机选择，一切为了建筑工程的质量服务。

2. 外加剂和主要材料的选择

建筑工程中对混凝土添加的外加剂是防止混凝土变形开裂的主要添加材料，一般情况下是以粉煤灰为主要外加剂，在建筑工程的施工过程之中添加外加剂可以减少混凝土的水化热能，同时还可以改变混凝土的坚实性和柔韧性，切实保证工程的质量，延长建筑物的使用寿命，材料的配置的过程中要对混凝土的各项指标进行严格的把关，施工之前要对混凝土的原材料进行试验，通过试验得出混凝土的配置是否符合要求，配合的比例是多少，因为受到环境等多方面的影响，有的时候这样的试验要进行多次，一直达标为止，才可以投入使用之中，施工的过程中一定要保证混凝土的强度，适当的降低水泥的用量，已达到降低水灰比例的作用。

（三）建筑工程中混凝土的施工方法

首先，基础施工。建筑工程的基础施工主要是指建筑物的地基施工，在地基的挖掘过程中应该按照由浅入深的程序进行，先进行深基础的施工、再进行浅基础的施工，通过这种形式以确保建筑工程周围建筑物的安全，在施工的过程中尤其要注意地基基坑的降水和排水工作，要保证施工过程中地基的安全。其次，承台施工。承台施工要根据楼体的标准高度进行有针对性的测量，一般的楼体承台以间隔水平分割为主，也就是说一般的主楼的基础以两层施工为主，两层都要浇灌混凝土，浇筑的时间一般以 6d 为间隔，层层之间的厚度也有严格的要求，一般要达到1.5米以上，并且层层之间一定要采取必要的间隔措施，一般我们可以用抗拉钢筋作为间隔的手段，在施工条件允许范围内，利用这种承台施工的方式可以降低混凝土的内部的高温，还可以减少施工的成本和施工过程中机械设备的投入，以减少施工的开支，节约能源。最后，严格遵守混凝土的施工顺序。在混凝土施工的过程中，一定要注意施工的顺序，一般情况是采取由远及近的顺序推进的，由于在施工过程中所处的位置并不是平坦的，有时会存在一定的坡度，在有坡度的地方施工的时候，一定要保证混凝土一次性浇筑成功，然后再推至另一边，最后推到顶部。在整个施工的过程中，对于施工设备的位置也有严格的要求，混凝土输送泵的位置一定要在场地的正中央，这样方便施工，如果我们采用的是混凝土泵管进行浇筑，一定要做到边浇筑、边拆管，最好是由中间向两边开始浇筑，这样可散掉一定的水化热量，确保了建筑工程的质量安全。

（四）针对建筑工程混凝土施工质量控制的研究

首先，混凝土施工的设计要合理，在建筑开工之前一定要对建筑物自身的使用年限和受力的情况进行调查、分析、研究，制定一套合理的使用混凝土的方案，在施工的过程中要根据具体的环境选择混凝土的强度的等级，在施工的过程中一定要避免使用等级低的混凝土，按照设计的要求严格控制混凝土裂缝的产生，以保证施工的质量安全。其次，原材料的质量也应该严格的把关，在具体的施工过程中原材料的质量安全是整个施工工程质量的关键所在，对于原材料的选择一定要选择最优秀的原材料，对于主要材料的选择之前一定要先做试验，确定好各种材料的比例，合理的搭配以减少在具体的施工过程中施工裂缝的产生，在施工的过程中水化反应会经常出现，所以在具体施工过程中要注意对水泥的选择，必须检查所选水泥的出厂合格证，确保水泥的施工质量，用此保证建筑工程的施工，质量。最后，在具体施工的过程中必须对混凝土的温度进行控制，目前对混凝土温度控制的方法很多，一般情况下我们使用改变配料来避免产生混凝土的温度，一般情况是采用干性的混凝土，加入混合料，以降低混凝土中水泥的用量；在搅拌混凝土的过程中，加水或用水将碎石冷却的方法，也可以有效的降低混凝土的浇筑温度，在采取有效措施避免产生混凝土温度的同时，也应该随时准备好温度的散发工作，建立多种途径散热，保证混凝土的温度及时的散发出去，在模板施工的过程中，为了使模板的周转使用率得到提高，在混凝土施工的过程中要求新浇筑的混凝土尽早的拆模，若混凝土的温度大于气温，要准确把握拆模的时间，避免混凝土的表面出现裂缝，保证建筑工程的施工的质量。

混凝土由于具有价格低廉、取材广泛、成品的抗压能力强以及可塑性强的优点而被广泛运用到现代建筑的施工中。但在混凝土工程实际的施工过程中也存在着一些问题，严重影响着建筑工程的施工质量与寿命。因此，在新时期加强对建筑工程混凝土施工技术与措施的研究，有助于深化对混凝土施工技术的研究，提升了混凝土工程的施工质量。

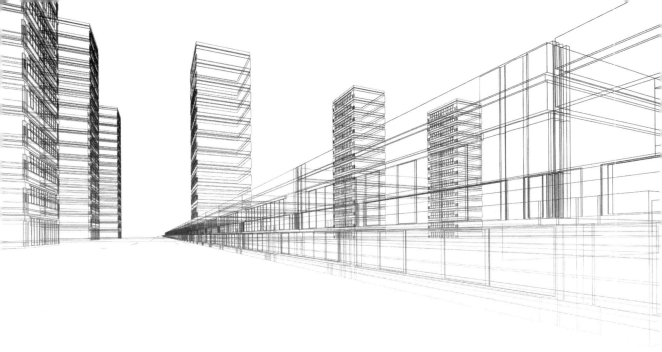

第二章　施工方案的选择及组织设计管理

第一节　施工方案的选择

一、施工方案的制定步骤

施工方案是施工组织设计的核心，通常包含在施工组织设计中。施工方案制定步骤的有关说明如下：

①熟悉工程文件和资料。制定施工方案之前，应广泛收集工程有关文件及资料，包括政府的批文、有关政策和法规、业主方的有关要求、设计文件及技术和经济等方面的文件和资料。当缺乏某些技术参数时，应进行工程试验以取得第一手资料。

②划分施工过程。划分施工过程是进行施工管理的基础工作，施工过程划分的方法可以与项目分解结构、工作分解结构结合进行。施工过程划分之后，就可对各个施工过程的技术进行分析。

③计算工程量。计算工程量应结合施工方案按工程量计算规则来进行。

④确定施工顺序和流向。施工顺序和流向的安排应符合施工的客观规律，并且处理好各个施工过程之间的关系和相互影响。

⑤选择施工方法和施工机械。拟订施工方法时，应该着重考虑影响整个单位工程施工的分部分项工程的施工方法，对于常规做法的分项工程则不必详细拟订。在选择施工

机械时，应首先选择主导工程的机械，然后根据建筑特点及材料、构件种类配备辅助机械。最后确定与施工机械相配套的专用工具设备。例如，垂直运输机械的选择，它直接影响工程的施工进度。一般根据标准层垂直运输量来编制垂直运输量表，然后据此选择垂直运输方式和机械数量，再确定水平运输方式和与之配套的辅助机械数量，最后布置运输设施的位置及水平运输路线。

⑥确定关键技术路线。关键技术路线的确定是对工程环境和条件及各种技术选择的综合分析的结果。

关键技术路线是指在大型、复杂工程中对工程质量、工期、成本影响较大且施工难度又大的分部分项工程所采用的施工技术的方向和途径。其包括施工所采取的技术指导思想、综合的系统施工方法及重要的技术措施等。

大型工程关键技术难点往往不止一个，这些关键技术是工程中的主要矛盾，关键技术路线的正确应用与否，直接影响到工程的质量、安全、工期和成本。施工方案的制定应紧紧抓住施工过程中的各个关键技术路线的制定。例如在高层建筑施工方案制定时，应着重考虑的关键技术问题有：深基坑的开挖及支护体系；高耸结构混凝土的输送及浇捣；高耸结构垂直运输；结构平面复杂的模板体系；高层建筑的测量、机电设备的安装和装修的交叉施工安排等。

二、施工方案制定的具体内容

（一）确定施工方法

正确选择施工方法，是制定施工方案的关键。单位工程各个分部分项工程均可采用不同的施工方法，而每一种施工方法又都有其优缺点。因此，必须从先进、经济、合理的角度出发进行选择，以达到提高工程质量、降低成本、提高劳动生产率和加快进度的预期效果。

对于下列一些项目的施工方法则应详细、具体：

①工程量大，在单位工程中占重要地位，对于工程质量起关键作用的分部分项工程。如基础工程、钢筋混凝土工程等隐蔽工程。

②施工技术复杂、施工难度大，或采用新技术、新工艺、新结构、新材料的分部分项工程。如大体积混凝土结构施工、模板早拆体系、无粘结预应力混凝土等。

③施工人员不太熟悉的特殊结构，专业性很强、技术要求很高的工程。例如仿古建筑、大跨度空间结构、大型玻璃幕墙、薄壳、悬索结构等。

（二）确定施工的顺序

确定施工顺序是指确定施工过程或分项工程之间施工的先后次序。施工顺序的确定既是为了按照客观的施工规律组织施工，也是为了解决工种之间在时间上的搭接问题，从而在保证质量与安全施工的前提下，以期达到充分利用空间、争取时间、缩短工期的目的，取得较好的经济效益。组织单位工程施工时，应将其划分为若干个分部工程或施工阶段，每一分部工程又划分为若干个分项工程（施工过程），并且对各个分部分项工程的施工顺序作出合理安排。

1. 确定施工顺序的原则

①施工工艺要求。各个施工过程之间存在着一定的工艺顺序，这是由客观规律所决定的。工艺顺序会因施工对象、结构部位、构造特点、使用功能及施工方法不同而变化。即在确定施工顺序时，应着重分析该施工对象各个施工过程的工艺关系。工艺关系是指施工过程与施工过程之间存在的相互依赖、相互制约的关系。

②施工方法和施工机械的要求。例如，在建造装配式单层工业厂房时，如果采用分件吊装法，施工顺序应该是先吊柱，后吊起重机梁，最后吊屋架和屋面板；如果采用综合吊装方法，则施工顺序应该是吊装完一个节间的柱、起重机梁、屋架、屋面板之后，再吊装另一节间的构件。另外，如果一幢大楼采用逆作法施工，就和顺作法施工的程序完全不一样了。

③考虑施工工期的要求。合理的施工顺序与施工工期有较密切的关系，施工工期会影响到施工顺序的确定。有些建筑物由于工期要求紧，采用逆作法施工，这样便导致施工顺序发生较大变化。一般情况下，满足施工工艺条件的施工方案可能有多个，因此，应通过对方案的分析、对比，选择经济、合理的施工顺序。

④施工组织顺序的要求。在建造某些重型车间时，由于这种车间内通常都有较大、较深的设备基础，如果先建造厂房，然后再建造设备基础，则在设备基础挖土时可能破坏厂房的柱基础，在这种情况下，必须要先进行设备基础的施工，之后进行厂房柱基础的施工，或者两者同时进行。

⑤施工质量的要求。例如，基坑的回填土，特别是从一侧进行的回填土，必须在砌体达到必要的强度以后才能开始，否则砌体的质量会受到影响。又如卷材屋面，必须在找平层充分干燥后铺设。

⑥当地的气候条件。例如，在广东、中南地区施工时，应当考虑雨期施工的特点；在华北、东北、西北地区施工时，应当考虑冬期施工的特点。土方、砌墙、屋面等工程应当尽量安排在雨季或冬季到来之前施工，而室内工程则可以适当推后。

⑦安全技术的要求。合理的施工顺序，必须使各个施工过程的搭接不至于引起安全事故。例如，不能在同一个施工段上一面铺设屋面板，一面又进行其他作业。多层房屋施工，只有在已经有层间楼板或坚固的临时铺板将一个一个楼层分隔开的条件下，才得以允许同时在各个楼层展开工作。

2. 确定总的施工顺序

一般工业和民用建筑总的施工顺序为基础—主体工程—屋面防水工程—装饰工程。

3. 施工顺序的分析

按照房屋各分部工程的施工特点一般可分为地下工程、主体结构工程、装饰与屋面工程三个阶段。一些分项工程通常采用的施工顺序如下：

①地下工程是指室内地坪以下所有的工程。浅基础的施工顺序为清除地下障碍物→软弱地基处理（需要时）→挖土→垫层→砌筑（或浅筑）基础→回填土。其中，基础常用砖基础和钢筋混凝土基础（条形基础或筏形基础）。在进行砖基础的砌筑中有时要穿插进行地梁的浇筑，砖基础的顶面还要浇筑防潮层。钢筋混凝土基础则包括支撑模板→绑扎钢筋→浇筑混凝土→养护→拆模。若基础开挖深度较大、地下水水位较高，则在挖土前还应进行土壁支护及降水工作。

桩基础的施工顺序为打桩（或灌注桩）→挖土→垫层→承台→回填土。承台的施工顺序与钢筋混凝土浅基础类似。

②主体结构常用的结构形式有混合结构、装配式钢筋混凝土结构（单层厂房居多）、现浇钢筋混凝土结构（框架、剪力墙、筒体）等。

混合结构的主导工程是砌墙和安装楼板。混合结构标准层的施工顺序为弹线→砌筑墙体→浇过梁及圈梁→板底找平→安装楼板（浇筑楼板）。

装配式结构的主导工程是结构安装。单层厂房的柱和屋架一般在现场预制，预制构件达到设计要求的强度后可进行吊装。单层厂房结构安装可以采用分件吊装法或综合吊装法，但基本安装顺序都是相同的，即吊装柱→吊装基础梁、连系梁、起重机梁等，扶直屋架→吊装屋架、天窗架、屋面板。支撑系统穿插在其中进行。

现浇框架、剪力墙、筒体等结构的主导工程都是现浇钢筋混凝土。标准层的施工顺序为弹线→绑扎墙体钢筋→支墙体模板→浇筑墙体混凝土→拆除墙模→搭设楼面模板→绑扎楼面钢筋→浇筑楼面混凝土。其中，柱、墙的钢筋绑扎在支模之前完成，而楼面的钢筋绑扎则在支模之后进行。另外，施工当中应考虑技术间歇。

③一般的装饰及屋面工程包括抹灰、勾缝、饰面、喷浆、门窗扇安装、玻璃安装、油漆、屋面找平、屋面防水层等。其中，抹灰和屋面防水层是主导工程。

装饰工程没有严格一定的顺序。同一楼层内的施工顺序一般为地面→顶棚→墙面，有时可以采用顶棚→墙面→地面的顺序。又如内外装饰施工，两者相互干扰很小，可以先外后内，也可先内后外，或者两者同时进行。

卷材屋面防水层的施工顺序为铺保温层（如需要）→铺找平层→刷冷底子油→铺卷材→撒绿豆砂。屋面工程在主体结构完成后开始，并且应尽快完成，为顺利进行室内装饰工程创造条件。

（三）划分施工段

划分施工段的目的是适应流水施工的需要，单位工程划分施工段时还应注意以下四点要求：

①要有利于结构的整体性，尽量利用伸缩缝或沉降缝、平面上有变化处、留槎不影响质量处及可留设施工缝处等作为施工段的分界线。住宅可按单元、楼层划分；厂房可按跨、按生产线划分；建筑群还可按区、栋分段。

②要使各段工程量大致相等，以便组织有节奏的流水施工，使劳动组织相对稳定、各班组能连续均衡施工，减少停歇和窝工。

③施工段数应与施工过程数相协调，尤其是在组织楼层结构流水施工时，每层的施工段数应大于或等于施工过程数。段数过多可能延长工期或者使工作面过窄，段数过少则无法流水，使劳动力窝工或机械设备停歇。

④分段施工的大小应与劳动组织（或机械设备）及其生产能力相适应，保证足够的工作面，以便于操作，发挥生产效率。

实际施工时，基础工程和主体工程一般进行分段流水作业，施工段的划分可相同也可不同，为了便于组织施工，基础和主体工程施工段的数目和位置基本一致。屋面工程施工时若没有高低层，或没有设置变形缝，一般不分段施工，而是采用依次施工的方式组织施工。装饰工程平面上一般不分段，立面上分层施工，一个结构层可作为一个施工层。

（四）施工方案的技术经济评价

施工方案的技术经济评价是在众多的施工方案中选择出快、好、省、安全的施工方案。施工方案的技术经济评价涉及的因素多而复杂，通常来说，施工方案的技术经济评价有定性分析和定量分析两种。

1. 定性分析

施工方案的定性分析是人们根据自己的个人实践和一般的经验，对若干个施工方案进行优缺点比较，从中选择出比较合理的施工方案。如技术上是否可行、安全上是否可靠、经济上是否合理、资源上能否满足要求等，此方法比较简单，但主观随意性较大。

2. 定量分析

施工方案的定量分析是通过计算施工方案的若干相同的、主要的技术经济指标，进行综合分析比较，选择出各项指标较好的施工方案。这种方法比较客观，但指标的确定和计算比较复杂。

主要的评价指标有以下几种：

①工期指标：当要求工程尽快完成以便尽早投入生产或使用时，选择施工方案就要在确保工程质量、安全和成本较低的条件下，优先考虑缩短工期。在钢筋混凝土工程主体施工时，往往采用增加模板的套数来缩短主体工程的施工工期。

②机械化程度指标：在考虑施工方案时应尽量提高施工机械化程度，降低工人的劳动强度；积极扩大机械化施工的范围，把机械化施工程度的高低作为衡量施工方案优劣的重要指标。

③主要材料消耗指标：其反映若干施工方案的主要材料节约情况。

④降低成本指标：其综合反映工程项目或分部分项工程由于采用不同的施工方案而产生不同的经济效果。降低成本指标可以用降低成本额和降低成本率来表示。

三、专项施工方案制定

(一) 专项施工方案的内容

专项施工方案是针对单位工程施工中危险性较大的分部分项工程,专项工程,重点、难点和"四新"(新技术、新材料、新设备和新工艺)技术工程编制的施工方案。

专项施工方案包括土方、降水、护坡工程施工方案,防水工程施工方案,钢筋工程施工方案,模板工程施工方案,混凝土工程施工方案(大体积混凝土施工方案),预应力工程施工方案,钢结构工程施工方案,脚手架及防护施工方案,屋面工程施工方案,二次结构施工方案,水电安装工程施工方案,装饰装修工程施工方案,塔式起重机基础施工方案,塔式起重机安装及拆除施工方案,施工电梯基础施工方案,施工电梯安装及拆除方案,临时用电施工方案,施工试验方案,施工测量方案,冬期施工方案,消防保卫预案,工程资料编制方案,工程质量控制方案,工程创优施工方案等。

专项施工方案的内容包括分部分项工程或特殊过程概况、施工方案、施工方法、劳动力组织、材料及机械设备等供应计划、工期安排以及保证措施、质量标准及保证措施、安全标准及保证措施、安全防护和保护环境措施等。

1. 分部分项工程及特殊过程情况

分部分项工程或特殊过程项目名称,建筑、结构等概况及设计要求,工期、质量、安全、环境等要求,施工条件和周围环境情况,项目难点和特点等,必要时应该配以图表达。

2. 施工方案

①确定项目管理机构及人员组成。

②确定施工方法。

③确定施工工艺流程。

④选择施工机械。

⑤确定劳务队伍。

⑥确定施工物资的采购:建筑材料、预制加工品、施工机具、生产工艺设备等需用量、供应商。

⑦确定安全施工措施包括安全防护、劳动保护、防火防爆、特殊工程安全、环境保护等措施。

3. 施工方法

根据施工工艺流程顺序,提出各环节的施工要点和注意事项。对于易发生质量通病的项目、新技术、新工艺、新设备、新材料等应作重点说明,并绘制详细的施工图加以说明。对具有安全隐患的工序,应进行详细计算并绘制详细的施工图加以说明。

4. 劳动力组织

根据施工工艺要求,确定劳务队伍及不同工种的劳动力数量,并采用表的形式表示。

5. 材料及机械设备等供应计划

根据设计要求和施工工艺要求，提出了工程所需的各种原材料、半成品、成品及施工机械设备需用量计划。

6. 工期安排及保证措施

①工期安排：根据工艺流程顺序，在单位工程施工进度计划的基础上编制详细的专项施工进度计划，以横道图方式或网络图形式表示。

②保证措施：组织措施、技术措施、经济措施及合同措施等。

7. 质量标准及保证措施

（1）质量标准

①主控项目：包括抽检数量、检验方法。

②一般项目：包括抽检数量、检验方法和合格标准。

（2）保证措施

①人的控制：以项目经理的管理目标和职责为中心，贯彻因事设岗配备合适的管理人员；严格执行实行分包单位的资质审查；坚持作业人员持证上岗；加强对现场管理和作业人员的质量意识教育及技术培训；严格现场管理制度和生产纪律，规范人的作业技术和管理活动行为；加强激励和沟通活动等。

②材料设备的控制：抓好原材料、成品、半成品、构配件的采购，材料的检验，材料的存储和使用；建筑设备的选择采购、设备运输、设备检查验收、设备安装和设备调试等。

③施工设备的控制：从施工需要和保证质量的要求出发，确定相应类型的性能参数；按照先进、经济合理、生产适用、性能可靠、使用安全的原则选择施工机械；在施工过程当中配备适合的操作人员并加强维护。

④施工方法的控制：采取的技术方案、工艺流程、检测手段、施工程序安排等。

⑤环境的控制：包括自然环境的控制、管理环境的控制与劳动作业环境的控制。

8. 安全防护和保护环境措施

针对项目特点、施工现场环境、施工方法、劳动组织、作业使用的机械、动力设备、变配电设施、架设工具以及各项安全防护设施等从技术上制定确保安全施工、保护环境以及防止工伤事故和职业病危害的预防措施。

（二）专项施工方案的编制依据

①与工程建设有关的现行法律、法规和文件。

②国家现行有关标准、规范、规程和技术经济指标。

③工程所在地区行政主管部门的批准文件，建设单位对施工的要求。

④工程施工合同或招标投标文件。

⑤工程设计文件。

⑥工程施工范围内的现场条件，工程地质及水文地质、气象等自然条件。

⑦与工程有关的资源供应情况。

（三）专项施工方案的编制流程与审批

1. 专项施工方案的编制流程

①收集专项工程施工方案编制相关的法律、法规、规范性文件、标准、规范以及施工图纸（国标图集）、单位工程施工组织设计等。

②熟悉专项工程概况，进行专项工程特点和施工条件的调查研究，如单位工程的施工平面布置、对专项工程的施工要求、可以提供的技术保证条件等。

③计算专项工程主要工种工程的工程量。

④根据单位工程施工进度计划编制专项施工方案施工进度计划。

⑤确定专项施工方案的施工技术参数、施工工艺流程、施工方法及检查验收。

⑥确定专项施工方案的材料计划、机械设备计划、劳动力计划等。

⑦确定专项施工方案的施工质量保证措施。

⑧确定专项施工方案的施工安全组织保障、技术措施、应急预案、监测监控等安全与文明施工保证措施。

⑨提供专项施工方案的计算书及相关图纸。

2. 专项施工方案审批

①建筑工程实施施工总承包的，其专项施工方案应该由施工总承包单位组织编制。专项工程施工方案应由施工单位技术部门组织相关专家评审，施工单位技术负责人批准。

②由专业承包单位施工的专项工程的施工方案，应由专业承包单位技术负责人或技术负责人授权的技术人员审批；有总承包单位时，应由总承包单位项目技术负责人核准备案。

③规模较大的专项工程的施工方案应按单位工程施工组织设计进行编制和审批，即由施工单位技术负责人或技术负责人授权的技术人员审批。

④项目在实施过程中，发生工程设计有重大修改，有关法律、法规、规范和标准实施、修订和废止，主要施工方法有重大调整，施工环境有重大改变时，专项施工方案应该及时进行修改或补充。

⑤专项施工方案如因设计、结构、外部环境等因素发生变化确需修改的，修改之后的专项施工方案应当重新审核。

（四）危险性较大的分部分项工程安全专项施工方案的内容和编制方法

1. 危险性较大的分部分项工程专项施工方案的内容

①工程概况：危险性较大工程概况和特点、施工平面布置、施工要求和技术保证条件。

②编制依据：相关法律、法规、规范性文件、标准、规范及施工图设计文件、施工组织设计等。

③施工计划：包括施工进度计划、材料与设备计划。

④施工工艺技术：技术参数、工艺流程、施工方法、操作要求和检查要求等。

⑤施工安全保证措施：组织保障措施、技术措施、监测监控措施等。

⑥施工管理及作业人员配备和分工：施工管理人员、专职安全生产管理人员、特种作业人员、其他作业人员等。

⑦验收要求：验收标准、验收程序、验收内容、验收人员等。

⑧应急处置措施。

⑨计算书及相关施工图纸。

2. 危险性较大的分部分项工程专项施工方案的编制方法

①施工单位应当在危险性较大工程施工前组织工程技术人员编制专项施工方案。

实行施工总承包的，专项施工方案应当由施工总承包单位组织编制。危险性较大工程实行分包的，专项施工方案可以由相关专业分包单位组织编制。

②专项施工方案应当由施工单位技术负责人审核签字、加盖单位公章，并由总监理工程师审查签字、加盖执业印章后方可实施。

危险性较大工程实行分包并由分包单位编制专项施工方案的，专项施工方案应当由总承包单位技术负责人及分包单位技术负责人共同审核签字并且加盖单位公章。

3. 超过一定规模的危险性较大的分部分项工程专项施工方案的编制方法

①对于超过一定规模的危险性较大工程，施工单位应当组织召开专家论证会对专项施工方案进行论证。实行施工总承包的，由施工总承包单位组织召开专家论证会，专家论证前专项施工方案应当通过施工单位审核和总监理工程师审查。

专家应当从地方人民政府住房和城乡建设主管部门建立的专家库当中选取，符合专业要求且人数不得少于5名。与本工程有利害关系的人员不得以专家身份参加专家论证会。

②关于专家论证会参会人员。超过一定规模的危险性较大工程专项施工方案专家论证会的参会人员应当包括以下几项：a.专家；b.建设单位项目负责人；c.有关勘察、设计单位项目技术负责人及相关人员；d.总承包单位和分包单位技术负责人或授权委派的专业技术人员、项目负责人、项目技术负责人、专项施工方案编制人员、项目专职安全生产管理人员及相关人员；e.监理单位项目总监理工程师及专业监理工程师。

③关于专家论证内容。对于超过一定规模的危险性较大工程专项施工方案，专家论

证的主要内容应当包括以下几项：a.专项施工方案内容是否完整、可行；b.专项施工方案计算书和验算依据、施工图是否符合有关标准规范；c.专项施工方案是否满足现场实际情况，并且能够确保施工安全。

④关于专项施工方案修改。超过一定规模的危险性较大工程的专项施工方案经专家论证后结论为"通过"的，施工单位可参考专家意见自行修改完善；结论为"修改后通过"的，专家意见要明确具体修改内容，施工单位应当按照专家意见进行修改，并履行有关审核和审查手续后方可实施，修改情况应及时告知专家。

⑤关于监测方案内容。进行第三方监测的危险性较大工程监测方案的主要内容应当包括工程概况、监测依据、监测内容、监测方法、人员以及设备、测点布置与保护、监测频次、预警标准及监测成果报送等。

⑥关于验收人员。超过一定规模的危险性较大工程的闲验收人员应当包括以下几项：a.总承包单位和分包单位技术负责人或授权委派的专业技术人员、项目负责人、项目技术负责人、专项施工方案编制人员、项目专职安全生产管理人员及相关人员；b.监理单位项目总监理工程师及专业监理工程师；c.有关勘察、设计和监测单位项目技术负责人。

⑦关于专家条件。设区的市级以上地方人民政府住房和城乡建设主管部门建立的专家库专家应当具备以下基本条件：a.诚实守信、作风正派、学术严谨；b.从事相关专业工作 15 年以上或具有丰富的专业经验；c.具有高级专业技术职称。

⑧关于专家库管理。设区的市级以上地方人民政府住房和城乡建设主管部门应当加强对专家库专家的管理，定期向社会公布专家业绩，对于专家不认真履行论证职责、工作失职等行为，记入不良信用记录，情节严重的取消专家资格。

施工方案是施工组织设计的核心，通常包含在施工组织设计中。施工方案的制定步骤为熟悉工程文件和资料、划分施工过程、计算工程量、确定施工顺序和流向、选择施工方法和施工机械、确定关键技术路线。

专项施工方案是针对单位工程施工中的危险性较大的分部分项工程，专项工程，重点、难点和"四新"（新技术、新材料、新设备、新工艺）技术工程编制的施工方案。

科学、合理的施工方案是工程建设得以快速、安全与顺利进行的保证，因此，务必高度重视，不可粗心大意。

第二节　单位工程施工组织设计

一、单位工程施工组织设计的编制依据

①主管部门的批示文件及建设单位的要求：例如上级机关对该项工程的有关批示文件和要求；建设单位的意见和对施工的要求；施工合同中的有关规定等。

②经过会审的图纸：包括单位工程的全部施工图纸、会审记录、设计变更及技术核定单、有关标准图，较复杂的建筑工程还要知道设备、电气、管道等设计图。如果是整个建设项目中的一个单位工程，还要了解建设项目的总平面布置等。

③施工企业年度生产计划对该工程的安排和规定的有关指标：如进度、其他项目穿插施工的要求等。

④施工组织总设计：本工程若为整个建设项目中的一个项目，则应将施工组织总设计中的总体施工部署及对本工程施工的有关规定和要求作为编制依据。

⑤资源配备情况：如施工中需要的劳动力、施工机具和设备、材料、预制构件和加工品的供应能力和来源情况。

⑥建设单位可能提供的条件和水、电供应情况：如建设单位可能提供的临时房屋数量，水、电供应量，水压、电压能否满足施工要求等。

⑦施工现场条件和勘察资料：如施工现场的地形、地貌、地上与地下的障碍物、工程地质和水文地质、气象资料、交通运输道路及场地面积等。

⑧预算文件和国家规范等资料：工程的预算文件等提供工程量和预算成本。国家的施工验收规范、质量标准、操作规程和有关定额是确定施工方案、编制进度计划等的主要依据。

⑨国家或行业有关的规范、标准、规程、法规、图集及地方标准和图集：如地基与基础工程施工及验收规范、建筑安装工程质量检验评定统一标准、建筑机械使用安全技术规程、混凝土质量控制标准、钢筋焊接及验收规范等。

⑩有关的参考资料及类似工程施工组织设计实例。

二、单位工程施工组织设计的编制原则

①做好现场工程技术资料的调查工作。一切工程技术资料都是编制单位工程施工组织设计的主要根据。原始资料必须真实，数据要可靠，特别是水文、地质、材料供应、运输及水电供应的资料。每个工程各有不同的难点，组织设计中应着重收集施工难点的资料。有了完整、确切的资料，即可根据实际条件制定方案并且从中优选。

②合理安排施工程序。可将整个工程划分成几个阶段，如施工准备、基础工程、预制工程、主体结构工程、屋面防水工程、装饰工程等。各施工阶段之间应互相搭接、衔接紧凑，力求缩短工期。

③采用先进的施工技术和进行合理的施工组织。采用先进的施工技术是提高劳动生产率、保证工程质量、加快施工速度和降低工程成本的主要途径，应组织流水施工，采用网络计划技术安排施工进度。

④土建施工与设备安装应密切配合。某些工业建筑的设备安装工程量较大，为了使整个厂房提前投产，土建施工应为设备安装创造条件，提出设备安装进场时间。设备安装尽可能与土建搭接，在搭接施工时应考虑到施工安全与对设备的污染，最好采用分区

分段进行。水、电、卫生设备的安装，也应与土建交叉配合。

⑤施工方案应作技术经济比较。对主要工种工程的施工方法和主要机械的选择要进行多方案技术经济比较，选择经济合理、技术先进、切合现场实际的施工方案。

⑥确保工程质量和施工安全。在单位工程施工组织设计中，必须提出确保工程质量的技术措施和施工安全措施，尤其是新技术和本施工单位较生疏的工艺。

⑦特殊时期的施工方案。在施工组织中，雨期施工和冬期施工的特殊性应该给予体现，应有具体的应对措施。对使用农民工较多的工程，还应考虑农忙时劳动力调配的问题。

⑧节约费用和降低工程成本。合理布置施工平面图，减少临时性设施和避免材料二次搬运，节约施工用地。安排进度时应尽量发挥建筑机械的工效和一机多用，尽可能利用当地资源，以减少运输费用；正确选择运输工具，来降低运输成本。

⑨环境保护的原则。从某种程度上说，工程施工就是对自然环境的破坏与改造。环境保护是可持续发展的前提，因此，在施工组织设计中应体现出对环境保护的具体措施。

三、单位工程施工组织设计的作用

①贯彻施工组织总设计，具体实施施工组织总设计对该单位工程的规划精神。

②编制该工程的施工方案，选择其施工方法、施工机械，确定施工顺序，提出实现质量、进度、成本和安全目标的具体措施，为施工项目管理提出技术和组织方面的指导性意见。

③编制施工进度计划，落实施工顺序、搭接关系以及各分部分项工程的施工时间，实现工期目标，为施工单位编制作业计划提供依据。

④计算各种物资、机械、劳动力的需求量，安排供应计划，从而保证进度计划的实现。

⑤对单位工程的施工现场进行合理的设计和布置，统筹合理利用空间。

⑥具体规划作业条件方面的施工准备工作。

⑦施工单位有计划地开展施工，检查、控制工程进展情况的重要文件。

⑧建设单位配合施工、监理工程，落实工程款项的基本依据。

四、单位工程施工组织设计的内容

单位工程施工组织设计是以单位工程为主要对象编制的施工组织设计，对于单位工程的施工过程起指导和制约作用。其是由施工承包单位工程项目经理编制的，是施工前的一项重要准备工作，也是施工企业实现生产科学管理的重要手段。单位工程施工组织设计的内容，根据工程性质、规模、繁简程度的不同，对其内容和深度、广度要求也不同，一般应包括：工程概况；施工部署、施工进度计划；施工准备与资源配置计划；主要施工方案；技术组织措施；施工现场平面图布置；主要技术经济指标。

（一）工程概况

工程概况应包括工程主要情况、各专业设计简介和工程施工条件等。工程概况与施工条件分析是对拟建工程的特点、地区特征和施工条件等所做的一个简要的、重点的介绍。其主要内容包括以下几个方面：

①工程主要情况包括：工程名称、性质和地理位置；工程的建设、勘察、设计、监理和总承包等相关单位的情况；工程承包范围和分包工程范围；施工合同、招标文件或总承包单位对工程施工的重点要求；其他应说明的情况。

②建筑设计简介，应依据建设单位提供的建筑设计文件进行描述，包括建筑规模、建筑功能、建筑特点、建筑耐火、防水及节能要求等，并应简单描述工程的主要装修做法。

③结构设计简介，应依据建设单位提供的结构设计文件进行描述，包括了结构形式、地基基础形式、结构安全等级、抗震设防类别、主要结构构件类型及要求等。

④机电及设备安装专业设计简介，应依据建设单位提供的各相关专业设计文件进行描述，包括给水排水及采暖系统、通风与空调系统、电气系统、智能化系统、电梯等各个专业系统的做法要求。

⑤工程施工条件包括：项目建设地点气象状况；项目施工区域地形和工程水文地质状况；项目施工区域地上、地下管线及相邻的地上、地下建（构）筑物情况；与项目施工有关的道路、河流等状况；当地建筑材料、设备供应和交通运输等服务能力状况；当地供电、供水、供热和通信能力状况；其他与施工有关的主要因素。

（二）施工部署

①工程施工目标应根据施工合同、招标文件及本单位对于工程管理目标的要求确定，包括进度、质量、安全、环境和成本等目标。各项目标应满足施工组织总设计中确定的总体目标。

②施工部署中的进度安排和空间组织应符合下列规定：a.工程主要施工内容及其进度安排应明确说明，施工顺序应符合工序逻辑关系。b.施工流水段应结合工程具体情况分阶段进行划分；单位工程施工阶段的划分通常包括地基基础、主体结构、装修装饰和机电设备安装等阶段。

③对于工程施工的重点和难点应进行分析，包括组织管理和施工技术两个方面。

④工程管理的组织机构形式应按照相关规定执行总承包单位明确项目管理组织机构形式，并采用框图的形式表示，确定项目经理部的工作岗位设置及其职责划分。

⑤对于工程施工中开发和使用的新技术、新工艺应作出部署，对新材料和新设备的使用应提出技术及管理要求。

⑥对主要分包工程施工单位的选择要求及管理方式应进行简要说明。

（三）施工进度计划

①单位工程施工进度计划应按照施工部署的安排进行编制。

②施工进度计划可采用网络图或横道图表示，并附必要说明；对工程规模较大或较复杂的工程，宜采用网络图表示。

（四）施工准备与资源配置计划

1. 施工准备应包括技术准备、现场准备和资金准备

（1）技术准备

包括施工所需技术资料的准备、施工方案编制计划、试验检验及设备调试工作计划、样板制作计划等。

①主要分部（分项）工程和专项工程在施工前应单独编制施工方案，施工方案可根据工程进展情况，分阶段编制完成；对需要编制的主要施工方案应制订编制计划。

②试验检验及设备调试工作计划应根据现行规范标准中的有关要求及工程规模、进度等实际情况制订。

③样板制作计划应根据施工合同或招标文件的要求并且结合工程特点制订。

（2）现场准备

应根据现场施工条件和实际需要，准备现场生产、生活等临时设施。

（3）资金准备

应根据施工进度计划编制资金使用计划。

2. 资源配置计划应包括劳动力计划和物资配置计划

①劳动力配置计划应包括：确定各施工阶段用工量；根据施工进度计划确定各施工阶段劳动力配置计划等内容。

②物资配置计划应包括：主要工程材料和设备的配置计划应根据施工进度计划确定，包括各施工阶段所需主要工程材料、设备的种类和数量；工程施工主要周转材料和施工机具的配置计划应根据施工部署和施工进度计划确定，包括各个施工阶段所需主要周转材料、施工机具的种类和数量。

（五）主要施工方案

主要施工方案是施工组织设计的核心内容。确定施工方案包括确定总的施工顺序及确定施工流向，主要分部分项工程的划分以及其施工方法的选择、施工段的划分、施工机械的选择、技术组织措施的拟订等。

对脚手架工程、起重吊装工程、临时用水用电工程、季节性施工等专项工程所采用的施工方案应进行必要的验算和说明。

（六）技术组织措施

技术组织措施主要是指在技术、组织方面对保证工程质量、安全、成本等与进行季节性施工等所采取的方法与措施。其主要内容如下：

1. 保证工程质量措施

为了保证工程质量，应对工程施工中易发生质量通病的工序制定防治措施；对采用新工艺、新材料、新技术和新结构的工作制定有针对性的技术措施；对确保基础工程质量、主体结构中关键部位的质量和内外装修的质量制定有效的技术组织措施；对复杂或者特殊工程的施工制定相应的技术措施等。

首先应建立工程项目的施工质量控制系统，利用 PDCA 循环原理进行质量目标的控制，编制详细的质量计划，以体现企业对质量责任的承诺。还要加强施工过程的质量控制，利用工程质量的统计分析方法，对质量问题产生的原因进行分析并随时纠正，以达到预定的质量目标。

同时应建立健全质量监督体系，建立起自查、互查、质量员检查、施工负责人检查、监理人员监察的质量检查系统，来确保单位工程的质量。

2. 保证施工安全措施

安全生产是指在安全的场所和环境条件下，使用安全的生产设备和手段，采用安全的工艺和技术，遵守安全作业和操作规程所进行的、必须确保涉及人员和财产安全的生产活动。

保证施工安全措施是指对施工中可能发生的安全问题提出预防措施并进行落实。其主要包括：新工艺、新材料、新技术、新结构施工中的安全技术措施；预防自然灾害，如防雷击、防滑坡等技术措施；高空作业的防护措施；安全用电与机具设备的保护措施等内容。

3. 冬、雨期施工措施

（1）冬期施工的措施

根据所在地区的气温、降雪量、工程特点、施工条件等因素，在保温、防冻、改善操作环境等方面，制定相应的施工措施，并安排好物资的供应和储备；对于不适宜在冬期或在冬期不容易保证质量的工作，可合理安排在冬期以前或者以后进行。

（2）雨期施工的措施

根据工程所在地区的雨期时间、降雨量、工程特点和部位，制定出工程、材料和设备的防淋、防潮、防泡、防淹等各种措施，如进行遮盖、加固、排水等；做好道路的防滑措施，同时，防止因进入雨期而拖延工期，如采取改变施工顺序、合理安排施工内容等措施。

4. 降低成本措施

降低成本的措施包括：采用先进技术、改进作业方法以提高劳动生产率、节约劳动量的措施；综合利用材料、推广新材料以节约材料消耗的措施；提高机械利用率、发挥机械效能以节约机械设备费用的措施；合理进行施工平面图设计来节约临时设施费用的措施等。其是根据预算成本和技术组织措施计划而编制的。

5. 防火措施

防火措施是对临时建筑的位置、结构、防火间距，对易燃或可燃材料的存放地点、堆垛体积，对消防器材的配备，对现场消防给水管道和消火栓的设置，对消防通道布置及对临时供电线路架设的方位和电压等，进行周密的设计和布置；对高耸建（构）筑物应及时安装避雷系统，同时，应建立安全防火管理制度，制定电力线路免超负荷或短路的措施等。

（七）施工现场平面图布置

施工现场平面图布置的内容包括垂直运输机械、搅拌站、加工棚、仓库、堆料、临时建筑物及临时性水电管线等临时设施的位置布置。

（八）主要的技术经济指标

对于一般常见的建筑结构类型且规模不大的单位工程，施工组织设计可以编制得简单一些，其主要内容为施工方案、施工进度计划表和施工平面图，简称为"一图一案一表"，并辅以简明扼要的文字说明。

第三节　单位工程施工管理计划

一、施工的进度计划

（一）单位工程施工进度计划的作用、分类及编制依据

单位工程施工进度计划是在确定了施工方案的基础上，根据计划工期和各种资源供应条件，按照工程的施工顺序，用图表形式（横道图或网络图）表示各分部、分项工程搭接关系及工程开工、竣工时间的一种计划安排。

1. 施工进度计划的作用

①控制单位工程的施工进度，保证在规定工期之内完成符合质量要求的工程任务。

②确定单位工程各个施工过程的施工顺序、施工持续时间及相互搭接和合理配合的

关系。

③为编制季度、月度生产作业计划提供依据。

④制订各项资源需要量计划和编制施工准备工作计划的依据。

2. 施工进度计划的分类

单位工程施工进度计划可根据建设项目规模大小、结构难易程度、工期长短、资源供应情况等因素分为控制性施工进度计划和指导性施工进度计划两类。

①控制性施工进度计划。控制性施工进度计划按分部工程来划分施工过程，控制各分部工程的施工时间及其相互搭接配合关系。其主要适用于工程结构较复杂、规模较大、工期较长而需跨年度施工的工程（如体育馆、汽车站等大型公共建筑），还适用于虽然工程规模不大或结构不复杂但各种资源（劳动力、机械、材料等）不落实的情况以及建筑结构等可能变化的情况。

②指导性施工进度计划。指导性施工进度计划按照分项工程或施工工序来划分施工过程，具体确定各个施工过程的施工时间及其相互搭接、配合关系。其适用于任务具体而明确、施工条件基本落实、各项资源供应正常、施工工期不太长的工程。

3. 施工进度计划的编制依据。

①经过审批的建筑总平面图、地形图、单位工程施工图、工艺设计图、设备基础图，采用的标准图集及技术资料。

②施工组织总设计对本单位工程的有关规定。

③施工工期要求及开工、竣工日期。

④施工条件，如劳动力、材料、构件及机械的供应条件；分包单位的情况等。

⑤主要分部、分项工程的施工方案。

⑥劳动定额及机械台班定额。

⑦其他有关要求与资料。

（二）单位工程施工进度计划的编制内容和步骤

1. 划分施工的过程

编制单位工程施工进度计划时，必须先研究施工过程的划分，再进行有关内容的计算和设计。划分施工过程应考虑以下要求：

（1）施工过程划分的粗细程度要求

对控制性施工进度计划，项目划分得粗一些，通常只列出分部工程名称；对实施性的施工进度计划，项目划分得细一些，通常应进一步划分到分项工程。

（2）对于施工过程进行适当合并，达到简明清晰的要求

为了使计划简明清晰、突出重点，一些次要的施工过程应合并到主要施工过程中，如基础防潮层可合并到基础施工过程内；有些虽然重要但工程量不大的施工过程也可以与相邻的施工过程合并，如油漆和玻璃安装可合并为一项；同一个时期由同一工种施工的施工项目也可以合并在一起。

（3）施工过程划分的工艺性要求

①现浇钢筋混凝土施工，一般可分为支模、绑扎钢筋、浇筑混凝土等施工过程，是合并还是分别列项，应视工程施工组织、工程量、结构性质等因素研究确定。一般现浇钢筋混凝土框架结构的施工应分别列项，而且可分得细一些，如绑扎柱钢筋，安装柱模板，浇捣柱混凝土，安装梁、板模板，绑扎梁、板钢筋，浇捣梁、板混凝土，养护，拆模等施工过程。但在现浇钢筋混凝土工程量不大的工程中，一般不再细分，可以合并为一项。

②抹灰工程一般分内、外墙抹灰。外墙抹灰工程可能有若干种装饰抹灰的做法要求，一般情况下合并为一项，也可以分别列项；室内的各种抹灰应该按楼地面抹灰、顶棚及墙面抹灰、楼梯间及踏步抹灰等分别列项，以便组织施工和安排进度。

③施工过程的划分，应考虑所选择的施工方案。厂房基础采用敞开式施工方案时，柱基础和设备基础可以合并为一个施工过程；而采用封闭式施工方案时，则必须列出柱基础、设备基础两个施工过程。

④住宅建筑的水、暖、煤、卫、电等房屋设备安装是建筑工程的重要组成部分，应单独列项；工业厂房的各种机电等设备安装也要单独列项，但不必细分，可由专业队或设备安装单位单独编制其施工进度计划。土建施工进度计划当中列出设备安装的施工过程，表明其与土建施工的配合关系。

（4）明确施工过程对施工进度的影响程度

施工过程对工程进度的影响程度可分为以下三类：

①资源驱动的施工过程直接在拟建工程上进行作业，占用时间、资源，对工程的完成与否起着决定性的作用，在条件允许的情况下，可以缩短或延长其工期。

②辅助性施工过程一般不占用拟建工程的工作面，虽需要一定的时间和消耗一定的资源，但不占用工期，故可不列入施工计划内，如交通运输、场外构件加工或预制等。

③施工过程虽直接在拟建工程上进行作业，但它的工期不以人的意志为转移，随着客观条件的变化而变化，应根据具体情况将它列入施工计划，例如混凝土的养护等。

2. 计算工程量

计算各工序的工程量（劳动量）是施工组织设计中的一项十分繁琐、费时最长的工作，工程量计算方法和计算规则与施工图预算或施工预算一样，只是所取尺寸应按施工图中的施工段大小确定。

计算工程量应注意以下几个问题：

①各分部分项工程的工程量计算单位应与采用的施工定额中相应项目的单位相一致，以便在计算劳动量和材料需要量时可直接套用定额，不再进行换算。

②工程量计算应结合选定的施工方法和安全技术要求进行，使计算所得工程量与施工实际情况相符合。例如，挖土时是否放坡，是否加工作面，坡度大小与工作面尺寸是

多少，是否使用支撑加固，开挖方式是单独开挖、条形开挖还是整片开挖，这些均直接影响到基础土方工程量的计算。

③结合施工组织要求，分区、分段、分层计算工程量，以便组织流水作业。若每层、每段上的工程量相等或相差不大，就可根据工程量总数分别除以层数、段数，可得每层、每段上的工程量。

④如已编制预算文件，应合理利用预算文件中的工程量，以免重复计算。施工进度计划中的施工项目大多可直接采用预算文件中的工程量，可按施工过程（工序）的划分情况将预算文件中有关项目的工程量汇总。

二、施工质量计划

（一）施工质量计划的编制依据

①工程承包合同对工程造价、工期和质量的有关规定。
②施工图纸和有关设计文件。
③设计概算和施工图预算文件。
④国家现行施工验收规范和有关规定。
⑤劳动力素质、材料和施工机械质量及现场施工作业环境状况。

（二）施工质量计划的编制步骤

①施工质量要求和特点：根据工程建筑结构特点、工程承包合同与工程设计要求，认真分析影响施工质量的各项因素，明确施工质量特点及其质量控制重点。

②施工质量控制目标及其分解：根据施工质量要求和特点分析，确定单位工程施工质量控制目标"优良"或"合格"，然后将该目标逐级分解为分部工程、分项工程和工序质量控制子目标。控制子目标"优良"或"合格"是确定施工质量控制点的依据。

③确定施工质量控制点：根据单位工程及分部、分项工程施工质量目标要求，对影响施工质量的关键环节、部位和工序设置质量控制点。

④制定施工质量控制实施细则：建筑材料、预制加工品和工艺设备质量检查验收措施；分部工程、分项工程质量控制措施以及施工质量控制点的跟踪监控办法。

⑤建立工程施工质量体系。

三、施工成本计划

（一）施工成本分类和构成

单项（位）工程施工成本可分为施工预算成本、施工计划成本与施工实际成本三种。其中，施工预算成本是由直接费和间接费两部分费用构成的。

（二）施工成本计划的编制步骤

①收集和审查有关编制依据。

②做好工程施工成本预测。

③编制单项（位）工程施工成本计划。

④制定施工成本控制实施细则，包括提高劳动生产率、节约劳动力、节约材料、节约机械设备费用、节约临时设施费用等方面的措施。它是根据施工预算、单位工程施工进度计划编制的，而单位工程施工进度计划是在选定施工方案的基础上，根据规定工期和各种资源供应条件，按照施工过程的合理施工顺序及组织施工的原则，用横道图或网络图，对单位工程从开始施工到工程竣工，全部施工过程在时间与空间上做合理安排。

四、施工安全计划

①工程概况：包括工程性质和作用、建筑结构特征、建造地点特征及施工特征。

②安全控制程序：包括确定施工安全目标、编制施工安全计划、安全计划实施、安全计划验证及安全持续改进和兑现合同承诺。

③安全控制目标：包括单项工程、单位工程与分部工程施工安全目标。

④安全组织机构：包括安全组织机构形式、安全组织管理层次、安全职责和权限、安全管理人员组成及建立安全管理规章制度。

⑤安全资源配置：包括安全资源名称、规格、数量和使用地点及部位，并列入资源需要量计划。

⑥安全技术措施，主要包括以下几个方面：a.新工艺、新材料、新技术和新结构的安全技术措施。b.预防自然灾害，如防雷击、防滑等措施。c.高空作业的防护和保护措施。d.安全用电和机电设备的保护措施。e.防火防爆措施。

⑦安全检查评价和奖励：包括确定安全检查时间、安全检查人员组成、安全检查事项和方法、安全检查记录要求和结果评价，编写安全检查报告及兑现安全施工优胜者的奖励制度。

五、施工资源计划

单位工程施工进度计划编制确定以后，据施工图样、工程量计算资料、施工方案、施工进度计划等有关技术资料，着手编制劳动力需求量计划，各种主要材料、构件和半成品需求量计划及各种施工机械的需求量计划。根据施工进度计划编制的各种资源需求量计划，是做好各种资源的供应、调度、平衡、落实的依据，也是施工单位编制月、季生产作业计划的主要依据之一。

（一）劳动力需求量计划

劳动力需求量计划是根据施工预算、劳动定额和进度计划编制的。其主要反映工程施工所需各种技工、普工人数，是控制劳动力平衡、调配的主要依据。其编制方法是将施工进度计划表上每天（或旬、月）施工的项目所需工人按照工种分别统计，得出每天（或旬、月）所需工种及其人数，再按时间进度要求汇总。

（二）主要材料需求量计划

主要材料需求量计划是对单位工程进度计划表中各个施工过程的工程量按组成材料的名称、规格、使用时间和消耗、贮备分别进行汇总而成，其用于掌握材料的使用、贮备动态，确定仓库堆场面积和组织材料运输。

（三）预制构件需求量计划

预制构件需求量计划是根据施工图、施工方案、施工方法及施工进度计划要求编制的，主要反映施工中各种预制构件的需求量及供应日期，作为落实加工单位、确定所需构件规格数量和使用时间及组织构件加工和进场的依据。一般按钢构件、木构件、钢筋混凝土构件等不同种类分别编制，提出构件名称、规格、数量及使用时间等。

（四）施工机具设备需求量计划

施工机具设备需求量计划主要用于确定施工机具设备的类型、数量、进场时间，可据此落实施工机具设备来源，组织进场。其编制方法为：将单位工程施工进度计划表中的每一个施工过程、每天所需的机具设备类型与数量及施工日期进行汇总，即得出施工机具设备需求量计划。

第四节　主要施工方案设计

一、主要施工方案的选择

确定施工方案是单位工程施工组织设计的核心。施工方案合理与否将直接影响工程的施工效率、质量、工期和技术经济效果，所以必须引起足够的重视。

（一）施工方法的选择

1. 施工方法主要内容

拟订主要的操作过程和方法，包括施工机械的选择、提出质量要求与达到质量要求的技术措施、制定切实可行的安全施工措施等。

2. 确定施工方法的重点

确定施工方法时应着重考虑影响整个单位工程施工的分部、分项工程的施工方法。例如，在单位工程中占重要地位的分部、分项工程，施工技术复杂或采用新工艺、新材料、新技术对工程质量起关键作用的分部、分项工程，不熟悉的特殊结构工程或由专业施工单位施工的特殊专业工程等的施工方法。而对于按照常规做法和工人熟悉的分项工程，只要提出应注意的特殊问题即可，不必详细拟订施工方法。

对一些主要的工种工程，在选择施工方法和施工机械时应主要考虑下列问题：

（1）测量放线

①说明测量工作的总要求。如测量工作是一项重要、谨慎的工作，操作人员必须按照操作程序、操作规程进行操作，经常进行仪器、观测点和测量设备的检查验证，配合好各工序的穿插和检查验收工作。

②工程轴线的控制。说明实测前的准备工作、建筑物平面位置的测定方法及首层和各楼层轴线的定位、放线方法与轴线控制要求。

③垂直度控制。说明建筑物垂直度控制的方法，包括外围垂直度和内部每层垂直度的控制方法，并说明确保控制质量的措施。例如某框架——剪力墙结构工程，建筑物垂直度的控制方法为：外围垂直度采用经纬仪进行控制，在浇混凝土前后分别进行施测，以确保将垂直度偏差控制在规范允许的范围内；内部每层垂直度采用线锤进行控制，并用激光铅直仪进行复核，加大控制力度。

④沉降观测。可根据设计要求，说明沉降观测的方法、步骤和要求。如某工程根据设计要求，在室内外地坪上 0.6m 处设置永久沉降观测点。设置完毕后进行第一次观测，以后每施工完一层做一次沉降观测，且相邻两次观测时间间隔不得大于两个月，竣工后每两个月做一次观测，直到沉降稳定为止。

（2）土方工程

对于土方工程施工方案的确定，主要看是场地平整工程还是基坑开挖工程。对于前者，主要考虑施工机械选择、平整标高确定、土方调配；对于后者，首先确定是放坡开挖还是采用支护结构，如为放坡开挖，主要考虑挖土机械选择、降低地下水水位和明排水、边坡稳定、运土方法等；例如采用支护结构，主要考虑支护结构设计、降低地下水水位、挖土和运土方案、周围环境的保护和监测等。

（3）基础工程

①浅基础的垫层、混凝土基础和钢筋混凝土基础施工的技术要求以及地下室施工的技术要求。

②桩基础施工的施工方法及施工机械的选择。

（4）砌筑工程

①砖墙的组砌方法和质量要求。

②弹线及皮数杆的控制要求。

③确定脚手架搭设方法及安全网的挂设方法。

（5）混凝土结构工程

对于混凝土结构工程施工方案，着重解决钢筋加工方法、钢筋运输和现场绑扎方法、粗钢筋的电焊连接、底板上皮钢筋的支撑、各种预埋件的固定和埋设、模板类型选择和支模方法、特种模板的加工和组装、快拆体系的应用和拆模时间、混凝土制备（如为商品混凝土则选择供应商并提出要求）、混凝土运输（如为混凝土泵和泵车，则确定其位置和布管方式；如用塔式起重机和吊斗，则划分浇筑区、计算吊运能力等）、混凝土浇筑顺序、施工缝留设位置、保证整体性的措施、振捣和养护方法等。例如为大体积混凝土，则需采取措施避免产生温度裂缝，并采取测温措施。

（6）结构吊装工程

对于结构吊装工程施工方案，着重解决吊装机械选择、吊装顺序、机械开行路线、构件吊装工艺、连接方法、构件的拼装和堆放等。如为特种结构吊装，需用特殊吊装设备和工艺，还需考虑吊装设备的加工和检验、有关的计算（稳定、抗风、强度、加固等）、校正与固定等。

（7）屋面工程

①屋面各个分项工程施工的操作要求。

②确定屋面材料的运输方式。

（8）装饰工程

①各种装饰工程的操作方法及质量要求。

②确定材料运输方式及储存要求。

（二）施工机械的选择

施工机械对施工工艺、施工方法有直接影响，施工机械化是现代化大生产的显著标志，对加快建设速度、提高工程质量、保证施工安全、节约工程成本起着至关重要的作用。因此，选择施工机械成为确定施工方案的一个重要内容。

1. 大型机械设备选择原则

机械化施工是施工方法选择的中心环节，施工方法和施工机械的选择是紧密联系的，一定的方法配备一定的机械，在选择施工方法时应当协调一致。大型机械设备的选择主要是选择施工机械的型号和确定其数量，在选择其型号时要符合以下原则：

①满足施工工艺的要求。

②有获得的可能性。

③经济合理且技术先进。

2. 大型机械设备选择应考虑以下因素

①选择施工机械应首先根据工程特点，选择适宜主导工程的施工机械。

②施工机械之间的生产能力应协调一致。要充分发挥主导施工机械的效率，同时，在选择与之配套的各种辅助机械和运输工具时，应注意它们之间的协调。

③在同一建筑工地上的施工机械的种类和型号应尽可能少。为了便于现场施工机械的管理及减少转移，对于工程量大的工程应采用专用机械；对于工程量小而分散的工程，则应尽量采用多用途的施工机械。

④在选用施工机械时，应尽量选用施工单位现有的机械，以减少资金的投入，充分发挥现有机械的效率。若施工单位现有机械不能满足工程需要，则可考虑租赁或购买。

⑤对于高层建筑或结构复杂的建筑物（构筑物），他的主体结构施工的垂直运输机械最佳方案往往是多种机械的组合。

3. 大型机械设备选择确定

根据工程特点，按施工阶段正确选择最适宜的主导工程的大型施工机械设备，各种机械型号、数量确定之后，列出设备的规格、型号、主要技术参数及数量，可汇总成表。

二、主要施工方案的制定步骤

（一）熟悉工程文件和资料

制定施工方案之前，应广泛收集工程有关文件及资料，包括政府的批文、有关政策和法规、业主方的有关要求、设计文件、技术和经济等方面的文件和资料。当缺乏某些技术参数时，应进行工程试验以取得第一手资料。

（二）划分施工过程

划分施工过程是进行施工管理的基础工作，施工过程划分的方法可以与项目分解结构、工作分解结构结合进行。施工过程划分后，就可对各个施工过程的技术进行分析。

（三）计算工程量

计算工程量应结合施工方案按工程量计算规则来进行。

（四）确定施工顺序和流向

施工顺序和流向的安排应符合施工的客观规律，并处理好各个施工过程之间的关系和相互影响。

（五）选择施工方法和施工机械

拟订施工方法时，应着重考虑影响整个单位工程施工的分部分项工程的施工方法，对于常规做法的分项工程则不必详细拟订。在选择施工机械时，应首先选择主导工程的机械；然后根据建筑特点及材料、构件种类配备辅助机械；最后确定与施工机械相配套的专用工具设备。

（六）确定关键技术路线

关键技术路线的确定是对工程环境和条件及各种技术选择的综合分析的结果。

关键技术路线是指在大型、复杂工程中，对工程质量、工期、成本影响较大、施工难度又大的分部分项工程中所采用的施工技术的方向和途径，它包括施工所采取的技术指导思想、综合的系统施工方法及重要的技术措施等。

大型工程关键技术难点往往会不止一个，这些关键技术是工程中的主要矛盾，关键技术路线正确应用与否，直接影响到工程的质量、安全、工期和成本。施工方案的制定应紧紧抓住施工过程中的各个关键技术路线的制定，例如，在高层建筑施工方案制定时，应着重考虑的关键技术问题为：深基坑的开挖及支护体系，高耸结构混凝土的输送及浇捣，高耸结构垂直运输，结构平面复杂的模板体系，高层建筑的测量、机电设备的安装与装修的交叉施工安排等。

三、主要施工方案的确定

（一）施工区段的划分

现代工程项目规模较大、时间较长，为了达到平行搭接施工、节省时间，需要将整个施工现场分成平面或空间上的若干个区段，组织工业化流水作业，在同一时间段内安排不同的项目、不同的专业工种在不同区域同时施工。现对不同工程类型的划分进行分析：

①大型工业项目施工区段的划分。大型工业项目按照产品的生产工艺过程划分施工区段，一般有生产系统、辅助系统和附属生产系统，相应每个生产系统是由一系列的建筑物组成的。因此，把每一个生产系统的建筑工程分别称作主体建筑工程、辅助建筑工程及附属建筑工程。

②大型公共项目施工区段的划分。大型公共项目按照其功能设施和使用要求来划分施工区段。

③民用住宅及商业办公建筑施工区段的划分。民用住宅及商业办公建筑可按照其现场条件、建筑特点、交付时间及配套设施等情况划分施工区段。

（二）确定施工程序

施工程序是指单位工程中各分部工程或施工阶段的先后次序及其制约关系。其任务主要是从总体上确定单位工程的主要分部工程的施工顺序。工程施工受到自然条件和物质条件的制约，它在不同的施工阶段按照其固有的、不可违背的先后次序循序渐进地向前开展，它们之间有着不可分割的联系，既不能相互代替，也不允许颠倒或跨越。

单位工程的施工程序一般为：接受任务阶段→开工前的准备阶段→全面施工阶段→交工验收阶段。每一阶段都必须完成规定的工作内容，并且为下一阶段工作创造条件。

施工阶段遵循的程序主要有：先地下、后地上；先深、后浅；先主体、后围护；先结构、后装饰；先土建、后设备。其具体表现如下：

①先地下、后地上。先地下、后地上主要是指首先完成管道、管线等地下设施、土方工程和基础工程，然后开始地上工程施工。对于地下工程也应按照先深、后浅的程序进行，以免造成施工返工或对上部工程的干扰及施工不便，影响工程质量，造成资源浪费。

②先主体、后围护。先主体、后围护主要是指框架结构，应该注意在总的程序上有合理的搭接。一般来说，多层建筑的主体结构与围护结构以少搭接为宜，而高层建筑则应尽量搭接施工，以便有效地节约时间。

③先结构、后装饰。先结构、后装饰一般是指先进行主体结构施工，后进行装饰工程施工。但是必须指出，随着新建筑体系的不断涌现与建筑工业化水平的提高，某些装饰与结构构件均可在工厂完成。

④先土建、后设备。先土建、后设备主要是指一般的土建工程与水、暖、电、卫等工程的总体施工顺序，至于设备安装的某一工序要穿插在土建的某一工序之前，应属于施工顺序问题。工业建筑的土建工程与设备安装工程之间的程序，主要取决于工业建筑的种类，如对于精密仪器厂房，一般要求土建、装饰工程完成后安装工艺设备；重型工业厂房，一般先安装工艺设备后建设厂房或设备安装和土建施工同时进行，如冶金车间、发电厂的主厂房、水泥厂的主车间等。

但是，由于影响施工的因素很多，故施工程序并不是一成不变的，特别是随着建筑工业化的不断发展，有些施工程序也将发生变化。例如，大板结构房屋中的大板施工，已由工地生产逐渐转向工厂生产，这时结构与装饰可在工厂内同时完成；又如，考虑季节性影响，冬期施工前应尽可能完成土建和围护结构，以利于防寒和室内作业的开展。

（三）确定施工起点流向

施工起点流向是指单位工程在平面或空间上施工的开始部位及其展开方向，这主要取决于生产需要、缩短工期和保证质量等要求。一般来说，对于单层建筑物，要按其工段、跨间分区分段地确定平面上的施工流向；对于多层建筑物，除要确定每层平面上的施工流向外，还要确定其层间或单元空间上的施工流向。

确定单位工程施工起点流向时，通常应考虑以下几方面因素：

①车间的生产工艺流程，往往是确定施工流向的关键因素。因此，从生产工艺上考虑影响其他工段试车投产的工段应该先施工。例如，B 车间生产的产品受 A 车间生产的产品影响，将 A 车间划分为 I、II、III 三个施工段，II、III 段的生产受 I 段的约束，故

其施工起点流向应从 A 车间的 I 段开始。

②建设单位对生产和使用的需要。一般应考虑建设单位对生产或使用急的工段或部位先施工。

③工程的繁简程度和施工过程之间的相互关系。一般技术复杂、施工进度较慢、工期较长的区段部位应先施工。密切相关的分部、分项工程的流水施工，一旦前导施工过程的起点流向确定了，后续施工过程也就随其而定了。例如，单层工业厂房的挖土工程的起点流向，决定柱基础施工过程和某些预制、吊装施工过程的起点流向。

④房屋高低层和高低跨。例如，柱子的吊装应从高跨、低跨并列处开始；屋面防水层施工应按先高后低的方向施工，同一屋面就由檐口到屋脊方向施工；基础有深浅之分时，应按先深、后浅的顺序进行施工。

⑤工程现场条件和施工方案。施工场地大小、道路布置和施工方案所采用的施工方法及机械也是确定施工流程的主要因素。例如，在土方工程施工当中，边开挖边外运余土，则施工起点应确定在远离道路的部位，由远及近地展开施工。又如，根据工程条件，挖土机械可选用正铲挖土机、反铲挖土机、拉铲挖土机等，吊装机械可选用履带式起重机、汽车式起重机或塔式起重机，这些机械的开行路线或布置位置便决定了基础挖土及结构吊装施工的起点和流向。

⑥分部、分项工程的特点及其相互关系。例如，室内装修工程除平面上的起点和流向外，在竖向上还要决定其流向，而竖向的流向确定显得就更为重要。

（四）确定施工顺序

施工顺序是指单项（位）工程内部各个分部（项）工程之间的先后施工次序。施工顺序合理与否，将直接影响工种之间的配合、工程质量、施工安全、工程成本和施工速度，所以，必须科学合理地确定单项工程施工顺序。

确定施工顺序时应考虑以下因素：

①遵循施工程序。施工程序确定了大的施工阶段间的先后次序。在组织具体施工时，必须遵循施工程序，如先地下、后地上的程序。

②符合施工工艺。如整浇楼板的施工顺序：支设模板→绑钢筋→浇筑混凝土→养护→拆模。

③与施工方法协调一致。如对于单层工业厂房结构吊装工程的施工顺序，当采用分件吊装法时，施工顺序：吊柱→吊梁→吊屋盖系统；当采用综合吊装法时，施工顺序：第一节间吊柱、梁和屋盖系统→第二节间吊柱、梁和屋盖系统→……→最后节间吊柱、梁和屋盖系统。

④考虑施工组织的要求。如安排室内外装饰工程施工顺序时，一般情况下，可按施工组织设计规定的顺序。

⑤考虑施工质量和安全的要求。确定施工过程先后顺序时，应该以施工安全为原则，以保证施工质量为前提。例如，屋面采用卷材防水时，为了施工安全，外墙装饰在屋面

防水施工完成后进行；为了保证质量，楼梯抹面在全部墙面、地面和顶棚抹灰完成之后，自上而下依次完成。

⑥受当地气候影响。如冬期室内装饰施工时，应该先安装门窗扇和玻璃，后做其他装饰工程。

（五）划分流水段

建筑物按流水理论组织施工，能取得很好的效益。为便于组织流水施工，就必须将大的建筑物划分成几个流水段，使各流水段之间按照一定程序组织流水施工。

划分流水段要考虑以下问题：

①尽量保证结构的整体性，按伸缩缝或者后浇带进行划分。厂房可按跨或生产区划分；住宅可按单元、楼层划分，也可按栋分段。

②使各个流水段的工程量大致相等，便于组织节奏流水，使施工均衡、有节奏地进行，以取得较好的效益。

③流水段的大小应满足工人工作面的要求和施工机械发挥工作效率的可能。目前推广小流水段施工法。

④流水段数应与施工过程（工序）数量相适应。例如，若流水段数少于施工过程数，则无法组织流水施工。

（六）施工方案技术经济评价

对施工方案进行技术经济评价是选择最优施工方案的重要途径。因为任何一个分部分项工程，一般都会有几个可行的施工方案，而施工方案的技术经济评价的目的就是在它们之间进行优选，选出一个工期短、质量好、材料省、劳动力安排合理、成本低的最优方案。常用的施工方案技术经济分析方法有定性分析与定量分析两种。

1. 定性分析评价

定性的技术经济分析是结合施工实际经验，对几个方案的优缺点进行分析和比较。通常主要从以下几个指标来评价：

①工人在施工操作上的难易程度和安全可靠性。

②为后续工程创造有利条件的可能性。

③利用现有或取得施工机械的可能性。

④施工方案对冬期、雨期施工的适应性。

⑤为现场文明施工创造有利条件的可能性。

2. 定量分析评价

施工方案的定量技术经济分析评价是通过计算各方案的几个主要技术经济指标，进行综合比较分析，从中选择技术经济指标最优的方案。定量分析评价方法一般可分为多指标分析评价法和综合指标分析法两种。

①多指标分析评价法。多指标分析评价法是指对各方案的工期指标、实物量指标和价值指标等一系列单个的技术经济指标进行计算对比，从中选优的方法。

②综合指标分析法。综合指标分析法是指以各方案的多指标为基础，把各指标之值按照一定的计算方法进行综合，得到每个方案的一个综合指标，再对比各综合指标，从中选优的方法。

第五节　施工现场平面图设计

一、施工现场平面图设计的依据

在进行施工平面图设计前，首先应认真研究施工方案，并对施工现场做深入、细致的调查研究，然后对施工平面图设计所依据的原始资料进行分析，使设计与施工现场的实际情况相符，从而起到指导施工现场平面布置的作用。施工平面图设计的主要依据如下。

（一）建设地区的原始资料

①自然条件调查资料，包括气候、地形地貌、水文以及人文等资料。自然条件调查资料主要用以解决由于气候、运输等因素而带来的相关问题，也用于布置地表水和地下水的排水沟，确定易燃、易爆及有碍人体健康设施的位置，安排冬期、雨期施工期间所需设施的地点。

②建设单位及施工现场附近可供利用的房屋、场地、加工设备及生活设施的资料。这用以确定临时建筑及设施所需要的数量及其平面位置。

③建设地域的竖向设计资料和土方平衡图。这用以考虑水、电管线的布置和安排土方的填挖及弃土、取土位置。

（二）设计资料

①建筑总平面图。建筑总平面图是用以正确确定建筑物具体尺寸的主要依据。

②一切已有和拟建的地下、地上管道位置。这用以确定原有管道的利用或拆除，以及新管线的敷设与其他工程的关系，并且避免在拟建管道的位置上搭设临时设施。

（三）施工组织设计资料

①单位工程的施工方案、施工进度计划及劳动力、施工机械需要量计划等。这用以了解各个施工阶段的情况，以利于分阶段布置现场，如根据各阶段不同的施工方案确定各种施工机械的位置，根据吊装方案确定构件预制、堆场的布置等。

②各种材料、半成品、构件等的需用量计划。这用以确定仓库、材料堆放场地位置、面积及进行场地的规划。

二、施工现场平面图设计的原则

①施工平面布置要紧凑、合理，尽量减少施工用地。减少施工用地除在解决城市场地拥挤和少占农田方面具有重要的意义外，对土木工程施工而言也减少场内运输工作量和临时水电管网，既便于管理又减少了施工成本。

②尽量利用原有建筑物或构筑物，减少临时设施的用量。为了降低临时工程的施工费用，最有效的办法是尽量利用已有或拟建的房屋和各种管线为施工服务。另外，对必须建造的临时设施，应尽量采用装拆式或临时固定式。临时道路的选择方案应使土方量最小、临时水电系统的选择应使管网线路的长度最短等。

③合理地组织运输，保证现场运输道路畅通，尽可能减少场内二次搬运。为了缩短运距，各种材料必须按计划分期分批地进场，以充分利用场地。合理安排生产流程、施工机械的位置，材料、半成品等的堆场应尽量布置在使用地点附近。合理地选择运输方式和工地运输道路的铺设，以保证各种建筑材料和其他资源的运距及转运次数为最少；在同等条件下，应优先减少楼面上的水平运输工作。

④各项施工设施布置都要满足方便生产、有利于生活及消防和文明施工、环境保护和劳动保护的要求。为了保证施工的顺利进行，要求场内道路畅通，机械设备所用的缆绳、电线及排水沟、供水管等不得妨碍场内交通。易燃设施和有碍人体健康的设施应满足消防、安全要求，并布置在空旷和下风处，主要的消防设施应布置在易燃场所的显眼处并设有必要的标志。

三、施工现场平面图设计的内容

单位工程施工平面图的设计是对一个建筑物或构筑物施工现场的平面规划和空间布置图。其是施工组织设计的主要组成部分，合理的施工平面布置对于顺利执行施工进度计划是非常重要的；反之，如果施工平面图设计不周或管理不当，都将导致施工现场的混乱，直接影响施工进度、劳动生产率和工程成本。因此，在单位工程施工组织设计中，对施工平面图的设计应予以极大重视。单位工程施工平面图的内容主要包含下列几点：

①工程施工场地状况；拟建建筑物、管线和高压线等的位置关系和尺寸。

②工程施工现场的加工设施、存储设施等的位置和面积。

③安全、防火设施、消防立管位置。

④布置在工程施工现场的垂直运输设施、供电设施、供水供热设施、排水排污设施和临时施工道路等。

⑤塔式起重机或起重机轨道和行驶路线，塔轨的中线至建筑物的距离、轨道长度、塔式起重机型号、立塔高度、回转半径、最大最小起重量，以及固定垂直运输工具或井

架的位置。

⑥临建办公室、围墙、传达室、现场出入口等。

⑦生产、生活用临时设施、面积、位置。如钢筋加工厂、木工房、工具房、混凝土搅拌站、砂浆搅拌站、化灰池等；工人生活区宿舍、食堂、开水房、小卖部等。

⑧场内施工道路及其与场外交通的联系。

⑨测量轴线及定位线标志，永久性水准点位置与土方取弃场地。

⑩必要的图例、比例、方向及风向标记。

四、施工现场平面图设计的步骤

（一）起重运输机械的布置

确定起重运输机械的数量及位置。起重运输机械的位置直接影响搅拌站、加工厂以及各种材料、构件的堆场或仓库等的位置和道路，临时设施及水、电管线的布置等，因此，它是施工现场全局布置的中心环节，应首先确定。

①塔式起重机。塔式起重机是集起重、垂直提升和水平输送三种功能于一身的机械设备，按其在工地上使用架设的要求不同，可分为固定式、轨行式、附着式和内爬式四种。塔式起重机轨道的布置方式主要取决于建筑物的平面形状、尺寸和四周的施工场地的条件，要使塔式起重机的起重幅度能够将材料和构件直接运至任何施工地点，尽量避免出现"死角"，争取轨道长度最短。轨道布置方式通常是沿建筑物的一侧或者内外两侧布置，必要时还需增加转弯设备，同时做好轨道路基四周的排水工作。

②自行无轨式起重机械。自行无轨式起重机械可分为履带式、轮胎式和汽车式三种起重机。其一般不做垂直提升和水平运输用，适用于装配式单层工业厂房主体结构的吊装，也可用于混合结构如大梁等较重构件的吊装方案等。

③井架（龙门架）卷扬机。井架（龙门架）卷扬机的布置应符合下列几点要求：a.当房屋呈长条形，层数、高度相同时，井架（龙门架）的布置位置应处于与房屋两端的水平运输距离大致相等的适中地点，以减小在房屋上面的单程水平运距；也可以布置在施工段分界处，靠现场较宽的一面，以便在井架（龙门架）附近堆放材料或构件，达到缩短运距的目的。b.当房屋有高低层分隔时，如果只设置一副井架（龙门架），则应将井架（龙门架）布置在分界处附近的高层部分，以照顾高低层的需要，减少架子的拆装工作。c.井架（龙门架）的地面进口，要求道路畅通，使运输不受干扰。井架（龙门架）的出口应尽量布置在留有门窗洞口的开间，以减少墙体留槎补洞工作。同时应考虑井架（龙门架）的缆风绳对交通、吊装的影响。d.井架（龙门架）与卷扬机的距离应大于或等于房屋的总高，以减小卷扬机操作人员的仰望角度。e.井架（龙门架）与外墙边的距离，最好以吊篮边靠近脚手架为宜，这样可减少过道脚手架的搭设工作。

（二）搅拌站、加工厂、各种材料堆场及仓库的布置

搅拌站、加工厂、各种材料堆场及仓库的布置应该尽量靠近使用地点或在起重机服务范围内，并考虑到运输和装卸料方便。

1. 搅拌站的布置

砂浆及混凝土的搅拌站位置，要根据房屋的类型，场地条件、起重机和运输道路的布置来确定。在一般的砖混结构中，砂浆的用量比混凝土用量大，因此要以砂浆搅拌站位置为主。在现浇混凝土结构中，混凝土用量大，所以要以混凝土搅拌站为主来进行布置。搅拌站的布置要求如下：

①搅拌站应有后台上料的场地，尤其是混凝土搅拌站，要与砂石堆场、水泥库一起考虑布置，既要互相靠近，又要便于这些大宗材料的运输和装卸。

②搅拌站应尽可能布置在垂直运输机械附近，以减少混凝土及砂浆的水平运距。当采用塔式起重机方案时，混凝土搅拌机的位置应使吊斗能从其出料口直接卸料并挂钩起吊。

③搅拌站应设置在施工道路近旁，使小车、翻斗车运输方便。

④搅拌站场地四周应设置排水沟，以利于清洗机械和排除污水，避免造成现场积水。

⑤混凝土搅拌台所需面积约为 $25m^2$，砂浆搅拌台所需面积约为 $15m^2$，冬期施工还应考虑保温与供热设施等，相应地增加其面积。

2. 加工厂的布置

钢筋混凝土预制加工厂、木材加工厂、钢筋加工厂、金属结构构件加工厂和机械修理厂等，各种加工厂的结构形式应根据使用期限长短和建设地区的条件而定。一般使用期限较短者，宜采用简易结构，如油毡、薄钢板屋面的竹木结构；使用期限较长者，应采用瓦屋面的砖木结构，砖石或装拆式活动房屋等。

木材、钢筋、水电等加工厂宜设置在建筑物四周稍远处，并有相应的材料及成品堆场。石灰及淋灰池可根据情况布置在砂浆搅拌机附近。沥青灶应选择较空的场地，远离易燃品仓库和堆场，并布置在下风向。加工厂的布置要求如下：

①钢筋加工厂的布置，应尽量采用集中加工布置方式。

②混凝土搅拌站的布置，可采用集中、分散、集中与分散相结合三种方式。集中布置通常采用二阶式搅拌站。当要求供应的混凝土有多种标号时，可配置适当的小型搅拌机，采用集中与分散相结合的方式。当在城市内施工，采用商品混凝土时，现场只需布置泵车及输送管道位置。

③木材加工厂的布置，在大型工程中，据木料的情况，一般要设置原木、锯材、成材、粗细木等集中联合加工厂，布置在铁路、公路或水路沿线。对于城市内的工程项目，木材加工宜在现场外进行或购入成材，现场的木材加工厂布置只需考虑门窗、模板的制作。木材加工厂的布置还应考虑远离火源及残料锯屑的处理问题。

④金属结构、锻工、机修等车间，相互密切联系，应该尽可能布置在一起。

⑤产生有害气体和污染环境的加工厂，如熬制沥青，石灰熟化等，应位于场地下风向。

3. 仓库及堆场的布置

通常单位工程施工组织设计仅考虑现场仓库布置；施工组织总设计需对中心仓库和转运仓库做出设计布置。现场仓库按其储存材料的性质和重要程度，可采用露天堆场、半封闭式（棚）或封闭式（仓库）三种形式。露天堆场，用于不受自然气候影响而损坏质量的材料，如砂、石、砖、混凝土构件；半封闭式（棚），用于储存需防止雨、雪、阳光直接侵蚀的材料，如堆放油毡，沥青，钢材等；封闭式（仓库），用于受气候影响易变质的制品、材料等，如水泥、五金零件、器具等。

仓库及堆场的面积应由计算确定，然后再根据各阶段的施工需要及材料使用的先后顺序进行布置。同一场地可供多种材料或构件使用。仓库及堆场的布置要求如下：

①仓库的布置。水泥仓库应选择地势较高、排水方便、靠近搅拌机的地方。各种易燃易爆品仓库的布置应符合防火、防爆安全距离的要求。木材、钢筋、水电器材等仓库，应与加工棚结合布置，以便就地取材。

②材料堆场的布置。对于各种主要材料，应根据其用量的大小、使用时间的长短、供应及运输情况等研究确定。凡用量较大、使用时间较长、供应及运输较方便的材料，在保证施工进度与连续施工的情况下，均应考虑分期分批进场，以减少堆场或仓库所需面积，达到降低耗损、节约施工费用的目的。应考虑先用先堆、后用后堆，有时在同一地方，可以先后堆放不同的材料。

对于钢模板、脚手架等周转材料，应选择在装卸、取用、整理方便和靠近拟建工程的地方布置。对于基础及底层用砖，可根据现场情况，沿拟建工程四周分堆布置，并距离基坑、槽边不小于0.5m，以防止塌方。底层以上的用砖，采用塔式起重机运输时可布置在服务范围内。砂石应尽可能布置在搅拌机后台附近，石子的堆场应更靠近搅拌机一些，并且按石子的不同粒径分别放置。

（三）现场运输道路的布置

1. 现场运输道路的技术要求

①现场运输道路应按材料和构件运输的需要，沿着仓库和堆场进行布置，使之畅通无阻。

②一般沙质土可采用碾压土路方法。当土质黏或泥泞、翻浆时，可采用加集料碾压路面的方法，骨料应尽量就地取材，如碎砖、卵石、碎石以及大石块等。

2. 现场运输道路的布置要求

①现场运输道路应按照材料和构件运输的需要，沿着仓库与堆场进行布置。

②尽可能利用永久性道路或先做好永久性道路的路基，在交工之前再铺路面。

③道路宽度要符合规定，通常单行道不应小于3～3.5m，双行道不应小于5.5～6m。

④现场运输道路布置时应保证车辆行驶通畅，有回转的可能。因此，最好围绕建筑物布置成一条环形道路，以便于运输车辆回转、掉头。若无条件布置成一条环形道路，

则应在适当的地点布置回车场。

⑤道路两侧一般应结合地形设置排水沟，沟深不得小于 0.4m，底宽不得小于 0.3m。

（四）临时行政、生活用房的布置

1. 临时行政、生活用房的分类

①行政管理和辅助用房：包括办公室、会议室、门卫、消防站、汽车库及修理车间等。

②生活用房：包括职工宿舍、食堂、卫生设施、工人休息室、开水房。

③文化福利用房：包括医务室、浴室、理发室、文化活动室、小卖部等。

2. 临时行政、生活房屋的布置原则

①办公生活临时设施的选址首先应考虑与作业区相隔离，保持有安全距离。特别提示：安全距离是指在施工坠落半径和高压线放电距离之外的距离。建筑物高度为 2~5m，坠落半径为 2m 建筑物；高度为 30m，坠落半径为 5m（如因条件限制，办公和生活区设置在坠落半径区域内，必须有保护措施；1kV 以下裸露电线，安全距离为 4m，330~550V 裸露输电线，安全距离为 15m，安全距离为最外线的投影距离）。

②临时行政、生活用房的布置应利用永久性建筑、现场原有建筑、采用活动式临时房屋，或可根据施工不同阶段利用已建好的工程建筑，应视场地条件及周围环境条件对所设临时行政、生活用房进行合理的取舍。

③在大型工程和场地宽松的条件下，工地行政管理用房宜设在工地入口处或者中心地区。现场办公室应靠近施工地点，生活区应设在工人较集中的地方和工人出入必经地点，工地食堂和卫生设施应设在不受施工影响且有利于文明施工的地点。在市区内的工程，往往由于场地狭窄，应尽量减少临时建设项目，且尽量沿场地周边集中布置，一般只考虑设置办公室、工人宿舍或休息室、食堂、门卫和卫生设施等。

3. 临时行政、生活用房设计规定

①总平面。办公区、生活区和施工作业区应分区设置，办公区、生活区宜位于塔式起重机等机械作业半径外面，生活房宜集中建设、成组布置，并设置室外活动区域，厨房、卫生间宜设置在主导风向的下风侧。

②建筑设计。办公室的人均使用面积不宜小于 $4m^2$，会议室使用面积不宜小于 $30m^2$；办公用房室内净高不应低于 2.5m；餐厅、资料室、会议室应设在底层；宿舍人均使用面积不宜小于 $2.5m^2$，室内净高不应低于 2.5m，每间宿舍居住人数不宜超过 16 人；食堂应设在厕所、垃圾站的上风侧，且相距不宜小于 15m；厕所的厕位设置应满足男厕每 50 人一位，女厕每 25 人设 1 个蹲便器。男厕每 50 人设 1m 长小便槽；文体活动室使用面积不宜小于 $50m^2$。

（五）施工供水管网的布置

①施工用的临时给水管。一般由建设单位的干管或者自行布置的给水干管接到用

水地点。布置时应力求管网总长度最短。管径大小和龙头数目的设置需视工程规模大小通过计算确定。管道可埋于地下，也可铺设在地面上，以当时、当地的气候条件和使用期限的长短而定。工地内要设置消火栓，消火栓距离建筑物不应小于5m，也不应大于25m，距离路边不应大于2m。当条件允许时，可利用城市或建设单位的永久消防设施。

②为了防止水的意外中断，可在建筑物附近设置简单蓄水池，储存一定数量的生产和消防用水。水压不足时，需设置高压水泵。

③为便于排除地面水和地下水，要及时修通永久性下水道，并且结合现场地形在建筑物四周设置排泄地面水和地下水的沟渠。

（六）施工供电的布置

①为了维修方便，施工现场一般采用架空配电线路，且要求现场架空线与施工建筑物水平距离不应小于10m，与地面距离不应小于6m，跨越建筑物或临时设施时，垂直距离不应小于2.5m。

②现场线路应尽量架设在道路一侧，并且尽量保持线路水平，以免电杆受力不均，在低压线路中，电杆间距应为25m～40m，分支线及引入线均应由电杆处接出，不得在两杆之间接线。

③单位工程施工用电，应在全工地施工总平面图中一并且考虑。若属于扩建的单位工程，一般计算出在施工期间的用电总数，提供给建设单位解决，不另设变压器。只有在独立的单位工程施工时，才须根据计算出的现场用电量选用变压器。变压器（站）的位置应布置在现场边缘高压线接入处，四周用铁丝网围住。变压器不宜布置在交通要道路口。

（七）绘制施工平面图

单位工程施工平面图的绘制步骤、要求和方法基本同施工总平面图。

绘制单位工程施工平面图，应把拟建单位工程放在图的中心位置。图幅一般采用A2～A3号图纸，比例为1：200～1：500，常用的是1：200。

必须强调指出，建筑施工是一个复杂多变的生产过程，各类施工机械、材料、构件等是随着工程的进展而逐渐进场的，而且又随着工程的进展而逐渐变动、消耗。因此，在整个施工过程中，它们在工地上的实际布置情况随时在改变。为此，对于大型建筑工程、施工期限较长或施工场地较为狭小的工程，就需要按不同施工阶段分别设计几张施工平面图，以便能把不同施工阶段工地上的合理布置生动、具体地反映出来。在布置各阶段的施工平面图时，对整个施工时期使用的主要道路、水电管线和临时房屋等，不要轻易变动，以节省费用。对较小的建筑物，一般按主要施工阶段的要求来布置施工平面图，同时考虑其他施工阶段如何周转使用施工场地。以布置重型工业厂房的施工平面图，还应该考虑一般土建工程同其他专业工程的配合问题，以一般土建施工单位为主会同各专业施工单位，通过协商编制综合施工平面图。在综合施工平面图中，根据各专业工程在各个施工阶段中的要求将现场平面合理划分，使专业工程各得其所，都具有良好的施工条件，以便各单位根据综合施工平面图布置现场。

五、主要技术经济指标

技术经济指标是对施工组织设计进行技术经济分析的基础，也是对其进行考核的依据，因此，在施工组织设计的编制基本完成后应计算和确定有关技术经济指标。

单位工程的技术经济指标主要有以下几个：

①项目施工工期：建设项目总工期；独立交工系统工期及独立承包项目和单项工程工期。

②项目施工质量：分部工程质量标准；单位工程质量标准以及单项工程和建设项目质量水平。

③项目施工成本：建设项目总造价、总成本与利润；每个独立交工系统总造价、总成本和利润；独立承包项目造价、成本和利润；每个单项（单位）工程造价、成本和利润；其产值（总造价）利润率和成本降低率。

④项目施工消耗：建设项目总用工量；独立交工系统用工量；每个单项工程用工量；前三项各自平均人数、高峰人数和劳动力不均衡系数、劳动生产率；主要材料消耗量和节约量；主要大型机械使用数量、台班量与利用率。

⑤项目施工安全：施工人员伤亡率、重伤率、轻伤率与经济损失。

⑥项目施工其他指标：施工设施建造费比例、综合机械化程度、工厂化程度与装配化程度，以及流水施工系数与施工现场利用系数。

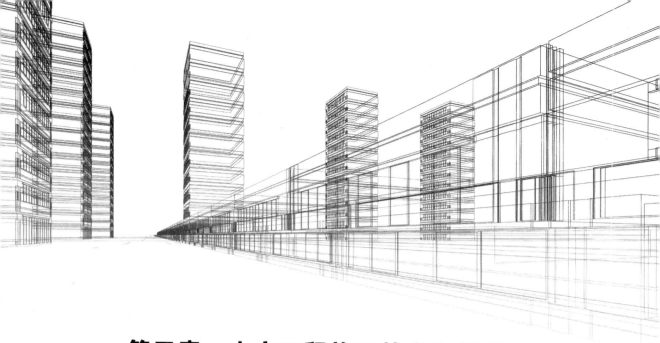

第三章　土方工程施工技术与管理

第一节　土方工程概述

一、土方工程施工特点

土方工程是一切建筑物施工的先行，也是建筑工程施工当中的重要环节之一。包括场地平整、基坑和基槽的开挖、地下建筑物的开挖、回填工程等，也包括施工排水、降水、土壁支撑等辅助施工过程。

（一）工程量大，劳动强度高

大型工业企业的场地平整、房屋及设备基础、厂区道路以及管线的土方工程量往往可以达几十万至数百万立方米以上，施工面积达数平方千米。大型基坑的开挖，有的甚至达20多米。且工期长、任务重、劳动强度高。因此在施工时，为减轻繁重的体力劳动，提高生产效率，加快施工进度，降低工程成本，尽可能地采用机械化施工。合理地选择土方机械，组织机械化施工，对于缩短工期，降低工程成本具有很重要的意义。

（二）施工条件复杂

土方工程多为露天作业，土、石又是天然物质且种类繁多，施工受到地区、气候、水文地质和工程地质等条件的影响，在地面建筑物稠密的城市中进行土方工程施工，还会受到施工环境的影响。因此，在施工前应做好调查研究，并根据本地区的工程及水文地质情况以及气候、环境等特点，制定了合理的施工方案组织施工。

（三）受场地影响大

任何建筑物基础都有一定的埋置深度，基坑（槽）的开挖、土方的留置和存放都会受到施工场地的影响，特别是城市的施工，场地狭窄，往往由于施工方案不妥，导致周围建筑物与道路等出现安全问题。因此施工前必须充分熟悉场地情况，了解周围建筑结构形式和地质技术资料，科学规划，制定切实可行的施工方案来确保周围建筑物和场地道路安全。

二、土的分类与鉴别方法

土的分类法很多，在土方工程施工中，常根据土体开挖的难易程度将土划分为松软土、普通土、坚土、砂砾坚土、软石、次坚石、坚石、特坚石八类。前四类属于一般土，后四类属于岩石。

三、土的工程性质

土的工程性质对土方工程施工有着直接影响，也是进行土方工程施工方案确定所必需的基本资料。土的常见工程性质有：土的密度、土的含水量、土的渗透性、土的可松性等。

（一）土的密度

土的密度中与土方工程施工有关的是土的天然密度与土的干密度，表示土体的密实程度。

1. 土的天然密度

土的天然密度指土在天然状态下单位体积的质量，它与土的密实程度和含水量有关。在选择运土汽车时，往往要将载重量折算成体积，此时必须用到天然密度。

土的天然密度随着土颗粒的组成孔隙的多少和含水量的变化而变化，通常黏土的天然密度为 $1600 \sim 2200 \text{kg/m}^3$，密度越大，土体越硬，挖掘越困难。

2. 土的干密度

土的干密度指单位体积土中固体颗粒的质量，即土体孔隙内无水时的单位土重。

干密度在一定程度上反映了土颗粒排列的紧密程度，土的干密度越大，表示土体越密实。在填土压实时，土经过碾压，质量不变，体积变小，干密度增加。通过测定土的干密度，从而判断土是否达到要求的密实度，可用来作为填土压实质量的控制指标。

（二） 土的含水量

土的含水量是土中所含的水与土的固体颗粒的质量比。

含水量表示土体的干湿程度。含水量在 5% 以下为干土；5% ~ 30% 为潮湿土；大于 30% 为湿土。土的含水量随外界雨雪、地下水的影响而变化。当土的含水量超过 25%，采用机械施工就很困难。一般土含水量超过 20% 时就会使运土汽车打滑或陷入泥坑。回填土夯实时若含水量过大则会产生橡皮土现象，无法夯实，土的含水量对土方边坡稳定性也有直接影响。

（三） 土的渗透性

土的渗透性是指土透过水的性能。土的渗透性用渗透系数 K 表示。渗透系数表示单位时间内水穿透土层的量，以 m/d 表示。土体空隙中的自由水在重力作用下会发生流动，当基坑开挖至地下水位以下，地下水的平衡被破坏后，地下水会不断流入基坑。地下水在土中渗流时受到土颗粒的阻力，其大小与土的渗透性以及地下水渗流路程长短有关。

（四） 土的可松性

自然状态下的土，经开挖后，其体积因松散而增加，以后虽经回填压实，但仍不能恢复成原来的体积，土的这种性质称为土的可松性。

土的可松性对土方的平衡调配、基坑开挖时留弃土量以及运输工具数量的计算均有直接影响。

第二节　计算方格土方工程量

大型土木工程项目通常都要确定场地设计平面，进行场地平整。选择合理的场地设计标高十分重要。确定场地设计标高的原则是：满足施工工艺和运输的要求；尽量利用地形，以减少挖方量；场地内挖填方量力求平衡，使土方运输费用最少；考虑最高洪水位的影响等。场地设计标高通常采用"挖填土方量平衡法"来计算。

一、场地设计标高的确定

（一） 场地设计标高的初定

首先利用地形图的方格网或将场地划分成方格边长是 10 ~ 40m 的方格网，然后求出各方格角点的标高。地形平坦时，可依据地形图上相邻两等高线的标高，用插入法求得；地形起伏或无地形图时，可在现场搭设木桩定出方格网，并用仪器测出。

场地初步设计标高的计算原则是场地内挖填方平衡，即场地内的挖方土方体积与填方所需土方体积相等。

（二）调整计算所得设计标高

在实际工程中，对计算得到的设计标高，还应该考虑如下因素进行调整，该工作通常在完成土方量计算后进行。

①土的可松性影响。

②弃土、借土的影响。设计标高以上的各种填方工程（如修筑路堤填高的土方）会导致设计标高的降低；设计标高以下的各种填方工程（如场地内大型基坑挖出的土方）会导致设计标高的提高；考虑经济因素而将部分挖方就近弃土于场外或将部分填方就近从场外借土也会导致设计标高的降低或提高。

（三）泄水坡度的影响

调整后的设计标高是一个水平面的标高，而实际施工中要根据泄水坡度的要求（单坡泄水或双坡泄水）计算出场地内各方格网角点实际设计标高。

1. 单向泄水

场地用单向泄水时，以计算出的初步设计标高（或调整后的设计标高）作为场地中心线（与排水方向垂直的中心线）的标高。

2. 双向泄水

场地用双向泄水时，来计算出的初步设计标高作为场地中心点的标高。

二、场地平整土方量的计算

采用方格网法计算场地平整的土方量时，应该根据方格网各方格角点的自然地面标高和实际采用的设计标高，算出相应的角点填挖高度（施工高度），场地设计标高确定后，需平整的场地各角点的施工高度可计算求得，然后按每个方格角点的施工高度算出填、挖土方量，并计算场地边坡的土方量，这样即得到整个场地的填、挖土方总量。计算前先确定"零线"的位置，有助于了解整个场地的挖、填区域分布状态。零线即挖方区与填方区的交线，在该线上，施工高度为零。零线的确定方法是：在相邻角点施工高度为一挖一填的方格边线上，用插入法求出零点的位置，将各相邻的零点连接起来即得零线，其具体计算步骤如下。

①计算场地各方格角点的施工高度。

②计算零点位置。在一个方格网内同时有填方或挖方时（即相邻角点施工高度为一正一负），对应的这条方格网就存在零点，应先算出方格网边上的零点的位置，并标注于方格网上，连接零点即得填方区与挖方区的分界线（零线）。

③计算场地挖填土方量。场地挖填土方量的计算，应先计算方格网中各方格的挖填土方量，按照区域逐个对方格进行挖填土方量计算，共有四种情况，分别将挖方区（或填方区）所有方格土方量汇总，即得到整个场地的挖填土方量。

④四周边坡土方量计算。场地的挖方区和填方区的边沿都需要做成边坡，以保证挖方土壁和填方区的稳定。边坡的土方量可以划分成两种近似的几何形体进行计算，一种为三角棱锥体，另一种为三角棱柱体然后应用几何公式分别进行土方计算，最终将各块汇总，即得场地边坡总挖、填土方量。

三、基坑与基槽土方量计算

（一）基坑土方量计算

基坑的土方量计算可以近似地按立方体几何中的拟柱体体积公式计算。

（二）基槽土方量计算

基槽土方量可沿长度方向分段计算。当基槽某段内横截面尺寸不变时，其土方量即为该段横截面的面积乘以该基槽长度。

第三节　土方边坡与土壁支护

土方工程施工过程中，土壁的稳定，主要依靠土体的内聚力和摩阻力（黏结力）来保持平衡，一旦土体在外力作用下失去平衡，就会出现土壁坍塌，即塌方事故，不仅妨碍土方工程施工，造成人员伤亡事故，还会危及附近建筑物、道路以及地下管线的安全，后果严重。

造成土壁塌方的原因有如下情况：

①边坡过陡。这使得土体本身稳定性不够，尤其是土质差、开挖深度大的坑槽中，常发生塌方。

②雨水、地下水渗入基坑。这使得土体重力增大及抗剪能力降低，是造成塌方的主要原因。

③坑槽边缘附近大量堆土或者停放机具、材料或者由于动荷载的作用，使得土体产生的剪应力超过土体的抗剪强度。

为了防止土壁坍塌，保持土体稳定，保证施工安全，在土方工程施工中，对挖方或填方的边缘，均做成一定坡度的边坡。由于条件限制不能放坡或为了减少土方工程量而不放坡时，可设置土壁支护结构，来确保施工安全。

一、土方边坡

土方边坡的稳定，主要是由于土体内土颗粒间的摩阻力和内聚力，从而使土体具有一定的抗剪强度。土体抗剪强度的大小与土质有关。黏性土土颗粒之间除具有摩阻力外还具有内聚力（黏结力），土体失稳而发生滑动时，滑动的土体将沿着滑动面整个滑动；砂性土土颗粒之间无内聚力，主要靠摩阻力保持平衡。所以黏性土的边坡可陡些，砂性土的边坡则应平缓些。

土方边坡大小除土质外，还和挖方深度（或填方高度）有关，此外亦受外界因素的影响。由于外界的原因使土体内抗剪强度降低或剪应力增加达到一定程度时，土方边坡也会失去稳定而造成塌方。如雨水、施工用水使土的含水量增加，从而使土体自重增加，抗剪强度降低；有地下水时，地下水在水中渗流产生一定的动水压力导致剪应力增加；边坡上部荷载增加（如大量堆土或停放机具）使剪应力增加等，都直接影响土体的稳定性，从而影响土方边坡的取值。

确定土方边坡的大小时应考虑土质、挖方深度（填方高度）、边坡留置时间、排水情况、边坡上部荷载情况及土方施工方法等因素。

①当土质均匀且地下水位低于基坑（槽）或管沟底面标高，其挖土深度不超过规定时，挖方边坡可做直壁而不加支撑的直臂。

②当地质条件好、土质均匀并且地下水位低于基坑（槽）或者管沟底面标高，挖方深度在 5m 以内时，不加支撑的边坡最陡坡度应符合规定。

③对永久性挖方边坡应按设计要求放坡。使用时间较长的临时性挖方边坡坡度，在山坡整体稳定情况下，如地质条件良好，土质较均匀，其边坡应符合表规定。

土方开挖时如果边坡太陡，容易造成土体失稳，发生塌方事故；如果边坡太平缓，不仅会增加土方量，而且可能影响邻近建筑的使用和安全。因此必须合理地确定边坡坡度，以满足安全和经济方面的要求。

防止边坡塌方的主要措施有下列几项：

①严格按照规范要求正确留置边坡，放足边坡。土方开挖过程中应随时观察边坡土体的变化情况，边挖边检查，每 3m 左右修坡一次。对于较深较大的基坑开挖，应设置观察点，并对土体的平面位移和沉降变化做好记录，以便及时与设计单位联系，研究相应的补救措施，确保边坡的稳定。

②坑槽边缘堆置土方、建筑材料以及有机械和运输工具通过时，应于坑槽边缘保持一定距离。一般距离坑槽边缘不少于 2m，堆置高度不超过 1.5m。在垂直的坑壁上，比安全距离还要适当加大。软土地区不宜在基坑边上堆置弃土。

③做好坑槽周围的地面排水和防水工作，严防雨水、施工用水等地面水浸入边坡土体。雨季施工时，应更加注意检查边坡的稳定性，必要时可以加设支撑。

④坑槽开挖后，可采用塑料薄膜覆盖、水泥砂浆抹面、挂网抹面、喷浆、砌石压坡等方法进行坡面防护，防止边坡失稳。

二、土壁支护

开挖基坑（槽）或管沟，如土质与周围场地条件允许，采用放坡开挖，往往比较经济。当基坑（槽）开挖较深，且土质较差放坡后土方量过大，甚至会影响到周围建筑物城市道路地下管线，当采用放坡开挖无法保证施工安全或由于施工场地狭小无放坡条件时，一般采用支护结构对土壁进行支护，以保证基坑（槽）的土壁稳定。

土壁的支护方法应根据工程特点、土质条件、地下水位、开挖深度、施工方法及相邻建筑物等情况，经技术经济比较后选定。

基坑（槽）支护结构的类型较多根据支护结构的受力状态不同可以分为横撑式支撑、板桩支护结构、重力式支护结构。

（一）横撑式支撑

横撑式土壁支护主要用于开挖较窄的沟槽。一般根据其挡土板的不同，分为水平挡土板和垂直挡土板两类，其中水平挡土板又可以分为断续式和连续式。

采用横撑式支撑时，应随挖随撑，支撑要牢固。施工中应经常检查，如有松动变形等现象，应及时加固或更换。支撑的拆除应按回填顺序依次进行，多层支撑应自下而上逐层拆除，随时拆填。

（二）加固型支护

加固型支护是对基坑边坡滑动棱体范围及其附近土体进行加固，改善其物理力学性能，使其成为具有一定强度和稳定性的土体结构，进而保证边坡稳定或兼有抗渗作用。

1. 深层搅拌法

深层搅拌法是利用特制的深层搅拌机在边坡土体需要加固的范围内，将软土与固化剂强制拌和，使软土硬结成具有整体性、水稳性和足够强度的水泥加固土，称为水泥土搅拌桩。

深层搅拌法利用的固化剂为水泥浆或水泥砂浆，水泥的掺量为加固土质量的7%～15%，水泥砂浆的配合比为1：1或1：2。

深层搅拌法由于将固化剂和原地基土搅拌混合，不存在水对周围地基的影响，不会使地基侧向挤出，故对周围已有的建筑的影响很小；施工时无振动和噪声，不污染环境；加固后的土体重度不变，使软弱下卧层不产生附加沉降，深层搅拌法适用于软土地基加固。

2. 高压喷射注浆法

高压喷射注浆法是利用工程钻机钻孔至设计处理的深度后，采用高压发生装置，通过安装在钻杆端部的特殊喷嘴，向周围土体喷射固化剂，将软土与固化剂强制混合，使其胶结硬化后在地基中形成直径均匀的圆柱体，该固化后的圆柱体称为旋喷桩。

高压喷射注浆法利用的固化剂为化学浆液，如水泥系浆液、水玻璃系浆液、丙凝系浆液、无机盐系浆液、尿素系浆液、氨基甲酸乙酯系浆液等。常使用的为水泥系浆液。

高压喷射加固的固化剂浆液通过装在钻杆侧面的喷嘴喷出后，具有很大的动能，形成高速、高压的射流。高压喷射加固的射流有效喷射长度愈长，则搅拌土的距离和喷射加固结体的直径愈大。射流冲击破坏土体，使土与浆液搅拌混合，凝固成圆柱状的固结体。

高压喷射注浆法采用高压发生设备及钻机。对坚硬土层经常采用地质钻机。钻孔至设计深度拔出岩芯管，插入旋喷管，边旋喷浆液边提升旋喷管。

3. 支挡型支护

支挡型支护是利用设置在基坑土壁上的支挡构件承受土壁的侧压力及其他荷载，保持土体结构的稳定。

桩排式支护结构常用的构件有型钢桩、钢板桩、钢筋混凝土预制桩和灌注桩，其支撑方式有水平横撑、拉锚和锚杆。

（1）型钢桩支护结构

用作基坑护壁桩的型钢主要是工字钢、槽钢或 H 形型钢。型钢护壁桩主要适用于地下水位低于基坑底面标高的黏性土、碎石类土等稳定性好的土层。土质好时，在桩间可以不加挡板，桩的间距根据土质和挖深等条件而定。当土质比较松散时，在型钢间需加挡土板，以防止砂土流散。当地下水位较高时，要与降低地下水位措施配合使用。

（2）钢板桩支护结构

钢板桩截面形状有"Z"形、波浪形和平板形，由带锁口或钳口的热轧型钢制成，打设方便，可重复使用，承载力大。钢板桩互相联结地打入地下，形成了连续钢板桩墙，既挡土又起到止水帷幕作用。

（3）钢筋混凝土桩排支护结构

钢筋混凝土桩排支护结构采用灌注桩，具有布置灵活、施工简单、成本低、无振动影响等特点，应用广泛。

桩排的布置形式与土质情况、土压力大小、地下水位高低有关，分为一字形相间排列、一字形相接排列、一字形搭接排列、交错相接排列、交错相间排列等。

4. 拉锚与土层锚杆

（1）拉锚（拉锚式支撑）

拉锚是承受拉力的。拉杆可用钢筋或钢丝绳，一端固定在腰梁上，另一端固定在锚锭上，中间设置花篮螺丝，以调整拉杆长度。锚锭的做法：当土质较好时，可埋设混凝土梁或横木做锚锭；当土质不好时，则在锚锭前加打短桩。拉锚的间距及拉杆直径须经过计算确定。

拉锚式支撑在坑壁上只能设置一层，锚锭应设置在坑壁上主动滑移面之外。当需要设多层拉杆时，可采用土层锚杆。

（2）土层锚杆

土层锚杆是埋入土层深处的受拉杆件，一端和工程构筑物相连接，一端锚固在土层中，以承受由土压力、水压力作用产生的拉力，维护支护结构的稳定。

①土层锚杆的构造。土层锚杆由锚头、拉杆和锚固体三部分组成。a.锚头，锚头由锚具、台座、横梁等组成。b.拉杆，拉杆采用钢筋、钢管或钢绞线制成锚固体。锚固体由锚筋、定位器、水泥砂浆锚固体组成。水泥砂浆将锚筋与土体联结成一体形成锚固体。

根据土体主动滑移面，整个锚杆分为锚固段和非锚固段。非锚固段又称自由段，处于可能滑动的不稳定的地层中，可以自由伸缩，其作用是将锚头所受荷载传至锚固段。锚固段则处于稳定的地层中，锚固段与周围土层结合，将荷载分散到周围稳定的土体中去。

②土层锚杆的类型。a.一般灌浆锚杆钻孔后放入拉杆，灌注水泥浆或水泥砂浆，养护后形成的锚杆。b.高压灌浆锚杆钻孔后放入拉杆，压力灌注水泥浆或水泥砂浆，养护后形成的锚杆。压力作用使水泥浆或水泥砂浆进入土壁裂缝固结，可提高锚杆抗拔力，预应力锚杆钻孔后放入拉杆，对锚固段进行一次压力灌浆，然后对拉杆施加预应力锚固，再对自由段进行灌浆所形成的锚杆。预应力锚杆穿过松软土层锚固在稳定土层中，可减小结构的变形。d.扩孔锚杆采用扩孔钻头扩大锚固段的钻孔直径，形成扩大的锚固段或者端头，可有效地提高锚杆的抗拔力。

（3）土层锚杆承载力的计算

土层锚杆的承载能力主要由拉杆的强度、拉杆与锚固体之间的握裹力、锚固体和孔壁之间的摩阻力三者确定。因为在一般情况下，后者均大于前两者，所以其承载能力主要由后者决定。要增大单根锚杆的承载能力，一种方法是增加锚固体长度，另一种方法是扩大锚固段直径或采用二次灌浆，这样可以缩短锚杆长度而不降低其承载能力，并且可以减少遇到坚硬土层或地下水而造成施工困难。

根据基坑深度和土压力的大小，锚杆可以设置成一层或多层，最上一层锚杆要有一定的覆土厚度（一般不小于3m），以防地面隆起。

锚杆水平间距由计算决定，但间距不宜太小，否则会相互影响，降低单根锚杆的承载力。锚杆的水平间距一般应在1～2m以上；锚杆倾角，一般与水平面呈12.5°～45°；锚杆长度，要求锚固体应设置在滑动土体以外的稳定土层中。锚杆长度一般为15～25m，锚固体的经济长度为5～7m。

（4）土层锚杆的施工

①钻孔清水循环一次钻进成孔法，钻杆留做拉杆；潜钻成孔法，成孔器全部连接钻杆；螺旋钻孔干作业法，成孔后插入拉杆。

②灌浆。灌浆是锚杆施工的关键工序。水泥浆水灰比为0.4～0.45；水泥砂浆配合比为1：0.5或1：1。采用一次灌浆法，浆液经胶管压入拉杆中，拉杆管端距孔底150mm；采用二次灌浆法时，先灌注锚固段，再灌注非锚固段，非锚固段为非压力灌注

水泥浆。

③预应力张拉锚固体养护达到水泥砂浆强度的75%，方可进行预应力张拉。先取设计拉力的10%～20%预张拉1～2次，来使各部位接触紧密，锚筋平直。

（5）防腐处理

防腐处理土层锚杆属临时性结构，宜采用简单防腐方法。锚固段采用水泥砂浆封闭防腐，锚筋周围保护层厚度不得小于10mm；自由段锚筋涂润滑油或防腐漆，外部包裹塑料布，进行防腐处理；锚头采用沥青防腐。

5. 土钉支护

基坑开挖的坡面上，采用机械钻孔，孔内放入钢筋并注浆，在坡面上安装钢筋网，喷射厚度为80～200mm的混凝土，使土体、钢筋与喷射混凝土面板结合为一体，强化土体的稳定性。这种深基坑的支护结构称为土钉支护，又称作喷锚支护、土钉墙。

（1）土钉支护的构造和特点

①土钉支护的构造。a.土钉采用直径为16～32mm的Ⅱ级以上的螺纹钢筋，长度为开挖深度的0.5～1.2倍，间距为1～2m，与水平面夹角一般为10°～20°；b.钢筋网采用直径为6～10mm的Ⅰ级钢筋，间距150～300mm；c.混凝土面板采用喷射混凝土，强度等级不低于厚度80～200mm，常用100mm；d.注浆采用强度不低于20MPa的水泥砂浆；e.承压板采用螺栓将土钉和混凝土面层有效地连接成整体。

②土钉支护的特点。a.土钉与土体形成复合土体，提高了边坡整体稳定和承受坡顶荷载能力，增强了土体破坏的延性，利于安全施工；b.土钉支护位移小，约20mm，对相邻建筑物影响小；c.设备简单，易于推广；d.经济效益好，成本低于灌注桩支护；e.适用于地下水位以上或者经降水措施后的杂填土、普通黏土、非松散性砂土。

（2）土钉支护的作用机理

在复合土体内，土钉与土体共同承受外荷载和自重应力。土钉有很强的抗拉、抗剪能力及与土体无法相比的抗弯刚度，所以当土体进入塑性状态后，应力逐渐向土钉转移，当土体出现裂缝时，土钉内出现弯剪、拉剪等复合应力，导致土钉锚体中浆体碎裂，钢筋屈曲。复合土体塑料变形延迟、渐进性开裂，与土钉支护的分担作用是密切相关的。土钉支护通过应力传递作用，将滑裂区域内部分应力传递到后面稳定土体中，并且分散到较大范围的土体内，降低了应力集中程度。

喷射混凝土面板对坡面起约束作用，面板约束力取决于土钉表面与土的摩阻力。复合土体开裂面区域扩大并连成片时，摩阻力主要来自开裂区域后面的稳定复合土体。

由土钉形成的复合土体有效地提高了土体的整体刚度，弥补了土体抗拉、抗剪的不足，通过相互作用，显著地提高土体的整体稳定性。

（3）土钉支护的施工

土钉支护施工工序为定位、成孔、插钢筋、注浆、喷射混凝土。

①成孔。采用螺旋钻机、冲击钻机、地质钻机等机械成孔，钻孔直径为70~120mm。成孔时必须按设计图纸的纵向、横向尺寸及水平面夹角的规定进行钻孔施工。

②植筋。将直径为16~32mm的Ⅱ级以上螺纹钢筋插入钻孔的土层中，钢筋应平直，必须除锈、除油，与水平面夹角控制在10°~20°范围内。

③注浆。注浆采用水泥浆或水泥砂浆，水灰比为0.4~0.45，水泥砂浆配合比为1:1或1:2。利用注浆泵注浆，注浆管插入到距孔底250~500mm处，孔口设置止浆塞，以保证注浆饱满。

④喷射混凝土。喷射注浆用的混凝土应满足如下技术性能指标：混凝土其水泥标号宜用425号，水泥与砂石的质量比为1:4~1:4.5，砂率为45%~55%，水灰比为0.4~0.45，粗骨料碎石或卵石粒径不宜大于15mm。

混凝土的喷射分两次进行。第一次喷射后铺设钢筋网，并且使钢筋网与土钉牢固连接。在此之后再喷射第二层混凝土，并要求表面平整、湿润，具有光泽，无干斑或滑移流淌现象。喷射混凝土面层厚度为80~200mm，钢筋与坡面的间隙应大于20mm。喷射完成后终凝2h后进行洒水养护3~7d。

第四节　人工降低地下水位

若地下水位较高，当开挖基坑或沟槽至地下水位以下时，由于土的含水层被切断，地下水将不断渗入坑内。雨季施工时，地面水也会流入坑内。这样不仅使施工条件恶化，而且土被水浸泡后会导致地基承载能力的下降和边坡的坍塌，为保证工程质量和施工安全，做好施工排水工作，保持开挖土体的干燥是十分重要的。

排除地面水（包括雨水、施工用水、生活污水等）一般采取在基坑周围设置排水沟、截水沟或筑土堤等办法并尽量利用原有的排水系统，让临时性排水设施与永久性排水设施相结合。

基坑降水的方法有集水井降水法（明排水法）和井点降水法。集水井降水法一般宜用于降水深度较小且土层中无细砂、粉砂时；如降水深度较大或土层为细砂、粉砂，或处于软土地区，应尽量采用井点降水法。不论采用哪种方法，降水工作应持续到基础施工完毕并回填土后才停止。

一、集水井降水法

集水井降水法是在基坑开挖过程中，沿坑底周围或中央开挖有一定坡度的排水沟，在坑底每隔一定距离设一个集水井，地下水通过排水沟流入集水井中，之后用水泵抽走。

（一）集水井设置

为了防止基底土结构遭到破坏，集水井应设置在基坑范围以外，地下水走向的上游。根据基坑涌水量的大小、基坑平面形状和尺寸、水泵的抽水能力，确定集水坑的数量和间距。一般每 20 ~ 40m 设置一个。集水井的直径和宽度为 0.6 ~ 0.8m，坑的深度随挖土而不断加深，要保持低于挖土工作面 0.7 ~ 1.0m。当基坑挖至标高后，集水井底应低于基底 1 ~ 2m，并铺设碎石滤水层，以免抽水时间较长时将泥沙抽出，并发生坑底土扰动现象。

集水井降水是一种常用的简易的降水方法，适用于面积较小、降水深度不大的基坑（槽）、开挖工程，也适用于水流较大的粗粒土层的排、降水。对软土或土层中含有细砂、粉砂或淤泥层者，不宜采用这种方法，因为在基坑中直接排水，地下水将产生自下而上或从边坡向基坑的动水压力，容易导致边坡塌方和出现流砂现象，并且使基底土的结构遭受破坏。

（二）水泵性能及选用

集水井降水法常用的水泵有离心泵和潜水泵。

1. 离心泵

离心泵由泵壳、泵轴及叶轮组成，其管路系统包括滤网和底阀、吸水管和出水管。

离心泵的抽水原理是利用叶轮高速旋转时所产生的离心力，将轮心部分的水甩往轮边，沿出水管压向高处。此时叶轮中心形成部分真空，这样，水在大气压力作用下，就能不断地从吸水管内自动上升进入水泵。离心泵的抽水能力大，宜用于地下水量较大的基坑。

离心泵的选择，主要根据流量与扬程而定。对基坑排水来说，离心泵的流量应满足基坑涌水量要求，一般选用吸水口径 2 ~ 4 英寸（50.8 ~ 101.6mm）的离心泵；离心泵的扬程在满足总扬程的前提下，主要是考虑吸水扬程能否满足降水深度要求，若不够，则可另选水泵或将水泵位置降低至坑壁台阶或坑底上。

2. 潜水泵

潜水泵是由立式水泵与电动机组合而成，电动机有密封装置，水泵装在电动机上端，工作时浸在水中。这种泵具有体积小、质量轻、移动方便及开泵时不需灌水等优点，在施工中被广泛使用。常用的潜水泵流量有 15m³/h，25m³/h，65m³/h，100m³/h，扬程相应是 25m，15m，7m，3.5m。

为防止电机烧坏，在使用潜水泵时不得脱水运转，或陷入泥中，也不得排灌含泥量较高的水质或泥浆水，以免泵的叶轮被杂物堵塞。

集水坑降水法设备简单，施工方便，适宜于粗颗粒土层降水。当土质为细砂或粉砂时，采用集水坑降水法，则会出现流砂现象，引发边坡坍塌，坑底凸起，施工条件恶化，无法继续土方施工作业。

二、流砂及其防治

采用集水井降水法开挖基坑，当基坑开挖到地下水位以下时，有时坑底土会形成流动状态，随地下水涌入基坑，这种现象称为流砂现象。此时，基底土完全丧失承载能力，土边挖边冒，施工条件恶化，严重时会造成边坡塌方，甚至危及邻近建筑物，流砂现象易发生在细砂、粉砂及亚砂土中。

（一）流砂发生的原因

动水压力是流砂发生的重要条件。流动中的地下水对土颗粒产生的压力称为动水压力。

产生流砂现象主要是由于地下水的水力坡度大，即动水压力大，而且动水压力的方向（与水流方向一致）与土的重力方向相反，土不仅受水的浮力，而且受动水压力的作用，有向上举的趋势，当动水压力等于或大于土的浸水密度时，土颗粒处于悬浮状态，并随地下水一起流入基坑，即发生流砂现象。在粗大砂砾中，因孔隙大，水在其间流过时阻力小，动水压力也小，不易出现流砂。而在黏性土中，由于土粒间内聚力较大，不会发生流砂现象，但是有时在承压水作用下会出现整体隆起现象。

（二）流砂的防治

流砂防治的主要途径是减小或平衡动水压力或改变其方向。具体措施为：

①抢挖法。即组织分段抢挖，使挖土速度超过冒砂速度，挖到标高后立即铺席并抛大石块以平衡动水压力，压住流砂。此法仅能解决轻微流砂现象。

②打钢板桩法。将板桩打入坑底下面一定深度，增加地下水从坑外流入坑内的渗流长度，以减小水力坡度，从而减小动水压力。

③水下挖土法。即不排水施工，使坑内水压与坑外地下水压相平衡，消除动水压力。

④用井点法降低地下水位，改变动水压力的方向，是防止流砂的有效措施。

⑤在枯水季节开挖基坑，这时地下水位下降，动水压力减小或基坑中无地下水。

⑥地下连续墙法。沿基坑四周筑起一道连续的钢筋混凝土墙，用来截住地下水流入基坑。

三、井点降水法

井点降水法就是在基坑开挖之前，在基坑四周埋设一定数量的滤水管（井），利用抽水设备抽水，使地下水位降落至基坑底以下，并在基坑开挖过程中仍不断抽水，使所挖的土始终保持干燥状态。井点降水改善了工作条件，防止了流砂发生，土方边坡也可陡些，从而减少了挖方量。

井点降水法所采用的井点类型有轻型井点、喷射井点、电渗井点、管井井点和深井井点。施工时可根据土的渗透系数、要求降低水位的深度以及设备条件等。

（一）轻型井点

轻型井点是沿基坑四周以一定间距埋入直径较小的井点管至地下蓄水层内，井点管上端通过弯联管与集水总管相连，利用抽水设备将地下水通过井点管不断抽出，让原有地下水位降至基底以下。施工过程中应不间断地抽水，直至基础工程施工结束回填土完成为止。

1. 轻型井点设备

轻型井点设备由管路系统和抽水设备等组成。

（1）管路系统

管路系统由滤管、井点管、弯联管和总管组成。

①滤管。滤管是井点设备的重要组成部分，对抽水效果影响较大。滤管必须深入到蓄水层中，使地下水通过滤管孔进入管内，同时还要将泥沙阻隔在滤管外，以保证抽入管内的地下水的含泥沙量不超过允许值。因此，要求滤管应该具有较大的孔隙率和进水能力；滤水性良好，既能防止泥沙进入管内，又不能堵塞滤管孔隙；滤管结构强度要高，耐久性要好。

滤管为进水设备，直径为 50mm，长 1.0m 或 1.5m。滤管的管壁上钻有小圆孔，外包两层滤网，内层细滤网采用钢丝布或尼龙丝布，外层粗滤网采用塑料或编织纱布。为使水流畅通，管壁与滤网间用塑料细管或铁丝绕成螺旋状将其隔开，滤网外面用粗铁丝网保护，滤管上端用螺丝套筒与井点管下端连接，滤管下端为一铸铁头。

②井点管。井点管直径为 50mm，长 5m 或 7m，上端通过弯联管与总管的短接头相连接，下端用螺丝套筒与滤管上端相连接。

③弯联管。弯联管采用透明的硬塑料管将井点管与总管连接起来。

④总管。总管采用直径 100～127mm，每段长 4m 的无缝钢管。段间用橡皮管连接，并用钢筋卡紧，以防漏水。总管上每隔 0.8m 设一和井点管相连接的短接头。

（2）抽水设备

抽水设备常用的是真空泵设备和射流泵设备。

①干式真空泵抽水设备由真空泵、离心泵和水气分离器组成。抽水时先开动真空泵，将水气分离器抽成一定程度的真空，使土中的水分和空气受真空吸力的作用形成水气混合液经管路系统流到水气分离器中。然后开动离心泵，水气分离器中的水经离心泵由出水管排出，空气则集中在水气分离器上部由真空泵排出。

②射流泵抽水设备由射流器、离心泵和循环水箱组成。射流泵抽水设备的工作原理是：利用离心泵将循环水箱中的水变成压力水送至射流器内由喷嘴喷出，由于喷嘴断面

收缩而使水流速度骤增，压力骤降，使射流器空腔内产生部分真空，把井点管内的气、水吸上来进入水箱。水箱内的水滤清后一部分经由离心泵参与循环，多余部分由水箱上部的泄水口排出。

射流泵井点设备的降水深度可达到 6m，但其所带井点管一般只有 25～40 根，总管长度 30.5m。这种设备，与原有轻型井点比较，具有结构简单、制造容易、成本低、耗电少、使用检修方便等优点，便于推广。射流泵井点排气量较小，真空度的波动较敏感，易于下降，排水能力较低，适合在粉砂、轻亚黏土等渗透系数较小的土层中降水。

2. 轻型井点布置

轻型井点的布置要根据基坑平面形状及尺寸、基坑的深度、土质、地下水位高低及流向、降水深度要求等因素确定。

基坑的宽度小于 6m，降水深度不超过 5m 时，采用单排井点，并且布置在地下水上游一侧，两端延伸长度不小于基坑的宽度，如基坑宽度大于 6m 或土质排水不良时，宜采用双排线状井点。

基坑面积较大时，采用环形井点。有时为了施工需要，可留出一段（最好在地下水下游方向）不封闭。

井点管距基坑壁一般不小于 1m，以防局部漏气。井点管间距应根据土质、降水深度、工程性质等按计算或经验确定。靠近河流处或总管四角部位，井点应适当加密。采用多套抽水设备时，井点系统应分成长度大致相等的段，分段位置应在基坑拐弯处，各套井点总管之间应装阀门隔开。

3. 轻型井点施工与使用

轻型井点的施工顺序为：挖井点沟槽，敷设集水总管；冲孔，沉设井点管，灌填砂滤料；用弯联管将井点管与集水总管连接；安装抽水设备；试抽。

井点管的埋设方法有射水法、冲孔（或钻孔）法以及套管法，根据设备条件及土质情况选用。

射水法是在井点管的底端装上冲水装置（称为射水式井点管）来冲孔下沉井点管。

冲孔法是用直径为 50～70mm 的冲水管冲孔后，再沉设井点管。

套管法是用直径 150～200mm 的套管，用水冲法或振动水冲法沉至要求深度后，先在孔底填一层砂砾，然后将井点管居中插入，在套管与井点管之间分层填入粗砂，并逐步拔出套管。

井点管沉设完毕，即可接通总管和抽水设备，然后进行试抽。要全面检查管路接头的质量，井点出水状况和抽水机械运转情况等，如发现漏气和死井（井点管淤塞）要及时处理，检查合格后，井点孔口到地面下 0.5～1m 的深度范围内应用黏土填塞，以防漏气。

轻型井点使用时，一般应连续抽水。时抽时停，滤网易堵塞，也易抽出泥沙和使出水混浊，并可能引发附近建筑物地面沉降。抽水过程中应调节离心泵的出水阀，控制出水量，使抽水保持均匀。降水过程中应按时观测流量、真空度和井内的水位变化，并且做好记录。采用轻型井点降水时，应对附近原有建筑物进行沉降观测，必要时应采取防护措施。

（二）喷射井点

当基坑开挖较深，降水深度要求大于 6m 时，采用一般轻型井点不能满足要求，必须使用多级井点才能收到预期效果，但这样需要增加机具设备数量和基坑开挖面积，土方量加大，工期拖长，亦不经济。此时，宜采用喷射井点降水，降水深度可达 8 ~ 20m。在渗透系数为 3 ~ 50m/d 的砂土中应用此法最为有效，在渗透系数为 0.1 ~ 3m/d 的粉砂、淤泥质土中效果也较显著。

1. 喷射井点设备和布置

喷射井点根据其工作时使用的液体或气体的不同，分为喷水井点和喷气井点两种。两种井点工作流程虽然不同，但其工作原理是相同的。

喷射井点设备由喷射井管、高压水泵及进水排水管路组成。喷射井管有内管和外管，在内管下端设有扬水器与滤管相连。高压水（0.7 ~ 0.8MPa）经外管与内管之间的环形空间，并经扬水器侧孔流向喷嘴。由于喷嘴处截面突然缩小，压力水经喷嘴以很高的流速喷入混合室，使该室压力下降，造成一定真空度。此时，地下水被吸入混合室与高压水汇合，流经扩散管。由于截面扩大，水流速度相应减小，让水的压力逐渐升高，沿内管上升经排水总管排出。

2. 喷射井点的施工和使用

喷射井点施工顺序是：安装水泵设备及泵的进出水管路；敷设进水总管和回水总管；沉设井点管并灌填砂滤料，接进水总管后及时进行单根井点试抽，检验；全部井点管沉设完毕后，接通回水总管，全面试抽，检查整个降水系统的运转状况及降水效果；然后让工作水循环进行正式工作。

开泵初期，压力要小些（小于 0.3MPa），以后再逐渐正常。抽水时如发现井点管周围有泛砂冒水现象，应立即关闭井点管进行检修。工作水应保持清洁，试抽两天后应更换清水，以减轻工作水对喷嘴及水泵叶轮的磨损。

（三）管井井点

管井井点是沿基坑周围每隔一定距离（20 ~ 50m）设置一个管井，每个管井单独用一台水泵不断抽水来降低地下水位。在土的渗透系数 K ≥ 20m/d，地下水量大的土层中，宜采用管井井点。

管井井点采用离心式水泵或潜水泵抽水。

管井的间距一般为 20 ~ 50m，管井的深度为 8 ~ 15m。井内水位降低可达 6 ~ 10m，两井中间则为 3 ~ 5m。管井井点计算，可以参照轻型井点进行。

第五节　土方工程机械化施工

土方工程的施工过程主要包括：土方开挖、运输、填筑与压实等。土方工程工程量大，人工挖土不仅劳动繁重，而且劳动生产率低，工期长，成本较高。因此，除了不适宜采用机械施工的土方工程或者小型基坑（槽）土方工程外，在土方工程施工中应尽量采用机械化、半机械化的施工方法，以减轻繁重的体力劳动，加快施工进度，降低工程成本。

常用的土方施工机械有推土机、铲运机、单斗挖土机以及装载机等。

一、推土机

推土机由拖拉机和推土铲刀组成。按铲刀的操纵机构不同，推土机分成索式和液压式两种。索式推土机的铲刀借本身自重切入土中，在硬土中切土深度较小。液压油压式推土机能使铲刀强制切入土中，切土深度较大。同时，液压式推土机铲刀还可以调整角度，具有较大的灵活性。

（一）推土机的特点及适用范围

推土机能单独地进行挖土、运土和卸土工作，具有操纵灵活、运转方便、所需要工作面较小、行驶速度较快、易于转移、能爬 30° 左右的缓坡以及配合铲运机挖土机工作等特点，能够推挖 I ~ IV 类土，适用于场地清理，场地平整，开挖深度不大的基坑以及回填作业等。此外，还可以牵引其他无动力的土方机械，推土机的经济运距在 100m 以内，最为有效的运距为 30 ~ 60m。

（二）推土机的作业方法

推土机的生产效率主要取决于每次推土体积和铲土运土卸土和回转等工作循环时间。铲土时应根据土质情况，尽量以最大切土深度在最短距离（6 ~ 10m）内完成，上下坡坡度不得超过 35°，横坡不得超过 10°，为了提高生产率，可以采用下坡推土、槽形推土、并列推土、多铲集运、铲刀附加侧板等方法。

二、铲运机

铲运机由牵引机械和铲斗组成，按行走方式分为自行式和拖式两种。

（一）铲运机的特点及适用范围

铲运机是一种能够独立完成铲土、运土、卸土、填筑和整平等全部土方施工工序的机械，具有操作灵活、行驶速度快、对道路要求低、生产率高等特点。适宜铲运含水量在 27% 以下的 I、II 类土，但不适宜在砾石层、冻土地带及沼泽地区工作。铲运机通常适用于坡度在 20° 以内的大面积场地的平整、大型基坑（槽）的开挖以及路基、堤坝的填筑等，铲运机适用运距在 800m 以内，且运距在 200～350m 时最高。

（二）铲运机的作业方法

铲运机的基本作业是铲土、运土、卸土三个工作行程和一个回转行程。在施工中，选定铲斗容量后，应根据工程大小、运距长短、土的性质和地形条件等选择合理的开行路线和施工方法，以提高生产率。常见的开行路线为环形路线和"8"字形路线。

1. 环形路线

对于地形起伏不大，而施工地段又较短（50～100m）和填方不高（0.1～1.5m）的路堤基坑及场地平整工程宜采用环形路线。当填挖交替，且相互之间的距离又不大时，也可采用环形路线。这样可以多次铲土和卸土，进而减少铲运机转弯次数，进而提高工作效率。

2. "8"字形路线

在地形起伏较大，施工地段狭长的情况下，宜采用"8"字形路线，因这种运行路线，铲运机在上下坡时是斜向形式，所以坡度平缓。一个循环中两次转弯方向不同，故机械磨损均匀。一个循环完成两次铲土和卸土，减少了转弯次数及空车行驶距离，从而亦可缩短运行时间，提高生产率。

为了提高铲运机的生产率，除了确定合理的开行路线，还应根据施工条件选择合理的施工方法。常用的施工方法有下坡铲土法、跨铲法、助铲法和交错铲土法等。

三、单斗挖土机

单斗挖土机是基坑（槽）土方开挖常用的一种机械。按其行走装置的不同，分为履带式和轮胎式两类；按其动力装置不同分为机械传动和液压传动两类；依其工作装置的不同，分为正铲、反铲、拉铲和抓铲 4 种，单斗挖土机进行土方开挖作业时，需自卸汽车配合运土。

（一）正铲挖土机

正铲挖土机的工作特点是：前进向上强制切土。其挖掘力大，生产率高，能开挖停机面以上 I～IV 类土。开挖大型基坑时需要设置坡道。正铲挖土机在基坑内作业，适用于开挖高度 3m 以上的无地下水的干燥基坑。

正铲挖土机的生产率主要决定于每次土斗的挖土量和每次作业的循环时间。同时要考虑挖土方式和与自卸汽车的配合，尽量减小回转角度，缩短循环时间。

根据其开挖路线与运输工具的相对位置不同，正铲挖土机的作业方式有下列两种形式：

1. 正向挖土，侧向卸土

正向挖土，侧向卸土是指挖土机沿前进方向挖土，运输工具停在侧面装土。此法由于挖土机卸土时动臂转角小，运输车辆行驶方便，所以生产效率高，应用较广。

2. 正向挖土，后方卸土

正向挖土，后方卸土是指挖土机沿前进方向挖土，运输工具停在挖土机后方装土。此法由于挖土机卸土时动臂转角大，生产率低，运输车辆要倒车开入，故一般在基坑窄而深的情况下采用。

正铲挖土机的挖土方式不同，其所需的工作面大小也不同。

挖土机的工作面是指挖土机在一个停机点进行挖土的工作范围。工作面的形状与尺寸取决于挖土机的性能和卸土方式。根据挖土机作业方式不同，挖土机的工作面分为侧工作面与正工作面两种。

正铲挖土机开挖大面积基坑时，必须对挖土机作业的开行路线和工作面进行设计，确定开行次序和次数，称为开行通道。基坑开挖深度较小时，可布置一层开行通道；当基坑深度较大时，则开行通道需布置多层。

（二）反铲挖土机

反铲挖土机挖土的工作特点是：后退向下，强制切土。其挖掘力较大，能开挖停机面以下的 I ~ II 类土。反铲挖土机主要用于开挖深度 4m 左右的基坑、基槽和管沟等，也可用于地下水位较高的土方开挖。

反铲挖土机的作业方式分为沟端开挖和沟侧开挖。

沟端开挖，挖土机停在基坑或基槽的端部，向后倒退挖土，汽车停在基坑或基槽两侧装土。其优点是挖土方便，挖掘深度和宽度较大，当基坑较宽时，可多次开行挖土。

沟侧开挖，挖土机沿基坑或基槽一侧开行挖土，将土弃于远处。其开挖方向与挖土机开行方向相垂直。挖土机工作时稳定性较差，挖掘深度和宽度较小，一般在无法采用沟端开挖方式时或挖土不需要运走时，才采用沟侧开挖方式。

（三）拉铲挖土机

拉铲挖土机的土斗用钢丝绳悬挂在挖土机动臂上，挖土时土斗在自重作用下落到地面切入土中。其挖土特点是：后退向下，自重切土。其挖土深度和挖土半径均较大，能开挖停机面以下 I ~ II 类土，但是不如反铲动作灵活准确，适于开挖大型基坑及水下挖土。

（四）抓铲挖土机

抓铲挖土机是在挖土机动臂上用钢丝绳悬吊一个抓斗，挖土时抓斗在自重作用下落到地面切土。其挖土特点是：直上直下，自重切土。抓铲挖土机挖掘力较小，可以开挖停机面以下Ⅰ~Ⅱ类土，适于开挖窄而深的基坑、沉井，特别是水下挖土。

第六节　土方填筑与压实

为了保证填土的强度和稳定性，必须正确选择回填土料和填筑方法，以满足填土压实的质量要求。

土方填筑前，应对基地进行处理。清除基底上的垃圾、树皮、草根等杂物，排除坑穴中的积水、淤泥等。若填方基底为根植土或者松土，应该将基底压实后进行填土。

一、填土填筑的方法

（一）填土要求

填土土料应该满足设计要求，保证填方的强度和稳定性。通常应选择强度高、压缩性小、水稳定性好的土料。如设计无要求，应符合以下规定。

①用碎石类土或爆破石渣作填料时，其最大粒径不得超过每层铺土厚度的2/3；使用振动碾时，不得超过每层铺土厚度的3/4。铺填时，大块料不应集中，并且不得填在分段接头或填方与边坡连接处。

②含水量符合压实要求的黏性土，可作各层填料。

③淤泥和淤泥质土，一般不能用作填料，但在软土地区，经过处理含水量符合要求的，可用于填方中的次要部分。

④对于有机质含量大于8%或者水溶性硫酸盐含量大于5%的土，以及根植土冻土杂填土等均不能用作填土使用。但在无压实要求的填方时，则不受限制。

（二）填筑方法

填土可采用人工填土和机械填土两种方法。一般要求如下：

①填土应尽量采用同类土填筑，并严格控制土的含水量在最优含水量范围内，以提高压实效果。

②填土应从最低处开始分层填筑，每层铺土厚度应根据压实机具及土的种类而定。当采用不同类土填筑时，应该将透水性较大的土层置于透水性较小的土层之下，避免在填方区形成水囊。

③坡地填土，应做好接槎，挖成1:2的阶梯形（一般阶高0.5m，阶宽1.0m）分层填筑，分段填筑时每层接缝处均应做成大于1:1.5的斜坡，来防止填土横移。

二、填土压实方法及影响因素

（一）填土的压实方法

填土压实方法有碾压法、夯实法和振动压实法。平整场地、路基、堤坝等大面积填土工程采用碾压法，较小面积的填土工程采用夯实法和振动压实法。

1. 碾压法

碾压法是利用机械滚轮的压力压实土壤，使之达到所需的密实度。碾压机械有平碾、羊足碾和气胎碾等。

平碾又称光碾压路机，是一种以内燃机为动力的自行式压路机，按重量等级分为轻型（30 ~ 50kN）、中型（60 ~ 90kN）和重型（100 ~ 140kN）3 种，适于压实砂类土和黏性土，使用土类范围较广。轻型平碾压实土层的厚度不大，但是土层上部变得较密实，当用轻型平碾初碾后，再用重型平碾碾压松土，就会取得较好的效果。如果直接用重型平碾碾压松土，则因强烈的起伏而致使碾压效果较差。

羊足碾一般无动力，靠拖拉机牵引，有单筒和双筒两种。根据碾压要求，羊足跟又可分为空筒及装砂、注水三种。羊足碾虽然与土接触面积小，但单位面积的压力比较大，土壤压实的效果好。羊足碾适于对黏性土的压实。

气胎碾又称轮胎压路机，它的前后轮分别密排着四五个轮胎，既是行驶轮又是碾压轮。由于轮胎弹性大，压实过程中，土与轮胎都会发生变形，而随着几遍碾压之后铺土密实度的提高，铺土的沉陷量逐渐减少，因而轮胎与土的接触面积逐渐缩小，故接触应力逐渐增大，最后使土料得到压实。由于气胎碾在工作时是弹性体，其压力均匀，所以填土质量较好。

用碾压法压实填土时，铺土厚度应均匀一致，碾压遍数要一致，碾压方向应从填土区的两边逐渐压向中心，每次碾压应有 15 ~ 20cm 的重叠。碾压机开行速度不宜过快，否则影响压实效果。一般不应超过下列规定：平碾 2km/h；羊足碾 3km/h。

2. 夯实法

夯实法是利用夯锤自由下落的冲击力来夯实土壤，适用于小面积回填土的夯实以及作业面受限制的环境下的填土夯实。夯实法分人工夯实和机械夯实两种。人工夯实所用的工具有木夯、石夯等。常用的夯实机械有夯锤、内燃夯土机和蛙式打夯机，蛙式打夯机轻巧灵活、构造简单在小型土方工程中应用最广。夯实机械具有体积小、质量轻、对土质适应性强等特点，在工程量小或作业面受到限制的条件下尤其适用。

3. 振动压实法

振动压实法是将振动压实机放在土层表面，借助振动机构使压实机振动土颗粒，土的颗粒发生相对位移而达到密实状态。用这种方法振实非黏性土效果较好。

振动碾是一种振动和碾压同时作用的高效能压实机械，比一般平碾提高工效 1 ~ 2

倍。其适用于对爆破石硝、碎石类土、杂填土或者粉质黏土的压实。

（二）影响填土压实质量的因素

影响填土压实质量的因素很多，其中主要有土的含水量、压实功以及铺土厚度。

1. 压实功的影响

填土压实后的密度与压实机械对填土所施加的功两者之间的关系并不成正比关系，当土的含水量一定，在开始压实时，土的密度急剧增加，待到接近土的最大密度时，压实功虽然增加许多，而土的密度却没有明显变化。因此在实际施工中，在压实机械和铺土厚度一定的条件下，碾压一定遍数即可，过多增加压实遍数对提高土的密度作用不大。另外，对松土一开始就用重型碾压机械碾压，土层会出现强烈起伏现象，压实效果不好。应该先用轻碾压实，再用重碾碾压，这样才能取得较好的压实效果。为使土层碾压变形充分，压实机械行驶速度不宜太快。

2. 含水量的影响

土的含水量对填土压实质量有很大影响。较干燥的土，由于土颗粒之间的摩阻力较大，填土不易被压实；而土中含水量较大，超过一定限度时，土颗粒之间的孔隙全部被水填充而呈饱和状态，土也不能被压实。只有当土具有适当的含水量，土颗粒之间的摩阻力由于水的润滑作用而减小，土才容易被压实。在压实机械和压实遍数相同的条件下，使填土压实获得最大密实度时的土的含水量，称为土的最优含水量。土料的最优含水量和相应的最大干密度可由击实试验确定。不同类型土的最佳含水量是不同的，如砂土为8%～12%，黏土为19%～23%，粉质黏土为15%～22%。在施工现场简单检验含水量的方法为"手握成团落地开花"。

为了保证填土在压实过程中具有最优含水量，土含水量偏高时，可采取翻松、晾晒、均匀掺入干土（或吸水性填料）等措施；如含水量偏低，可以采用预先洒水润湿、增加压实遍数或使用大功能压实机械等措施。

3. 铺土厚度

压实机械的压实作用，随土层的深度增加而逐渐减小。在压实过程中，土的密实度也是表层大，而随深度加深逐渐减小，超过一定深度后，虽经反复碾压，土的密度仍与未压实前一样。各种压实机械的压实影响深度与土的性质、含水量有关。因此，填方每层铺土厚度应根据土质、压实的密度要求与压实机械性能确定。

（三）填土质量检查

填土压实后要达到一定密实度要求，以避免建筑物的不均匀沉降，检查压实后的实际干密度，通常采用环刀法取样。

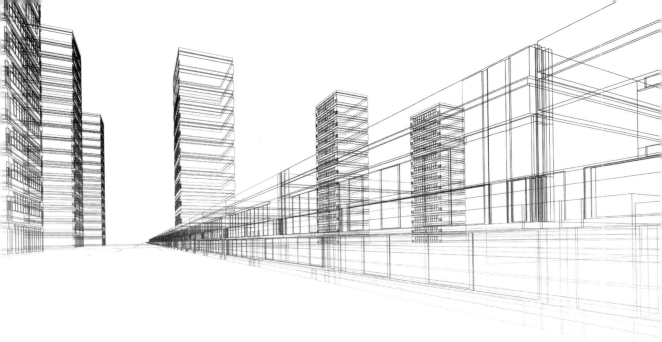

第四章 混凝土结构工程施工技术与管理

第一节 模板工程施工

模板与其支撑体系组成了模板系统。模板系统是一个临时架设的结构体系，其中模板是新浇混凝土成型的模具，它与混凝土直接接触形成的混凝土构件具有所要求的形状、尺寸和表面质量；支撑体系是指支撑模板、承受模板、构件及施工当中各种荷的作用，并使模板保持所要求的空间位置的临时结构。

一、模板系统的组成和基本要求

模板系统是由模板和支撑两部分组成。模板是使混凝土结构或构件成型的模型。搅拌机搅拌出的混凝土是具有一定流动性的混合物，经过凝结硬化之后，才能成为所需要的、具有规定形状和尺寸的结构构件，所以需要将混凝土浇灌在与结构构件形状尺寸相同的模板内。模板作为混凝土构件成型的工具，它本身除了应具有与结构构件相同的形状和尺寸外，还要具有足够的强度和刚度以承受新浇混凝土的荷载及施工荷载。支撑是保证模板形状、尺寸及其空间位置的支撑体系，支撑体系既要保证模板形状、尺寸和空间位置正确，又要承受模板传来的全部荷载。

对模板系统的基本要求：

①保证工程结构和构件各部分形状尺寸与相互位置的正确。

②具有足够的承载能力、刚度和稳定性，能可靠地承受混凝土的自重和侧压力，以

及在施工过程中所产生的荷载。

③构造简单，装拆方便，并便于钢筋的绑扎、安装与混凝土的浇筑、养护。

④模板的接缝不应漏浆。

二、模板构造

（一）模板的分类

①模板按所用的材料不同，分为木模板、钢木模板、胶合板模板、钢竹模板、钢模板、塑料模板、玻璃钢模板、铝合金模板、混凝土预制模板及橡胶模板等。

胶合板模板是以胶合板为面板，角钢为边框的定型模板。以胶合板为面板，克服了木材的不等方向性的缺点，受力性能好。这种模板具有强度高、自重小、不翘曲、不开裂及板幅大、接缝少的优点。

钢模板一般均做成定型模板，用连接构件拼装成各种形状和尺寸，适用于多种结构形式，在现浇钢筋混凝土结构施工中被广泛应用。钢模板一次投资量大，但周转率高，在使用过程中应注意保管和维护，防止生锈来延长钢模板的使用寿命。

②按模板受力条件分有承重模板和侧面模板。承重模板主要承受混凝土重量和施工中的垂直荷载；侧面模板主要承受新浇混凝土的侧压力。侧面模板按其支承受力方式又分为简支模板、悬臂模板和半悬臂模板。

③按模板使用特点分为固定式、拆移式、移动式和滑动式。固定式用于形状特殊的部位，不能重复使用。后三种模板都能重复使用，或者连续使用在形状一致的部位，但其使用方式有所不同。拆移式模板需要拆散移动；移动式模板的车架装有行走轮，可沿专用轨道整体移动；滑动式模板是以千斤顶或卷扬机为动力，在混凝土连续浇筑的过程中，模板面紧贴混凝土面滑动。

（二）常见模板

1. 定型组合钢模板

定型组合钢模板的优点是：通用性强，组装灵活，装拆方便，节省用工；浇筑的构件尺寸准确，棱角整齐，表面光滑；模板周转次数多；大量节约木材，缺点是一次性投资大，浇筑成型的混凝土表面过于光滑，不利于表面装修等。

定型组合钢模板是一种工具式模板，由钢模板、连接件和支承件三部分组成。

（1）钢模板的类型及规格

钢模板类型有平面模板、阴角模板、阳角模板及连接角模 4 种。钢模板面板厚度一般为 2.3mm 或 2.5mm，边框和加劲肋上按照一定距离（如 150mm）钻孔，可利用 U 形卡和 L 形插销等拼装成大块模板；封头横肋板中间加肋板的厚度一般为 2.8mm。

钢模板的宽度以 50mm 晋级，长度以 150mm 晋级，其规格和型号已做到标准化、系列化。如型号为 P3015 的钢模板，P 表示平面模板，3015 表示宽 × 长为 300mm×1500mm；型号为 Y1015 的钢模板，Y 表示阳角模板，1015 表示宽长为 100mm×1500mm。如拼装时出现不足模数的空隙，可用镶嵌木条补缺，用钉子或螺栓将木条和板块边框上的孔洞连接起来。

（2）连接件

①U 形卡。它用于钢模板之间的连接与锁定，使钢模板拼装密合。U 形卡安装间距一般不大于 300mm，即每隔一孔卡插一个，安装方向为一顺一倒相互交错。

②L 形插销。它插入模板两端边框的插销孔内，用于增强钢模板纵向拼接的刚度和保证接头处板面平整。

③钩头螺栓。它用于钢模板与内、外钢楞之间的连接固定，使之成为整体，安装间距般不大于 600mm，长度应与所采用的钢楞尺寸相适应。

④紧固螺栓。它用于紧固钢模板内、外钢楞，增强组合模板的整体刚度，长度与所采用的钢楞尺寸相适应。

⑤对拉螺栓。浇筑钢筋混凝土墙体时，墙体两侧模板间用对拉螺栓连接，对拉螺栓用于保持模板与坡板之间的设计厚度并承受混凝土侧侧压载，使模板不致变形。

⑥扣件。它用于将钢板与钢楞紧固，与其他的配件一起将钢模板拼装成整体。按钢楞的不同形状尺寸，分别采用碟型扣件和"3"型扣件的规格分成大小两种。

（3）支撑件

支撑件包括钢楞、柱箍、梁卡具、圈梁卡、钢管架、斜撑、组合支柱、钢管脚手架支架、平面可调桁架与曲面可变桁架等。

2. 木模板

木模板的木材主要采用松木和杉木，其含水量不宜过高，材质不宜低于三等材。木模板的基本元件拼板，拼板由板条和拼条（木挡）组成。

板条厚 25 ~ 50mm，宽度不宜超过 200mm，以保证在干缩时缝隙均匀，浇水后缝隙严密且板条不翘曲，但梁底板的板条宽度不受限制，以免漏浆。拼条截面尺寸为 25mm×35mm ~ 50mm×50mm，拼条间距根据施工荷载大小及板条的厚度而定，通常取 400 ~ 500mm。

3. 钢框胶合板模板

钢框胶合板模板是指钢框与木胶合板或竹胶合板结合使用的一种模板。钢框胶合板模板由钢框和防水木、竹胶合板平铺在钢框上，用沉头螺栓与钢框连牢。用于面板的竹胶合板是用竹片或竹帘涂胶黏剂，纵横向铺放，组坯后热压成型。为使钢框竹胶合板板面光滑平整，便于脱模和增加周转次数，一般板面采用涂料覆面处理或浸胶纸覆面处理。

4. 滑动模板

滑动模板（滑模）是在混凝土连续浇筑过程中，可使滑板面紧贴混凝土面滑动的模板。采用滑模施工要比常规施工节约木材（包括模板和脚手板等）70%；采用滑模施工一般可以节劳动力约 30% ~ 50%；采用滑模施工要比常规施工的工期短、速度快，一般可以缩短施工周期 30% ~ 50%；滑模施工的结构整体性好，抗震效果明显，适用于高层或超高层抗震建筑物和高耸构筑物施工，施工的设备便于加工、安装、运输。

（1）滑板系统装置的 3 个组成部分

①模板系统。它包括提升架、围圈、模板及加固、连接配件。

②施工平台系统。它包括工作平台、外圈走道、内外吊脚手架。

③提升系统。它包括千斤顶、油管、分油器、针形阀、控制台、支承杆以及测量控制装置。

（2）主要部件构造及作用

①提升架。提升架是整个滑模系统的主要受力部分，各项荷载集中传至提升架，最后通过装设在提升架上的千斤顶传至支承杆上。提升架由横梁、立柱、牛腿及外挑架组成。各部分尺寸及杆件断面应通盘考虑并经计算确定。

②围圈。围圈是模板系统的横向连接部分，它将模板按工程平面形状组合为整体。围圈也是受力部件，它既承受混凝土侧应力产生的水平推力又承受模板的重量、滑动时产生的摩阻力等竖向力。在有些滑模系统的设计中，也将施工平台支撑在围圈上，围圈架设在提升架的牛腿上，各种荷载将最终传至提升架上。围圈一般用型钢制作。

③模板。模板是混凝土成型的模具，要求板面平整，尺寸准确，刚度适中。一般为 90 ~ 120cm，宽度为 50cm，但根据需要也可加工成宽度小于 50cm 的异形模板。模板通常用钢材制作，也有用其他材料制作的，例如钢木组合模板是用硬质塑料板或玻璃钢等材料作为面板的有机材料复合模板。

④施工平台与吊脚手架。施工平台是滑模施工中各工种的作业面以及材料、工具的存放场所。施工平台应视建筑物的平面形状、开门大小、操作要求及荷载情况设计，必须有可靠的强度及必要的刚度，确保施工安全，防止平台变形导致模板倾斜，如果跨度较大时，在平台下应设置承托桁架。

吊脚手架用于对已滑出的混凝土结构进行处理或修补，要求将其沿结构内外两侧周围布置，高度一般为 1.8m，可以设双层或三层。吊脚手架要有可靠的安全设备及防护设施。

⑤提升设备。提升设备由液压千斤顶、液压控制台、油路及支承杆组成。支承杆可用直径为 25mm 的光圆钢筋作为支承杆，每根支承杆长度以 3.5 ~ 5m 为宜。支承杆的接头可用螺栓连接（支承杆两头加工成阴阳螺纹）或现场用小坡口焊接连接。若回收重复使用，则需要在提升架横梁下附设支承杆套管。如有条件并经设计部门同意，可以将该支承杆钢筋直接打在混凝土中以代替部分结构配筋，通常可利用 50% ~ 60%。

5. 爬升模板

爬升模板是在混凝土墙体浇筑完毕后，利用提升装置将模板自行提升到上一个楼层，浇筑上一层墙体混凝土的垂直移动式模板。爬升模板采用整片式大平模，模板由面板及肋组成，而不需要支撑系统；提升设备采用电动螺杆提升机、液压千斤顶或导链。爬升模板是将大模板工艺和滑升模板工艺相结合，既保持大模板施工墙面平整的优点，又保持了滑模利用自身设备使模板向上提升的优点，墙体模板能自行爬升而不依赖塔吊。爬升模板适用于高层建筑墙体、电梯井壁、管道间混凝土施工。

爬升模板由钢模板、提升架和提升装置3部分组成。

6. 台模

台模是浇筑钢筋混凝土楼板的一种大型工具式模板。在施工当中可以整体脱模和转运，利用起重机从浇筑完的楼板下吊出，转移至上一楼层，中途不再落地，所以亦称"飞模"。台模适用于各种结构的现浇混凝土楼板的施工，既适用于大开间、大进深的现浇楼板，也适用于小开间、小进深的现浇楼板。单座台模面板的面积在$2 \sim 6m^2$到$60m^2$以上。台模整体性好，混凝土表面容易平整，施工进度快。

台模由台面、支架（支柱）、支腿、调节装置、走道板及配套附件等组成。台面是直接接触混凝土的部件，表面应平整光滑，具有较高的强度和刚度。目前常用的面板有钢板、胶合板、铝合金板、工程塑料板及木板等。

台模按其支架结构类型分为立柱式台模、桁架式台模、悬架式台模等。

立柱式台模由面板、次梁、主梁与立柱组成。

7. 预制混凝土薄板

预制混凝土薄板是一种永久性模板。施工时，薄板安装在墙或梁上，下设临时支撑；然后在薄板上浇筑混凝土叠合层，形成叠合楼板。

根据配筋的不同，预制混凝土薄板可分为三类：预应力混凝土薄板、双钢筋混凝土薄板以及冷轧扭钢筋混凝土薄板。

预制混凝土薄板的功能：一是作为底模；二是作为楼板配筋；三是提供光滑平整的底面，可不做抹灰直接喷浆。这种叠合楼板与预制空心板比较可节省模板、便于施工缩短工期、整体性与连续性好、抗震性强并可以减少楼板总厚度。

8. 压型钢板模板

在多高层钢结构或者钢筋混凝土结构中，楼层多采用组合楼盖，其中组合楼板结构就是压型钢板与混凝土通过各种不同的剪力连接形式组合在一起形成的。

压型钢板作为组合楼盖施工中的混凝土模板，其主要优点是：薄钢板经压折后，具有良好的结构受力性能，既可部分地或全部地起组合楼板中受拉钢筋作用，又可仅作为浇筑混凝土的永久性模板；特别是楼层较高又有钢梁，所采用的压型钢板模板楼板浇筑混凝土独立地进行，不影响钢结构施工，上下楼层间无制约关系；压型钢板模板不需满堂支撑，无支模和拆模的繁琐作业，施工进度显著加快。但是压型钢板模板本身的造价高于组合钢模板，消耗钢材较多。

9. 大模板

（1）大模板建筑体系

①全现浇的大模板建筑。这种建筑的内墙、外墙全部采用大模板现浇钢筋混凝土墙体，结构的整体性好，抗震性强，但施工时外墙模板支设复杂，高空作业工序较多，工期较长。

②现浇与预制相结合的大模板建筑。建筑的内墙采用大模板现浇钢筋混凝土墙体，外墙采用预制装配式大型墙板，即"内浇外挂"施工工艺。这种结构的整体性好，抗震性强，简化了施工工序，减少了高空作业和外墙板的装饰工程量，缩短工期。

（2）大模板的构造

大模板由面板、加劲肋、竖楞、支撑桁架、稳定机构和操作平台、穿墙螺栓等组成，是一种现浇钢筋混凝土墙体的大型工具式模板。

①面板。面板是直接与混凝土接触的部分，通常采用钢面板（用 3 ~ 5mm 厚的钢板制成）或胶合板面板（用 7 ~ 9 层胶合板）。面板要求板面平整，拼缝严密，具有足够的刚度。

②加劲肋。加劲肋的作用是固定面板，可做成水平肋或垂直肋。加劲肋把混凝土传给面板的侧压力传递到竖楞上去。加劲肋与金属面板焊接固定，与胶合板面板可用螺栓固定。肋的间距根据面板的大小、厚度及墙体厚度确定，一般为 300 ~ 500mm。

③竖楞。竖楞的作用是加强大模板的整体刚度，承受模板传来的混凝土侧压力和垂直力，并作为穿墙螺栓的支点。竖楞间距一般为 1.0 ~ 1.2m。

④支撑桁架与稳定机构。支撑桁架采用螺栓或焊接方式和竖楞连接在一起，其作用是承受风荷载等水平力，防止大模板倾覆。桁架上部可搭设操作平台。

稳定机构为在大模板两端的桁架底部伸出支腿上设置的可调整螺旋千斤顶。在模板使用阶段，用以调整模板的垂直度，并把作用力传递到地面或楼板上；在模板堆放时，用来调整模板的倾斜度，以保证模板的稳定。

⑤操作平台。操作平台是施工人员的操作场所，有两种做法：第一，将脚手板直接铺在支撑桁架的水平弦杆上形成操作平台，外侧设栏杆。这种操作平台工作面较小，但投资少，装拆方便。第二，在两道横墙之间的大模板的边框上用角钢连接成为搁栅，在其上满铺脚手板。这种操作平台的优点是施工安全，但是耗钢量大。

⑥穿墙螺栓。穿墙螺栓的作用是控制模板间距，承受新浇混凝土的侧压力，并能加强模板刚度。为了避免穿墙螺栓与混凝土黏结，在穿墙螺栓外边套一根硬塑料管或穿孔的混凝土垫块，其长度为墙体厚度。穿墙螺栓一般设置在大模板的上、中、下 3 个部位，上穿墙螺栓距模板顶部 250mm 左右，下穿墙螺栓距模板底部 200mm 左右。

（3）大模板平面组合方案

采用大模板浇筑混凝土墙体，模板尺寸不仅仅要和房间的开间、进深、层高相适应，而且模板规格要少，尽可能做到定型、统一。在施工中模板要便于组装和拆卸，保证墙面平整，减少修补工作量。大模板的平面组合方案有平模、小角模、大角模和筒形模方案等。

①平模方案。平模的尺寸与房间每面墙大小相适应，一个墙面采用一块模板。采用平模方案，纵横墙混凝土一般要分开浇筑，模板接缝均在纵横墙交接的阴角处，墙面平整，模板加工量少，通用性强，周转次数多，装拆方便。但由于纵横墙分开浇筑，施工缝多，施工组织较麻烦。

②小角模方案。一个房间的模板由4块平模和4根100×100×8角钢组成。100×100×8的角钢称为小角模。小角模方案在相邻的平模转角处设置角钢，使每个房间墙体的内模形成封闭的支撑体系。小角模方案，纵横墙混凝土可以同时浇筑，这样房屋整体性好，墙面平整，模板装拆方便，但是浇筑的混凝土墙面接缝多，阴角不够平整。

小角模有带合页式和不带合页式两种。

带合页式小角模：平模上带合页，角钢能自由转动和装拆。安装模板之时，角钢用偏心压杆固定，并用花篮螺栓调整。模板上设转动铁拐可将角模压住，使角模稳定。

不带合页式小角模：采用以平模压住小角模的方法，拆模时先拆平模，后拆小角模。

③大角模方案。大角模是由两块平模组成的L形大模板。在组成大角模的两块平模连接部分装置大合页，使一侧平模以另一侧平模为支点，以合页为轴可以转动。

大角模方案是在房屋四角设4个大角模，使之形成封闭体系。如房屋进深较大，四角采用大角模后，较长的墙体中间可配以小平模。采用大角模方案时，纵横墙混凝土可以同时浇筑，房屋整体性好。大角模拆装方便，并且可保证自身稳定。采用大角模墙体阴角方整，施工质量好，但模板接缝在墙体中部，影响墙体平整度。

大角模的装拆装置由斜撑及花篮螺栓组成。斜撑为两根叠合的90×9的角钢，组装模板时使斜撑角钢叠合成一直线。大角模的两平模呈90°，插上活动销子，将模板支好。拆模时，先拔掉活动销子，再收紧花篮螺栓，角模两侧的平模内收，模板与墙面脱离。

④筒形模。筒形模是将房间内各墙面的独立的大模板通过挂轴悬挂在钢架上，墙角用小角钢拼接起来形成一个整体。采用筒形模时，外墙面常采用大型预制墙板。筒形模方案模板稳定性好，可整间吊装，减少模板吊装次数，有整间大操作平台，施工条件较好，但模板自重大，且不如平模灵活。

三、模板施工

（一）结构模板的构造与安装

1. 基础模板

基础的特点是高度不大而体积袋大，基础校板一般利用地基成基（坑）进行支，如土质良好，基础的最下一级可不用模板，接原槽浇统。安装之时，要保证上下模板不发生相对位移，如为杯形基础，则还要在其中放入杯口模板。

2. 柱模板

柱的特点是画寸不大但比较高。柱模板的构造和安装主要考虑垂直度及抵抗新浇混凝土的侧压力同时也要便于浇筑混凝土、清理垃圾等。

木模板的柱模板构造与安装。木模板的柱模板由两块内拼板夹在两块外拼板之内组成。

采用组合钢模板的柱模板可在现场拼装,也可在场外预拼装。现场拼装时,先装最下圈,然后逐圈而上直至柱顶。钢模板拼装完经垂直度校正后,便可装设柱箍,并用水平及斜向拉杆(斜撑)保持模板的稳定。场外预拼装时,在场外设置一钢模板拼装平台,将柱模板按配置图预拼成四片,然后运至现场安装就位,用连接角模连接成整体,最终装上柱箍。

3. 梁模板

梁的特点是跨度大而宽度不大,梁底一般是架空的。梁模板的模板可采用木模板、定型组合钢模板等。

①木模板的梁模板构造与安装。梁模板一般由底模、侧模、夹木及支架系统组成。混凝土对梁侧模板有侧压力,对梁底模板有垂直压力,因此梁模板及其支架必须能承受这些荷载,而不致发生超过规范允许的过大变形。为承受垂直荷载,在梁底模板下每隔一定间距(800～1200mm)用顶撑(琵琶撑)顶住。顶撑可以用圆木、方木或钢管制成,底要加垫一对木楔块调整标高。

②定型组合钢模板的梁模板构造与安装。定型组合钢模板的梁模板也由三片模板组成,底模板及两侧模板用连接角模连接,梁侧模板顶部则用阴角模板与楼板模板相接。为了抵抗浇筑混凝土时的侧压力,并保持一定的梁宽,两侧模板之间应根据需要设置对拉螺栓。整个模板用支架支撑,支架应支设在垫板上,垫板厚5mm,长度至少要可以支撑3个支架,其下的地基必须平整坚实。

如梁的跨度等于或大于4m,应使梁模板起拱,以防止新浇混凝土的荷载使跨中模板下挠。如设计无规定,则木模板起拱高度宜为全跨长度的1.5/1000～3/1000,钢模板起拱高度宜为全跨长度的1/1000～3/1000。

4. 楼板模板

楼板的特点是面积厚度比较薄,侧向压力小。楼板模板及其支架系统主要承受钢筋、模板、混凝土的自重荷载及其施工荷载,必须保证模板不变形。

5. 楼梯模板

楼梯模板的构造与楼板校板的构造相似,不同点是楼梯模板要倾斜支设,且能形成踏步。

6. 墙模板

一般结构的墙模板由两片模板组成,每片模板由若干块平面模板拼成。这些平面模板可以竖拼也可以横拼，外面用竖横钢楞（木模板可用木楞）加固，并用斜撑保持稳定。

安装墙模板时，首先沿边线抹水泥砂浆做好安装墙模板的基底处理工作，然后按配板图由一端向另一端，由下向上逐层拼装。钢模板也可先拼装成整块后再安装。

墙的钢筋可以在模板安装前绑扎，也可在安装好一边的模板后再绑扎，最后安装另一边模板。

（二）模板的拆除

模板的拆除日期取决于混凝土的强度、各个模板的用途、结构的性质、混凝土硬化时的气温等。及时拆模可以提高模板的周转率，也可为其他工种施工创造条件；但是过早拆模，混凝土会因强度不足，或受到外力作用而变形甚至断裂，造成了重大质量事故。

1. 模板拆除时的强度

现浇整体式结构的模板拆除期限应按设计规定，如设计无规定时，应满足下列要求：

①侧模板，其混凝土强度应在其表面及棱角不致因拆模而受损坏时，方可拆除。

②承重模板应在混凝土强度达到规定的强度时，方可拆除。

当混凝土强度达到拆模强度后，应对已拆除侧模板的结构及其支承结构进行检查，确认混凝土无影响结构性能的缺陷，而结构又有足够的承载能力之后，可准拆除承重模板和支架。

2. 模板的拆除顺序和方法

模板的拆除顺序一般是：先支后拆，先拆除侧模板，后拆除底模板，重大复杂模板的拆除事先应制定拆模方案。对于肋形楼板的拆模，首先拆除柱模板，然后拆除楼板底模板、梁侧模板，最后拆除梁底模板。

第二节　钢筋工程施工

钢筋进场应按照现行规范要求进行外观检查和分批进行力学性能试验，入库的钢筋要合理贮存以防锈蚀，使用钢筋时要先识读工程图纸、计算钢筋下料长度、编制配筋表。

混凝土结构中常用的钢筋按直径大小分为钢丝、细钢筋、中粗钢筋和粗钢筋。

钢筋混凝土结构所用的钢筋按生产工艺分为：热轧钢筋、余热处理钢筋、冷轧钢筋、热处理钢筋、碳素钢丝、刻痕钢丝和钢绞线。热轧钢筋按力学性能分为：HPB235级钢筋（强度标准值235N/mm^2，抗拉强度设计值210N/mm^2），HRB335级钢筋（强度标准值335N/mm^2，抗拉强度设计值300N/mm^2），HRB400级钢筋（强度标准值400N/mm^2，抗拉强度设计值360N/mm^2），余热处理RRB400级钢筋（强度标准值400N/mm^2，抗拉强度设计值360N/mm^2）。热轧钢筋按轧制外形分为：单圆钢筋和变形钢筋（月牙形、螺旋形、人字形钢筋）。

一、钢筋验收贮存及配料

（一）钢筋验收与贮存

①钢筋的验收。钢筋进场应具有厂证明书或者试验报告单，每捆（盘）钢筋应具有出厂证明书或试验报告单，每捆（盘）钢筋应有标牌，同时应按有关标准和规定进行外观检查和分批进行力学性能试验。在使用钢筋时，如发现脆断、焊接性能不良或机械性能显著不正常等情况，则应进行钢筋化学成分检验。

钢筋的外观检查包括：表面不得有裂缝、小刺、劈裂、结疤、折叠、机械损伤、氧化铁皮和油迹，钢筋表面的凸块不允许超过螺纹的高度，钢筋的外形尺寸应符合有关规范的规定。热轧钢筋的机械性能检验以 60t 为一批。在每批钢筋中任意抽出两根钢筋，在每根钢筋上各切取一套（两个）试件。取一个试件做拉力试验，测定其屈服点、抗拉强度、伸长率；另一试件作冷弯试验，检查其冷弯性能。4 个指标中如有一项经试验不合格，则另取双倍数量的试件，对不合格的项目做第二次试验，例如仍有一个试件不合格，则该批钢筋判为不合格品，应重新分级。

②钢筋的贮存。钢筋进场后，必须严格按批分等级、牌号、直径、长度挂牌存放，不得混化。钢筋应尽量堆入仓库或料棚内，条件不具备时，应选择地势较高、土质坚硬的场地存放。堆放时，钢筋下部应垫高，离地至少 20cm 高，来防钢筋锈蚀，在堆场周围应挖排水沟，以利泄水。

（二）钢筋的配料计算

钢筋的配料是指识读工程图纸、计算钢筋下料长度和编制配筋表。

1. 钢筋下料长度

（1）钢筋长度

施工图（钢筋图）中所指的钢筋长度是钢筋外缘至外缘之间的长度，即外包尺寸。

（2）混凝土保护层厚度

混凝土保护层厚度是指受力钢外缘至混凝土表面的距离，其作用是保护钢筋在混凝土中不被锈蚀。混凝土的保护层厚度一般用水泥砂浆垫块或塑料卡整在钢筋与模板之间来控制。塑料卡的种类有塑料垫块和塑料环圈两种，塑料垫块用在水平构件，塑料环圈用于垂直构件。

（3）钢筋接头增加值

由于钢筋直条的供货长度一般为 6～10m，而有的钢筋混凝土结构的尺寸很大，因此需要对钢筋进行接长。

（4）钢筋弯折量度差

钢筋有弯曲时，在弯曲处的内侧发生收缩而外皮出现延伸，但中心线却保持原有尺寸。钢筋长度的度量方法系指外包尺寸，因此钢筋弯曲之后，存在一个量度差值，在计算下料长度时必须加以扣除。

不同弯折角度的量度差值可分别取近似值如下：

30° 弯折时，取 0.3d；45° 弯折时，取 0.5d；60° 弯折时，取 0.85d；90° 弯折时，取 2.0d；135° 弯折时，取 3.0d。

（5）弯钩增长值

弯钩形式最常用的有半弯钩、真弯钩和斜旁约。受力钢筋的弯钩和弯折应符合下列要求：

① HPB235 钢筋末端应做 180° 弯钩，其弯弧内直径不应该小于钢筋直径的 2.5 倍，弯钩的弯后平直部分长度不应小于钢筋直径的 3 倍；

②当设计要求钢筋末端需要做 135° 时，HRB35、HRB400 钢筋的弯弧内直径不应小于钢筋直径的 4 倍，弯钩的弯后平直部分长度应符合设计要求；

③钢筋做不大于 90° 的弯折时，弯折处的弯弧内直径不应小于钢筋直径的 5 倍；

④钢筋混凝土施工及验收规范规定，HPB235 钢筋末端应做 180° 弯钩，其弯弧内直径不应小于钢筋直径的 2.5 倍，弯钩的弯后平直部分长度不应小于钢筋直径的 3 倍；

（6）钢箍下料长度调整值

钢筋用 HPB235 光圆钢筋或冷拔低碳钢丝制作时，其末端需做弯钩，弯钩形式对有抗震要求和受扭的结构，应做 135° /135° 弯钩；无抗震要求的结构，可做 90° /90° 或 90° /180° 弯钩。箍筋下料长度可用外包尺寸或内包尺寸两种计算方法。为简化计算，一般将箍筋弯钩增长值和弯折量度差值并成一项箍筋调整值，计算时先按外包或内包尺寸计算出筋的周长，再加上筋调整值即为筋下料长度。

（7）钢筋下料长度的计算

直线钢筋下料长度 = 构件长度 – 保护层厚度 + 弯钩增长值

弯起钢筋下料长度 = 直段长度 + 斜段长度 – 弯折量度差值 + 弯钩增长值

箍筋下料长度 = 直段长度 + 弯钩增长值 – 弯折量度差值

2. 钢筋配料

钢筋配料是钢筋加工中的一项重要工作，合理地配料能让钢筋得到最大限度的利用，并使钢筋的出厂规格长度能够得以充分利用，或使库存的各种规格和长度的钢筋得以充分

（1）归整相同规格和材质的钢筋

下料长度计算完毕后，把相同规格和材质的钢筋进行归整和组合，同时根据现有钢筋的长度及事实采购到的钢筋的长度进行合理的组合加工。

（2）合理利用钢筋的接头位置

对有接头的配料，在满足构件接头的对焊或搭接长度接头错开的前提下，必须根据钢筋原材料的长度来考虑接头的布置。要充分考虑原材料被截下来的一段的合理使用，如果能够使一根钢筋正好分成几段下料长度的钢筋，则是最佳方案，但往往难以做到，所以在配料时，要尽量地使被截下的一段能够长一些，这样才可以不致使余料成为废料，使钢筋能得到充分利用。

（3）钢筋配料应注意的事项

配料计算时，要考虑钢筋的形状和尺寸在满足设计要求的前提下，有利于加工安装；配料时，要考虑施工需要的附加钢筋，如板双层钢筋中保证上层钢筋位置的撑脚、墩墙双层钢筋中固定钢筋间距的撑铁、柱钢筋骨架增加的四面斜撑等。

根据钢筋下料长度的计算结果，在选择配料后，汇总编制钢筋配单。在钢筋配料单中，必须反映出工程部位、构件名称、钢筋编号、钢筋简图及尺寸、钢筋直径、钢号、数量、下料长度、钢筋重量等。依据列入加工计划的配料单，给每一编号的钢筋制作一块料牌，作为钢筋加工的依据，并在安装中作为区别各工程部位、构件和各种编号钢筋的标志，钢筋配料单和料牌应严格校核，必须准确无误，以免返工浪费。

钢筋配料是根据构件的配筋图计算构件各钢筋的直线下料长度、根数及重量，然后编制钢筋配料单，作为钢筋备料加工的依据。

构件配筋图中注明的尺寸一般是钢筋外轮廓尺寸，即从钢筋外皮到外皮量得的尺寸，称为外包尺寸。在钢筋加工时，一般也按外包尺寸进行验收。钢筋加工前直线下料。如果下料长度按钢筋外包尺寸的总和来计算，则加工后的钢筋尺寸将大于设计要求的外包尺寸或者由于弯钩平直段太长而造成材料的浪费。这是由于钢筋弯曲时外皮伸长，内皮缩短，只有中轴线长度不变。按外包尺寸总和下料是不准确的，只有按钢筋轴线长度尺寸下料加工，才能使加工后的钢筋形状、尺寸符合设计要求。

钢筋的外包尺寸和轴线长度之间存在一个差值，称作"量度差值"。钢筋的直线段外包尺寸等于轴线长度，两者无量度差值；而钢筋弯曲段，外包尺寸大于轴线长度，两者间存在量度差值。因此，钢筋下料时，其下料长度应该为各段外包尺寸之和减去弯曲处的量度差值，再加上两端弯钩的增长值。

直钢筋下料长度 = 直构件长度 – 保护层厚度 + 弯钩增加长度

弯起钢筋下料长度 = 直段长度 + 斜段长度 – 弯折量度差值 + 弯钩增加长度

箍筋下料长度 = 直段长度 + 弯钩增加长度 – 弯折量度差值或箍筋下料长度

箍筋下料长度 = 箍筋周长 + 箍筋调整值

①钢筋中部弯曲处的量度差值。钢筋中部弯曲处的量度差值与钢筋弯心直径及弯曲角度有关。弯起钢筋中间部位弯折处的弯曲直径 D 不小于钢筋直径 d 的 5 倍。当弯折 $30°$，量度差值为 $0.306d$，取 $0.3d$；当弯折 $45°$，量度差值为 $0.543d$，取 $0.5d$；当弯折 $60°$，量度差值为 $0.90d$，取 $1d$；当弯折 $90°$，量度差值是 $2.29d$，取 $2d$；当弯折 $135°$，

量度差值为 3d。

②钢筋末端弯钩时下料长度的增长值。a.HPB235 级钢筋末端需要做 180° 弯钩。其圆弧弯曲直径不应小于钢筋直径 d 的 2.5 倍，平直部分长度不宜小于钢筋直径 d 的 3 倍（用于轻骨料混凝土结构时，其弯曲直径。不应小于钢筋直径 d 的 3.5 倍）。当弯曲直径 D = 2.5d 时，每一个 180° 弯钩，钢筋下料时应增加的长度（增长值）为 6.25d（包括量度差值）。b.钢箍弯钩增长值。当设计要求钢筋末端需作 135° 弯钩时，HRB335 级、HRB400 级钢筋的弯弧内直径不应小于钢筋直径的 4 倍，弯钩的弯后平直部分长度应符合设计要求；钢筋作不大于 90° 的弯折时，弯折处的弯弧内直径不应小于钢筋直径的 5 倍。

3. 钢筋代换

在施工中钢筋的级别、钢号和直径应按设计要求采用。如遇有钢筋级别、钢号和直径与设计要求不符而需要代换时，应该征得设计单位的同意办理设计变更文件，以确保满足原结构设计的要求，并遵守有关规定。

（1）钢筋代换原则

①等强度代换。构件配筋以强度控制时，按抗拉设计值相等的原则代换。

②等面积代换。构件配筋以最小配筋率控制时，应按等面积原则进行代换。

（2）钢筋代换的有关规定

①钢筋代换后，应满足规定的钢筋间距、锚固长度、最小钢筋直径、根数的要求。

②对重要受力构件如吊车梁、薄腹梁、屋架下弦等，不宜用 HPB235 级光面钢筋代换变形钢筋。

③梁的纵向受力钢筋与弯起钢筋应分别进行代换。

④当构件配筋受抗裂裂缝宽度或挠度控制时，钢筋代换后应进行抗裂裂缝宽度或挠度验算。

⑤有抗震要求的框架，不宜以强度等级较高的钢筋代替原设计中的钢筋。如必须代换时，其代换的钢筋检验所得的实际强度，尚应符合下列要求：a.钢筋的实际抗拉强度实测值与屈服强度实测值的比值不应小于 1.25；b.钢筋的屈服强度实测值和钢筋强度标准值的比值，当按一、二级抗震要求设计时，不应大于 1.30。

⑥预制构件吊环，必须采用未经冷拉的 HPB235 级热轧钢筋制作，严禁以其他钢筋代换。

⑦不同种类钢筋的代换，应按钢筋受拉承载力设计值相等的原则进行。

钢筋加工时，由于工地现有钢筋的受拉承载力设计不同，因此应在不影响使用条件的情况下进行代换。不同种类的钢筋代换，按抗拉设计值相等的原则进行代换；相同种类和级别的钢筋代换，按截面相等的原则进行代换，钢筋代换必须征工程监理的同意。

二、钢筋加工

钢筋的加工包括钢筋的调直、除锈、下料切断和弯曲成型等。

（一） 钢筋调直

钢筋在使用前必须经过调直，否则会影响钢筋受力，甚至会使混凝土提前产生裂缝，比如未调直而直接下料，会影响钢筋的长度，并影响后线工序的质量。

钢筋调直宜采用机械方法，也可以采用冷拉。对局部曲折、弯曲或成盘的钢筋在使用前应加以调直。钢筋调直方法很多，常用的方法是使用卷扬机拉直和用调直机调直。HPB235 级钢筋的冷拉率不宜大于 4%；HRB335 级、HRB400 级和 RRB400 级钢筋冷拉率不大于 1%。细钢筋及钢丝还可采用调直机调直；粗钢筋还可采用锤直或扳直的方法。

（二） 钢筋除锈

钢筋由于保管不善或存放时间过久，就会受潮生锈。在生锈初期，钢筋表面呈黄褐色，该黄褐色物质称为水锈或色锈，这种水锈在焊点附近必须清除外，一般可不处理，但是当钢筋锈蚀进一步发展，钢筋表面已形成一层锈皮，受锤击或碰撞可见其剥落时，这种铁锈不能很好地和混凝土粘结，影响钢筋和混凝土的握裹力，且在混凝土中继续发展，因此需要清除。

如钢筋经过冷拉或调直机调直，则在冷拉或调直过程中完成除锈工作；如未经冷拉或冷拔，调直后保管不善而锈蚀的钢筋，可采用电动除锈机除锈，也可喷砂除锈、酸洗除锈或手工除锈（用钢丝刷、砂盘）。钢筋下料切断可用钢筋切断机（适用于直径 40mm 以下的钢筋）及手动液压机（适用于直径 16mm 以下的钢筋）。钢筋应按计算的下料长度下料，力求准确（受力钢筋顺长度方向全长的净尺寸允许偏差为 ±10mm）。

（三） 钢筋切断

钢筋切断有人工剪断、机械切断，氧气切割等三类方法。直径达 40mm 的钢筋一般用氧气切割。

钢筋切断机用于切断钢筋原材料或已调直的钢筋，其主要类型有机械式、液压式和手持式钢筋切断机。机械式钢筋切断机有偏心轴立式、凸轮式与曲柄连杆式等。

（四） 钢筋弯曲成型

将已切断配好的钢筋弯曲成所规定的形状尺寸是钢筋加工的一道重要工序。钢筋弯曲成型要求加工的钢筋形状正确，平面上没有翘曲不平的现象，便于绑扎安装。

钢筋弯曲成型一般采用钢筋弯曲机及弯箍机等，也可采用手摇扳手弯制钢箍，用卡筋与扳头弯制粗钢筋。钢筋弯曲前应先划线，形状复杂的钢筋应根据钢筋加工牌上标明的尺寸将各弯点划出，根据钢筋外包尺寸，扣除弯曲调整值（即量度差值，从相邻两段长度中各扣一半），以保证弯曲成型后外包尺寸准确。钢筋弯曲成型后允许偏差为：全长 ±10mm。弯起钢筋弯折点位置允许偏差为：±20mm，箍筋内净尺寸允许偏差为：±5mm。

三、钢筋连接

钢筋的连接方法有焊接方法、绑扎连接、机械连接。

（一）钢筋焊接

钢筋的焊接接头，是节约钢材，提高钢筋混凝土结构和构件质量，加快工程进度的重要措施。

钢筋常用的焊接方法有钢筋对焊、电阻点焊、电弧焊、电渣压力焊、埋弧压力焊、气压焊等。

热轧钢筋的对接焊接，应采用钢筋对焊、电弧焊、电渣压力焊或气压焊；钢筋骨架和钢筋网片的交叉焊接应采用电阻点焊；钢筋和钢板的 T 型连接，宜采用埋弧压力焊或电弧焊。

1. 钢筋对焊

钢筋对焊应采用闪光对焊，具有成本低、质量好、功效高及适用范围广等特点。

钢筋对焊的原理是利用对焊机使两段钢筋接触，通过低电压的强电流，把电能转化为热能，当钢筋加热到接近熔点时，施加压力顶锻，使两根钢筋焊接在一起，形成对焊接头。闪光对焊广泛应用于热轧钢筋的接长及预应力钢筋和螺丝端杆的对接。冷拉钢筋采用闪光对焊接长时，对焊应在冷拉前进行。

2. 电阻点焊

钢筋骨架和钢筋网片的交叉钢筋焊接采用电阻点焊。焊接时将钢筋的交叉点放入点焊机两极之间，通电使钢筋加热到一定温度后，加压使焊点处钢筋互相压入一定的深度（压入深度为两钢筋中较细者直径的 1/4 ~ 2/5），将焊点焊牢。采用点焊代替绑扎，可以提高工效，便于运输。在钢筋骨架和钢筋网成型时优先采用电阻点焊。

点焊质量的检查包括外观检查和强度检验。外观抽样检查包括：检查焊点有无脱落、漏焊、气孔、裂缝、空洞及明显的烧伤现象，点焊制品尺寸误差及焊点压入深度应符合有关规定，焊点处应挤出饱满的熔化金属等。强度检验应抽样作剪力试验。对冷加工钢筋制成的点焊制品还应抽样做拉力试验，试验结果应该符合有关规定。

3. 电弧焊

电弧焊是利用电弧焊机使焊条和焊件之间产生高温电弧，熔化焊条和高温电弧范围内的焊件金属，熔化的金属凝固后形成焊接接头。电弧焊广泛应用于钢筋的接长、钢筋骨架的焊接、装配式结构钢筋接头焊接及钢筋与钢板、钢板与钢板的焊接等。

电弧焊的主要设备为弧焊机，分为直流弧焊机和交流弧焊机两类。工地多采用交流弧焊机（焊接变压器）。焊接时，先将焊件和焊条分别与焊机的两极相连，将焊条端部与焊件轻轻接触，随即提起 2 ~ 4mm，引燃电弧，以熔化金属。

钢筋电弧焊接头主要有 3 种形式：搭接焊、帮条焊和坡口焊。

（1）搭接焊

搭接接头钢筋应先预弯，来保证两根钢筋的轴线在一条直线上。

（2）帮条焊

主筋端面间的间隙为 2 ~ 5mm，帮条宜采用与主筋同级别、同直径的钢筋制作。如帮条级别与主筋相同时，帮条的直径可以比主筋直径小一个规格；如帮条直径与主筋相同时，帮条钢筋的级别可比主筋低一个级别。

（3）坡口焊

坡口接头多用于在施工现场焊接装配式结构接头处钢筋。坡口焊分成平焊和立焊。施焊前先将钢筋端部制成坡口。

钢筋坡口平焊采用 V 形坡口，坡口夹角为 60°，两根钢筋间的空隙为 3 ~ 5mm，下垫钢板，然后施焊。钢筋坡口立焊采用 40° ~ 55° 坡口。

装配式结构接头钢筋坡口焊施焊时，应由两名焊工对称施焊，合理选择施焊顺序，以防止或减少由于施焊而引起的结构变形。

4. 电渣压力焊

电渣压力焊是利用电流通过渣池产生的电阻热将钢筋端部熔化，然后施加压力使钢筋焊接。

这种方法多用于现浇钢筋混凝土结构竖向钢筋的接长，比电弧焊工效高、成本低，易于掌握。电渣压力焊可用手动电渣压力焊机或自动压力焊机。手动电渣压力焊机由焊接变压器、夹具及控制箱等组成。

施焊前先将钢筋端部 120mm 范围内的铁锈、杂质刷净，把钢筋安装于夹具钳口内夹紧，在两根钢筋接头处放一铁丝小球（钢筋端面较平整而焊机功率又较小时）或导电剂（钢筋直径较大时），然后在焊剂盒内装满焊剂。施焊时，接通电源使小球（或导电剂）、钢筋端部及焊剂相继熔化，形成渣池。维持数秒后，用操纵压杆使钢筋缓缓下降，熔化量达到规定数值（用标尺控制）后，切断电路，用力迅速顶压，挤出金属熔渣和熔化金属，形成焊接接头，待冷却 1 ~ 3min 后，打开焊剂盒，卸下了夹具。

5. 埋弧压力焊

埋弧压力焊是利用埋在焊接接头处的焊剂下的高温电弧，熔化两焊件焊接接头处的金属，然后加压顶锻形成焊接接头。埋弧压力焊用于钢筋与钢板丁字形接头的焊接。这种焊接方法工艺简单，比电弧焊工效高、质量好。

6. 气压焊

钢筋气压焊是采用氧–乙炔火焰对钢筋接缝处进行加热，使钢筋端部加热达到高温状态，并施加足够的轴向压力而形成牢固的对焊接头。钢筋气压焊接方法具有设备简单、焊接质量好、效果高，并且不需要大功率电源等优点。

钢筋气压焊可用于直径 40mm 以下的 HPB235 和 HRB335 级热轧钢筋的纵向连接。当两钢筋直径不同时，其直径之差不得大于 7mm，钢筋气压焊设备主要有氧–乙炔供气设备、加热器、加压器及钢筋卡具等。

施焊前钢筋要用砂轮锯下料并用磨光机打磨，边棱要适当倒角，端面要平，端面基本上要与轴线垂直。端面附近 50～100mm 范围内的铁锈、油污等必须清除干净，然后用卡具将两根被连接的钢筋对正夹紧。

（二） 钢筋绑扎连接

基面清理完毕或施工缝处理完毕养护一定时间，且混凝土强度达到 2.5MPa 后，即进行钢筋的安装作业。钢筋的安设方法有两种：一种是将钢筋骨架在加工厂制好再运到现场安装，称为整装法；一种是将加工好的散钢筋运到现场，之后再逐根安装，称为散装法。

1. 钢筋的绑扎顺序

钢筋的绑扎顺序：划线→摆筋→穿箍→绑扎→安装垫块等。划线时应注意间距、数量，标明加密箍筋位置。板类摆筋顺序一般先排主筋后排负筋；梁类一般先排纵筋。排放有焊接接头和绑扎接头的钢筋应符合规范规定。有变截面的箍筋，应事先将箍筋排列清楚，然后安装纵向钢筋。

①熟悉施工图纸。通过熟悉图纸，一方面校核钢筋加工中是否有遗漏或误差；另一方面也可以检查图纸中是否存在与实际情况不符的地方，以便及时改正。

②核对钢筋加工配料单和料牌。在熟悉施工图纸的过程中，应核对钢筋加工配料单和料牌，并检查已加工成型的成品的规格、形状、数量、间距是否和图纸一致。

③确定安装顺序。钢筋绑扎与安装的主要工作内容包括放样画线、排筋绑扎、垫撑铁和保护层垫块、检查校正及固定预埋件等，为保证工程顺利进行，在熟悉图纸的基础上，要考虑钢筋绑扎安装顺序。板类构件排筋顺序一般先排受力钢筋后排分布钢筋；梁类构件般先摆纵筋（摆放有焊接接头和绑扎接头的钢筋应符合规定），再排筋，最后固定。

④做好料、机具的准备。钢筋绑扎与安装的主要材料、机具包括钢筋钩、吊线垂球、木水平尺、长钢尺、钢卷尺、扎丝、垫保护层用的砂浆垫块或塑料卡、撬杆、绑扎架等。对于结构较大或形状较复杂的构件，为了固定钢筋还需一些钢筋支架、钢筋支撑。扎丝一般采用 18～22 号铁丝或镀锌铁丝，扎丝长度一般以钢筋钩拧 2～3 圈之后，铁丝出头长度为 20cm 左右。

⑤放线。放线要从中心点开始向两边量距放点，定出纵向钢筋的位置，水平筋的放

线可以放在纵向钢筋或模板上。

2. 钢筋绑扎注意事项

钢筋的接长钢筋骨架或者钢筋网的成型应优先采用焊接或机械连接，如不能采用焊接（如缺乏电机或电机功率不够）或骨架过大过重不便于运安装时，可采用绑扎的方法，绑扎钢筋一般采用 20～22 号铁丝，铁丝过硬时可经退火处理。绑扎时应注意钢筋位置是否准确，绑扎是否牢固，搭接长度及绑扎点位置是否符合规范要求。板和墙的钢筋网除靠近外围两行钢筋的相交点全部扎牢固外，中间部分的相交点可相隔交错扎牢，但必须保证受力钢筋不移动。双向受力的钢筋须全部扎牢，梁和挂的箍筋，除设计有特殊要求外，应与受力钢筋垂直设置。箍筋弯钩叠合处，应沿受力钢筋方向错开设置：柱中的竖向钢筋搭接时，角部钢筋的弯钩应与模板成 45°（多边形柱为模板内角的平分角，圆形柱应和模板切线垂直）；弯钩与模板的角度最小不得小于 15°。

当受力钢筋采用机械连接接头或焊接接头时，设置在同一构件内的接头宜相互错开。同一构件中相邻纵向受力钢筋的绑扎搭接接头宜相互错开。钢筋搭接处，应在中心和两端用铁丝扎牢。在要拉区域内，HPH235 级钢筋绑扎接头的末端应做弯钩。绑扎搭接接头中钢筋的横向净距不小于钢筋直径且不应小于 25mm；钢绑扎搭接接头中钢筋的横向间距不应小于钢筋直径，且不应小于 25mm；钢筋绑扎搭接接头连接区段的长度为 1.3L（L为搭接长度），凡搭接接头中点位于该连接区段长度内的搭接接头均属于同一连接区段。同一连接区段内，纵向钢筋搭接接头面积百分率为该区段内有搭接接头的纵向受力钢筋截面面积和全部纵向受力钢筋截面面积的比值：同一连接区段内，纵向受拉铜筋搭接接头面积百分率应符合规范要求。

3. 钢筋绑扎操作方法

钢筋的绑扎应顺直均匀、位置正确。钢筋绑扎的操作方法有一面顺扣法、十字花扣法、反十字扣法、兜扣法、缠扣法、兜扣加法、套扣法等，较常用的是一面顺扣法。一面法的操作步骤是：首先将已切断的扎丝在中间折合成 180° 弯，然后将扎丝清理整齐。绑扎时，执在左手的扎丝应靠近钢筋绑扎点的底部，右手拿住钢筋钩，食指压在钩前部，用钩端钩住扎丝底扣处，并紧靠扎丝开口端，绕扎丝拧转两圈套半，在绑扎时扎丝扣伸出，钢底部要短，并用钩尖将铁丝扣紧。为使绑扎后的钢筋骨架不变形，每个绑扎点按扎丝扣方向要求交替变换 90°，钢筋加工的形状、尺寸、钢筋安置位置应符合设计要求，其偏差应该符合规定。

（三）钢筋机械连接

钢筋机械连接有挤压连接、锥螺纹连接和直螺纹连接。

1. 挤压连接

钢筋挤压连接是把两根待接钢筋的端头先插入一个优质钢套筒内，然后用挤压连接设备沿径向或轴向挤压钢套筒，使之产生塑性变形，依靠变形之后的钢套筒与被连接钢筋纵、横肋产生的机械咬合作用实现钢筋的连接。

挤压连接的优点是接头强度高、体量稳定可靠、安全、无明火且不受气候影响、适应性强，可用于垂直、水平、倾斜、高空、水下等的钢筋连接，还特别适用于不可焊钢筋、进口钢筋的连接，近年来推广应用迅速。挤压连接的主要缺点是设备移动不便，连速度较慢。

挤压连接分径向挤压连接和轴向挤压连接。径向挤压连接是采用挤压机和压模，沿套筒直径方向，从套筒中间依次向两端挤压套筒，把插在套筒里的两根钢筋紧固成一体，形成机械接头。它适用地震区和非地震区的钢筋混凝土结构的钢筋连接施工。轴向挤压连接是采用挤压和压模，沿钢筋轴线冷挤压金属套筒，把插入金属套筒里的两根待连接热轧钢筋紧固一体，形成机械接头。它适用按一、二级抗震设防的地震区和非地震区的钢筋混凝土结构工程的钢筋连接施工。

挤压连接的主要设备有超高压泵、半挤压机、挤压机、压模、画线尺、量规等。

2. 锥螺纹连接

锥螺纹连接是将所连钢筋的对接端头在钢筋套丝机上加工成与套筒匹配的锥螺纹，然后将带锥形内丝的套筒用扭力扳手按一定力矩值把两根钢筋连接起来，通过钢筋与套筒内丝扣的机械咬合达到连接的目的。

3. 直螺纹连接

直螺纹连接是近年来开发的一种新接入方式，它先把钢端部镦粗，然后再削直螺纹，最后用套筒实行钢筋对接。由于镦粗段钢筋切削后的净截面仍大于钢筋原截面，即螺纹不削弱钢筋截面，从而确保接头强度大于母材强度。直螺纹不存在扭紧力矩对接头性能的影响，从而提高了连接的可靠性，也加快了施工速度，直螺纹接头比套筒挤压接头省钢70%，比锥螺纹接头省钢35%，技术经济效果显著。

四、钢筋安装及质量检验

（一）钢筋安装前的检查

钢筋工程属于隐蔽工程，在浇筑混凝土前应对钢筋及预埋件进行检查验收，检查的内容：

①根据设计图纸检查钢筋的钢号、直径、形状、尺寸、根数、间距和锚固长度是否正确，特别要注意检查负筋的位置。

②检查钢筋接头的位置以及搭接长度、接头数量是否符合规定；检查混凝土保护层是否符合要求。

③检查钢筋绑扎是否牢固，有无松动变形现象。

④钢筋表面不允许有油渍漆污和颗粒状铁锈。

⑤安装钢筋时的允许偏差是否在规定范围内。

检查完毕，在浇筑混凝土前进行验收并做好隐蔽工程记录。

（二）钢筋安装质量检验

在同一检验批内，对梁、柱和独立基础，应抽查构件数量的 10%，并且不少于 3 件；对墙和板，应按有代表性的自然间抽查 10%，且不少于 3 间；对大空间结构，墙可按相邻轴线间高度 5m 左右划分检查面，板可按纵、横轴线划分检查面，抽查 10%，且均不少于 3 面。

第三节　混凝土工程

混凝土工程分为现浇混凝土工程和预制混凝土工程，是钢筋混凝土工程的 3 个重要组成部分之一。混凝土工程质量好坏是保证了混凝土能否达到设计强度等级的关键，将直接影响钢筋混凝土结构的强度和耐久性。

混凝土工程施工工艺过程包括：混凝土的配料、拌制、运输、浇筑、振捣、养护等。

一、混凝土的配料

（一）混凝土试配强度

混凝土配合比的选择，是根据工程要求、组成材料的质量、施工方法等因素，通过试验室计算及试配后确定的。所确定的试验配合比应使拌制出的混凝土能保证达到结构设计中所要求的强度等级，并符合施工中对和易性的要求，同时还要合理地使用材料，节约水泥。

施工中按设计的混凝土强度等级的要求，正确确定混凝土配制强度，以保证混凝土工程质量。考虑到现场实际施工条件的差异和变化，所以，混凝土的试配强度应比设计的混凝土强度标准值提高一个数值。

（二）混凝土的施工配合比换算

混凝土的配合比是在实验室根据初步计算的配合比经过试配和调整而确定的，称为实验室配合比。确定实验室配合比所用的骨料——砂、石都是干燥的。施工现场使用的砂、石都具有一定的含水率，含水率大小随季节、气候不断变化。如果不考虑现场砂、石含水率，还按实验室配合比投料，其结果是改变了实际砂石用量和用水量，而造成各种原材料用量的实际比例不符合原来的配合比的要求。为了保证混凝土工程质量，保证按配合比投料，在施工时要按砂、石实际含水率对原配合比进行修正。

二、混凝土的拌制

（一）混凝土搅拌机

1. 搅拌机分类

混凝土搅拌机按其搅拌机理分为自落式搅拌机与强制式搅拌机两类。

自落式搅拌机搅拌筒内壁装有叶片，搅拌筒旋转，叶片将物料提升一定的高度后自由下落，各物料颗粒分散拌和，拌和成均匀的混合物。这种搅拌机体现的是重力拌和原理。自落式混凝土搅拌机按其搅拌筒的形状不同分为鼓筒式、锥形反转出料式和双锥形倾翻出料式 3 种类型。自落式搅拌机适用于搅拌流动性较大的混凝土（坍落度不小于30mm），锥形反转出料式和双锥形倾翻出料式搅料机既可以搅拌流动性较大的混凝土，也适于搅拌低流动性混凝土。

强制式搅拌机一般筒身固定，其轴上装有叶片，通过叶片强制搅拌装在搅拌筒中的物料，使物料沿环向、径向和竖向运动，拌和成均匀的混合物。这种搅拌机体现的是剪切拌和原理。强制式搅拌机按其构造特征分为立轴式和卧轴式两类。

强制式搅拌机和自落式搅拌机相比，搅拌作用强烈，搅拌时间短，适于搅拌低流动性混凝土、干硬性混凝土和轻骨料混凝土。

2. 搅拌机的工艺参数

搅拌机每次（盘）可搅拌出的混凝土体积称为搅拌机的出料容量。每次可装入干料的体积称为进料容量。搅拌筒内部体积称为搅拌机的几何容量。为让搅拌筒内装料后仍有足够的搅拌空间，一般进料容量与几何容量的比值为 0.22 ~ 0.50，称为搅拌筒的利用系数。出料容量与进料容量的比值称为出料系数，通常为 0.60 ~ 0.7。在计算出料量时，可取出料系数 0.65。

（二）混凝土搅拌

1. 加料顺序

按原材料加入搅拌筒内的投料顺序的不同，普通混凝土的搅拌方法可分为一次投料法、二次投料法和水泥裹砂法。

搅拌时加料顺序普遍采用一次投料法，将砂、石、水泥和水一起加入搅拌筒内进行搅拌。搅拌混凝土前，先在料斗中装入石子（砂），再装水泥及砂（石子），这样可使水泥夹在石子和砂中间，有效地避免上料时所发生的水泥飞扬现象，同时也可使水泥及砂子不至黏住斗底。料斗将砂、石、水泥倾入搅拌机的同时加水搅拌。

二次投料法又分为预拌水泥砂浆法和预拌水泥净浆法。预拌水泥砂浆法是先将水泥、砂和水加入搅筒内进行充分搅拌，成为均匀的水混凝浆之后再加入石子搅拌成均匀的混凝土。国内一般是用强制式搅拌机拌制水泥砂浆约 1 ~ 1.5min，然后再加入石子搅拌约 1 ~ 1.5min。国内外的试验表明，二次投料法搅拌的混凝土和一次投料法相比较，混凝土的强度可提高15%，在强度相同的情况下，可节约水混15%～20%。

水泥裹砂法又称SEC法，采用这种方法拌制的混凝土称为SEC混凝土或造壳混土，该法的搅拌程序是先加一定量的水使砂表面的含水量调到某一规定的数值后（一般为15%～25%）再加入石子并与湿砂拌匀，然后将全部水泥投入与砂石共同搅拌使水泥在砂石表面形成一层低水灰比的水泥浆壳，最后将剩余的水和外加剂加入搅拌成混凝土。采用SEC法制备的混凝土与一次投料法相比较，强度可提高20%～30%，混凝土不易产生离析和泌水现象，工作性好。从原材料全部投入到料筒至开始卸料截止，所经历的时间称为混凝土的搅拌时间，满足要求的混凝土所需的最低限度的搅拌时间称为最短搅拌时间，最短搅拌时间随搅拌机的类型与容量、骨料的品种、粒径及对混凝土的工作性要求等因素的不同而异。

2. 搅拌时间

从砂、石、水泥和水等全部材料装入搅拌筒至开始卸料止，所经历的时间称为混凝土的搅拌时间。为获得混合均匀强度和工作性能都能满足要求的混凝土所需的最低限度的搅拌时间称为最短搅拌时间。混凝土搅拌时间是影响混凝土的质量和搅拌机生产率的一个主要因素。如果搅拌时间短，混凝土搅拌得不均匀，将直接影响混凝土的强度；而搅拌时间过长，混凝土的匀质性并不能显著增加，相反会使混凝土和易性降低且影响混凝土搅拌机的生产率。混凝土搅拌的最短时间与搅拌机的类型和容量、骨料的品种、对混凝土流动性的要求等因素有关。

混凝土拌和物的搅拌质量应经常检查，颜色应该均匀一致，无明显的砂粒、砂团及水泥团，石子完全被砂浆包裹，说明其搅拌质量较好。

每班作业后应对搅拌机进行全面清洗，并在搅拌筒内放入清水及石子运转10～15min后放出，再用竹扫帚洗刷外壁。搅拌筒内不得有积水，以免筒壁及叶片生锈，如遇冰冻季节应放尽水箱及水泵中的存水，以防冻裂。

每天工作完毕后，搅拌机料斗应放至最低位置不准悬于半空。电源必须切断，锁好电闸箱，保证各机构处于空位。

3. 一次投料量

施工配合比换算是以 $1m^3$ 混凝土为计算单位的，搅拌之时要根据搅拌机的出料容量（即一次可搅拌出的混凝土量）来确定一次投料量。

三、混凝土的运输

混凝土的运输是整个混凝土施工中的一个重要环节，对工程质量和施工进度影响较大。由于混凝土料拌和后不能久存，而且在运输过程当中对外界的影响敏感，因此运输方法不当或疏忽大意都会降低混凝土质量，甚至造成废品。

混凝土料在运输过程中应满足如下要求：运输设备不吸水、不漏浆，运输过程中不发生混凝土拌合物分离、严重泌水及坍落度过多降低；同时运输两种以上强度等级的混凝土时，在运输设备上设置标志，以免混淆；尽量缩短运输时间并减少转运次数。运输时间不得超过规定。因故停歇过久，混凝土产生初凝时，应做废料处理。在任何情况下，严禁中途加水后运入仓内；运输道路基本平坦，避免拌和物振动离析分层；混凝土运输工具及浇筑地点必要时应有遮盖或保温设施，以避免因日晒、雨淋、水冻而影响混凝土的质量；混凝土拌和物自由下落高度以不大于2m为宜，超过此界限时应采用缓降措施。

混凝土由拌制地点运至浇筑地点的运输分为水平运输（地面水平运输和楼面水平运输）和垂直运输。

常用的水平运输设备有手推车、机动翻斗车、混凝土搅拌运输车、自卸汽车等；施工现场拌制的混凝土，运距较小的场内运输宜采用手推车或机动翻斗车，从集中搅拌站或者商品混凝土工厂运至施工现场，宜采用搅拌运输车或自卸汽车。

常用的垂直运输设备有龙门架、井架、塔式起重机、混凝土泵等。

龙门架、井架运输适用于一般多层建筑施工。龙门架装有升降平台手推车可以直接推到升降平台上，由龙门架完成垂直运输，手推车完成混凝土运输设备的地面水平运输和楼面水平运输；井架装有升降平台或混凝土自动倾斜料斗（翻斗），采用翻斗时，混凝土倾卸在翻斗内，垂直输送至楼面；塔式起重机作为混凝土的垂直运输工具一般均配有料斗，料斗容积一般为 0.4m³，上部开口装料，下部安装扇形手动阀门，可直接把混凝土卸入模板中，当工地搅拌站设在塔式起重机工作半径范围内时，塔式起重机可以完成地面垂直及楼面运输而不需要二次倒运。

混凝土运输设备的选择应根据建筑物的结构特点、运输的距离、运输量、地形及道路条件、现有设备情况等因素综合考虑确定。

1. 对混凝土运输的要求

①混凝土在运输过程中不产生分层、离析现象。如有离析现象，必须在浇筑前进行二次搅拌。运至浇筑地点后，应具有符合浇筑时所规定的坍落度。

②混凝土应以最少的转运次数，最短的时间，从搅拌地点运至浇筑地点。保证混凝土从搅拌机中卸出后到浇筑完毕的延续时间不超过规定。

③运输工作应保证混凝土的浇筑工作连续进行。a.掺用外加剂或采用快硬水泥拌制混凝土时，应按试验确定。b.轻骨料混凝土的运输、浇筑延续时间应适当缩短。

④运送混凝土的容器应严密、不漏浆，容器的内壁应平整光洁、不吸水。黏附的混凝土残渣应及时清除。

2. 混凝土泵

混凝土泵运输又称泵送混凝土，是利用混凝土泵的压力将混凝土通过管道输送到浇筑地点，一次完成水平运输和垂直运输。混凝土泵运输具有输送能力大（最大水平输送距离可 800m，最大垂直输送高度可达 300m）、效率高、连续作业、节省人力等优点，是施工现场运输混凝土的较先进的方法，之后必将得到广泛的应用。

（1）泵送混凝土设备

泵送混凝土设备有混凝土泵、输送管和布料装置。

①混凝土泵。混凝土泵按作用原理分为液压活塞式、挤压式与气压式 3 种。

液压活塞式混凝土泵，是利用活塞的往复运动，将混凝土吸入和压出。将搅拌好的混凝土装入泵的料斗内，此时排出端片阀关闭，吸入端片阀开启，在液压作用下，活塞向液压缸体方向移动，混凝土在自重及真空吸力作用下，进入混凝土管内。然后活塞向混凝土缸体方向移动，吸入端片阀关闭，压出端片阀开启，混凝土被压入管道中，输送至浇筑地点。单缸混凝土泵出料是脉冲式的，所以一般混凝土泵都有并列两套缸体，交替出料，使出料稳定。

将混凝土泵装在汽车底盘上，组成混凝土泵车，混凝土泵车转移方便、灵活，适用于中小型工地施工。

挤压式混凝土泵是利用泵室内的滚轮挤压装有混凝土的软管，软管受局部挤压使混凝土向前推移。泵室内保持高度真空，软管受挤压后扩张，管内形成负压，将料斗中混凝土不断吸入，滚轮不断挤压软管，使混凝土不断排出，如此连续运转。

气压式混凝土泵是以压缩空气为动力使混凝土沿管道输送至浇筑地点。其设备由空气压缩机、贮气罐、混凝土泵（亦称混凝土浇筑机或混凝土压送器）、输送管道、出料器等组成。

②混凝土输送管。混凝土输送管有直管、弯管、锥形管和浇注软管等。直管、弯管的管径以 100mm，125mm 和 150mm 三种为主，直管标准长度以 4.0m 为主，另有 3.0m，2.0m，1.0m，0.5m 等 4 种管长作为调整布管长度用，弯管的角度有 15°，30°，45°，60°，90° 等 5 种，以适应管道改变方向的需要。

锥形管长度一般为 1.0m，用于两种不同管径输送管的连接。直管、弯管、锥形管用合金钢制成，浇筑软管用橡胶与螺旋形弹性金属制成。软管接在管道出口处，在不移动钢干管的情况下，可扩大布料范围。

③布料装置。混凝土泵连续输送的混凝土量很大，为使输送的混凝土直接浇筑到模板内，应设置具有输送和布料两种功能的布料装置（称为布料杆）。

布料装置应根据工地的实际情况和条件来选择，可将移动式布料装置放在楼面上使用，其臂架可回转 360°，可将混凝土输送到其工作范围内的浇筑地点。此外，还可将布料杆装在塔式起重机上；也可将混凝土泵与布料杆装在汽车底盘上，组成布料杆泵车，用于基础工程或多层建筑混凝土浇筑。

（2）泵送混凝土的原材料和配合比

混凝土在输送管内输送时应尽量减少与管壁间的摩阻力，使混凝土流通顺利，不产生离析现象。选择泵送混凝土的原料和配合比应满足泵送的要求。

①粗骨料。粗骨料宜优先选用卵石，当水灰比相同时，卵石混凝土比碎石混凝土流动性好，与管道的摩阻力小。为减小混凝土与输送管道内壁的摩阻力，应限制粗骨

料最大内径与输送管内径的比值。一般粗骨料为碎石时，d ≤ D/3；粗骨料为卵石时，d ≤ D/2.5。

②细骨料。骨料颗粒级配对混凝土的流动性有很大影响。为提高混凝土的流动性和防止离析，泵送混凝土中通过 0.315mm 筛孔的砂应不小于 15%，含砂率宜控制在 40% ~ 50%。

③水泥。水泥用量过少，混凝土易产生离析现象。泵送混凝土最小水泥用量为 $300kg/m^3$。

④混凝土的坍落度，混凝土的流动性大小是影响混凝土与输送管内壁摩阻力大小的主要因素。泵送混凝土的坍落度宜为 80 ~ 180mm。

⑤外加剂。为了提高混凝土的流动性，减小混凝土和输送管内壁摩阻力，防止混凝土离析，宜掺入适量的外加剂。

（3）泵送混凝土施工的有关规定

泵送混凝土施工时，除事先拟定施工方案，选择泵送设备，做好施工准备工作外，在施工中应遵守如下规定：

①混凝土的供应必须保证混凝土泵能连续工作。

②输送管线的布置应尽量直，转弯宜少且缓，管和管接头严密。

③泵送前应先用适量的与混凝土内成分相同的水泥浆或水泥砂浆润滑输送管内壁。

④预计泵送间歇时间超过 45min 或混凝土出现离析现象时，应立即用压力水或其他方法冲管内残留的混凝土。

⑤泵送混凝土时，泵的受料斗内应经常有足够的混凝土，以防止吸入空气形成阻塞。

⑥输送混凝土时，应先输送远处混凝土，让管道随混凝土浇筑工作的逐步完成，逐步拆管。

⑦泵送结束后，要及时清洗泵体和管道。

四、混凝土的浇筑与振捣

（一）浇筑前的准备工作

①模板和支架、钢筋和预埋件应进行检查并做好记录，符合设计要求后方能浇筑混凝土。模板应检查其尺寸、位置（轴线及标高）、垂直度是否正确，支撑系统是否牢固，模板接缝是否严密。浇筑混凝土前，模板内的垃圾、泥土应清除干净。木模板应浇水湿润，但不应有积水。钢筋应检查其种类、规格、位置和接头是否正确，钢筋上的油污是否清除干净，预埋件的位置和数量是否正确，检查完毕后做好隐蔽工程记录。

②在地基上浇筑混凝土，应清除淤泥和杂物，并有排水和防水措施；对干燥的非黏性土，应用水湿润；对未风化的岩石，应用水清洗，但其表面不得留有积水。

③准备和检查材料、机具及运输道路，注意天气预报，不应该在雨雪天气浇筑混凝土。

④做好施工组织工作和安全、技术交底。

（二）混凝土浇筑

混凝土成型就是将混凝土拌合料浇筑在符合设计尺寸要求的模板内，加以捣实，使其具有良好的密实性，达到设计强度的要求。混凝土成型过程包括浇筑与振捣，它是混凝土工程施工的关键，将直接影响构件的质量和结构的整体性。因此，混凝土经浇筑捣实后应内实外光、尺寸准确、表面平整，钢筋及预埋件位置符合设计要求，新旧混凝土结合良好。

1. 浇筑工作的一般要求

为确保混凝土工程质量，混凝土浇筑工作必须遵守下列规定：

①混凝土应在初凝前浇筑，如混凝土在浇筑前有离析现象，须重新拌和后才能浇筑。

②浇筑时，素混凝土或少筋混凝土由料斗进行浇筑时，混凝土的自由倾落高度应超过 2m；对于竖向结构（如柱、墙）浇筑混土的高度不过 3m；对于配筋较密或不便捣实的结构，不宜超过 60cm，否则应采用串筒、溜槽和振动串筒下料，以防产生离析。

③浇筑竖向结构混凝土前，底部应先该浇入 50～100mm 厚与混凝土成分相同的水泥砂浆，以避免产生蜂窝麻面现象。

④混凝土浇筑时的坍落度应符合设计要求。

⑤为了使混凝土振捣密实，必须分层浇筑混凝土。

⑥为保证混凝土的整体性，浇筑工作应连续进行。当由于技术上或施工组织上的原因必须间歇时，其间歇时间应尽可能缩短，并应在前层混凝土凝结之前，将次层混凝土浇筑完毕。间歇的最长时间应按所用水泥品种及混凝土条件确定。

⑦正确留置施工缝。施工缝位置应在混凝土浇筑前确定，并宜留置在结构受剪力较小且便于施工的部位。柱应留水平缝，梁、板、墙应留垂直缝。

⑧在混凝土浇筑过程中，应随时注意模板及其支架、钢筋、预埋件及预留孔洞的情况，当出现不正常的变形、位移时，应及时采取措施，以保证混凝土的施工质量。

⑨在混凝土浇筑过程中应及时、认真地填写施工记录。

2. 混凝土的自由下落高度

浇筑混凝土时为避免发生离析现象，混凝土自高处倾落的自由高度（称自由下落高度）不应超过 2m。自由下落高度较大时，应使用溜槽或串筒，以防混凝土产生离析。溜槽一般用木板制作，表面包铁皮，使用时其水平倾角不宜超过 30°，串筒用薄钢板制成，每节筒长 700mm 左右，用钩环连接，筒内设有缓冲挡板。

3. 混凝土分层浇筑

为了使混凝土能够振捣密实，浇筑时应分层浇灌、振捣，并在下层混凝土初凝之前，将上层混凝土浇灌并振捣完毕。如果在下层混凝土已初凝以后，再浇筑上面一层混凝土，在振捣上层混凝土时，下层混凝土由于受振动，已凝结的混凝土结构就会遭到破坏。混凝土分层浇筑时每层的厚度应符合规定。

4. 竖向结构混凝土浇筑

竖向结构（墙、柱等）浇筑混凝土前，底部应该先填 50～100mm 厚与混凝土内砂浆成分相同的水泥砂浆。浇筑时不得发生离析现象。当浇筑高度超过 3m 时，应采用串筒、溜槽或振动串筒下落。

5. 梁和板混凝土的浇筑

在一般情况下，梁和板的混凝土应同时浇筑。较大尺寸的梁（梁的高度大于 1m）、拱和类似的结构，可单独浇筑。

在浇筑与柱和墙连成整体的梁和板时，应该在柱和墙浇筑完毕后停歇 1～1.5h，使其获得初步沉实后，再继续浇筑梁和板。

6. 施工缝

浇筑混凝土应连续进行，如必须间歇，间歇时间应尽量缩短。间歇的最长时间应按所用水泥品种及混凝土凝结条件确定。混凝土在浇筑过程中的最大间歇时间，不得超过规定。

由于技术上或组织上的原因，不能将混凝土结构一次连续筑完毕，而必须停歇较长的时间，如中间间歇时间超过了规定的混凝土运输和浇筑所允许的延续时间，这时由于先浇筑的混凝土已经凝结，继续浇筑时，后浇筑的混凝土的振捣将破坏先浇筑的混凝土的凝结。在这种情况下应留置施工缝（新旧混凝土接槎处称为施工缝）。

①施工缝的留设位置。施工缝设置的原则是一般宜留在结构受力（剪力）较小且便于施工的部位。柱子的施工缝宜留在基础与柱子交接处的水平面上或梁的下面、吊车梁牛腿的下面、吊车梁的上面、无梁楼盖柱帽的下面。高度大于 1m 的钢筋混凝土梁的水平施工缝应留在楼板底面下 20～30mm 处；对有主次梁的楼板结构，宜顺着次梁方向浇筑，施工缝应留在次梁跨度的中间 1/3 范围内。

②施工缝的处理。施工缝处继续浇筑混凝土时，应待混凝土的抗压强度不小于 1.2MPa 后方可进行；施工缝浇筑混凝土之前，应除去施工缝表面的水泥薄膜、松动石子和软弱的混凝土层，处理方法有风砂枪喷毛、高压水冲毛、风镐凿毛或人工凿毛，并加以充分湿润和彻底清洗，不得有积水；浇筑时，施工缝处宜先铺水泥（水泥：水 1∶0.4 或与混凝土成分相同的水泥砂浆一层，厚度为 30～50mm），来保证接缝的质量；浇筑过程中，施工缝细致捣实，使其紧密结合。

7. 其他注意事项

①浇筑混凝土时，应经常观察模板、支架、钢筋、预埋件和预留孔洞的情况。当发现有变形、移位时，应立即停止浇筑，并应在已浇筑的混凝土凝结前修整完好。

②在浇筑混凝土时，应填写施工记录。

（三）混凝土的振捣

振捣，捣是振动捣实的简称，它是保证混凝土浇筑质量的关工序，振的目的是尽可能减少混凝土中的空隙，清除混凝土内部的孔洞，并使混凝土与模板、钢筋及埋件紧密结合，从而保证混凝土的最大密实度，提高了混凝土质量。

当结构钢筋较密，振捣器难于施工或混凝土内有预埋件、观测设备，周围混凝土振捣力不宜过大时采用人工振捣。人工振捣要求混凝土拌和物坍落度大于 5cm，铺料层厚度小于 20cm。人工振捣工具有捣固锤、捣固杆和捣固铲。捣固锤主要用来捣固混凝土的表面；携固铲用于插边，使砂浆与模板靠紧，防止表面出现麻面；捣固杆用于钢筋稠密的混凝土中，用以使钢筋被水泥砂浆包裹，增加混凝土与钢筋之间的握裹力。人工振捣工效低，混凝土质量不易保证。

混凝土浇灌到模板中后，由于骨料间的摩阻力和水泥浆的黏结作用，不能自动充满模板，内部还存在很多孔隙，不能达到要求的密实度。而混凝土的密实性直接影响其强度和耐久性。因此在混凝土浇灌到模板内后，必须进行捣实，使之具有设计要求的结构形状、尺寸和设计的强度等级。

混凝土捣实的方法有人工捣实和机械振捣，施工现场主要用机械振动法。

1.混凝土机械振捣原理

混凝土振捣主要采用振捣器进行，振捣器产生小振幅、高频率的振动，使混凝土在其振动的作用下，内摩擦力和黏结力大大降低，使干稠的混凝土获得了流动性，在重力的作用下骨料互相滑动而紧密排列，空隙由砂浆所填满，空气被排出，从而使混凝土密实，并填满模板内部空间，且与钢筋紧密结合。

混凝土振捣机械振动时，将具有一定频率和振幅的振动力传给混凝土，使混凝土发生强迫振动，新浇筑的混凝土在振动力作用下，颗粒之间的黏着力和摩阻力大大减小，流动性增加。振捣时，粗骨料在重力作用下下沉，水泥浆均匀分布填充骨料空隙，气泡逸出，孔隙减少，游离水分被挤压上升，使原来松散堆积的混凝土充满模型，提高密实度。振动停止后，混凝土重新恢复其凝聚状态，逐渐凝结硬化。机械振捣要比人工振捣效果好，混凝土密实度提高，水灰比可以减小。

2.混凝土振捣设备

混凝土振捣机械按其传递振动的方式分为内部振动器、表面振动器、附着式振动器和振动台。在施工工地主要使用内部振动器和表面振动器。

内部振动器又称为插入式振动器（振动棒），多用于振捣现浇基础、柱、梁、墙等结构构件和厚大体积设备基础的混凝土捣实，采用插入式振动器捣实混凝土时，振动棒宜垂直插入混凝土中，为使上下层混凝土结合成整体，振动棒应插入下层混凝土 50mm。振动器移动间距不宜大于作用半径的 1.5 倍；振动器距离模板，不应大于振动器作用半径的 1/20 此外，应避免碰撞钢筋、模板、芯管、吊环或预埋件。

表面振动器又称平板式振动器，是将振动器安装在底板之上，振捣时将振动器放在浇筑好的混凝土结构表面，振动力通过底板传给混凝土。使用时振动器底板与混凝土接触，每一位置振捣到混凝土不再下沉，表面返出水泥浆时为止，再移动到下一个位置。平板振动器的移动间距，应能保证振动器的底板覆盖已振实部分的边缘。

一般工程均采用电动振捣器，电动插入式振捣器又分为串激式振器、软轴振捣器和硬轴振捣器三种。插入式振捣器使用较多。

混凝土振捣在平仓之后立即进行，此时混凝土流动性好，振捣容易，捣实质量好。在选用振捣器时，对于素混凝土或钢筋稀疏的部位，宜用大直径的振捣棒；对于坍落度小的干硬性混凝土，宜选用高频和振幅较大的振捣器。振捣作业路线保持一致，并按顺序依次进行，以防漏振。振捣棒尽可能垂直地插入混凝土之中，如振捣棒较长或把手位置较高，垂直插入感到操作不便时，也可略带倾斜，但与水平面夹角不宜小于 45°，且每次倾斜方向应保持一致，否则下部混凝土将会发生漏震。这时作用轴线应平行，如不平行也会出现漏震。

振捣棒应快插、慢拔。插入过慢，上部混凝土就会阻止下部混凝土中的空气和多余的水分向上逸出；按得过快，周围混凝土来不及填铺振捣棒留下的孔洞，将在每一层混凝土的上半部留下只有砂浆而无骨料的浆柱，影响混凝土的强度。为使上下层混凝土振捣密实均匀，可将振捣棒上下抽动，抽动幅度为 510cm。振捣棒的插入深度，在振捣第一层混凝土时，以振捣器头部不碰到基岩或老混凝土面，但相距不超过 5cm 为宜；振捣上层混凝土时，则应插入下层混凝土 5cm 左右，使上下两层结合良好。在斜坡上浇筑混凝土时，振捣棒仍应垂直插入，并且应先振低处，再振高处，否则在振捣低处的混凝土时，已经捣实的高处混凝土会自行向下流动，致使密实性受到破坏。软轴振捣棒插入深度为棒长的 3/4，过深软轴和振捣棒结合处容易损坏。

（四）大体积混凝土的浇筑

大体积混凝土是指厚度大于或等于 1.5m，长宽较大，施工时水化热引起混凝土内的最高温度与外界温度之差不低于 25° 的混凝土结构，如大型设备基础、桩基承台或基础底板，体积大，整体性要求高，一般要求连续浇筑，不留施工缝。如必须留设备施工缝时，应征得设计部门同意并应符合规范的有关规定。在施工时应该分层浇筑振捣，并应考虑水化热对混凝土工程质量的影响。

1. 混凝土浇筑方案

大体积混凝土浇筑时，为保证结构的整体性和施工的连续性，采用分层浇筑时，应保证在下层混凝土初凝前将上层混凝土浇筑完毕，一般有 3 种浇筑方案。

（1）全面分层

在整个模板内，将结构分成若干个厚度相等的浇筑层，浇筑区的面积即为基础平面面积。浇筑混凝土时从短边开始，沿长边方向进行浇筑，要求在逐层浇筑过程中，第二层混凝土要在第一层混凝土初凝前浇筑完毕，为此要求每层浇筑都要有一定的速度（称浇筑强度）。

（2）分段分层

当采用全面分层方案时，浇筑强度很大，现场混凝土搅拌机、运输和振捣设备均不能满足施工要求时，可采用分段分层方案。浇筑混凝土时，结构沿长边方向分成若干段，浇筑工作从底层开始，当第一层混凝土浇筑一段长度后，便回头浇筑第二层，当第二层浇筑一段长度后，回头浇筑第三层，如此向前呈阶梯形推进，分段分层方案适于结构厚度不大而面积或长度较大时采用。

（3）斜面分层

采用斜面分层方案时，混凝土一次浇筑到顶，混凝土自然流淌而形成斜面。混凝土振捣工作从浇筑层下端开始逐渐上移。斜面分层方案多用于长度较大的结构。

2.水化热对厚大体积混凝土浇筑质量的影响

厚大体积混凝土浇筑完毕后，由于水泥水化作用所放出的热量而使混凝土内部温度逐渐升高。与一般结构相比较，厚大体积混凝土内部水化热不易散出，结构表面与内部温度不一致，外层混凝土热量很快散发，而内部混凝土热量散发较慢，内外温度不同，产生温度应力，在混凝土中产生拉应力。若拉应力超过混凝土的抗拉强度时，混凝土表层将产生裂缝，影响混凝土的浇筑质量。在施工中为避免厚大体积混凝土由于温度应力作用而产生裂缝，可采取以下技术措施：

①优先选用低水化热的矿渣水泥拌制混凝土，并且适当使用缓凝减水剂。

②在保证混凝土设计强度等级前提下,掺加粉煤灰,适当降低水灰比,减少水泥用量。

③降低混凝土的入模温度，控制混凝土内外的温差（当设计无要求时，控制在25℃以内）。采取的措施有降低拌和水温度（拌和水中加冰屑或者用地下水），骨料用水冲洗降温，避免暴晒等。

④及时对混凝土覆盖保温、保湿材料。

⑤可预埋冷却水管，通过循环将混凝土内部热量带出，进行人工导热。

五、混凝土的养护

混凝土的凝结硬化是水泥水化作用的结果，而水泥的水化作用只有在适当的温度和湿度条件下才能顺利进行。混凝土的养护，就是创造一个具有适宜的温度和湿度的环境，使混凝土凝结硬化，逐渐达到设计要求的强度。混凝土表面水分不断蒸发，如果不设法减少水分损失,水化作用不能充分进行,混凝土的强度将受到影响,还可能产生干缩裂缝。因此混凝土养护的主要目的，一是创造有利条件，使水泥充分水化，加速混凝土的硬化；二是防止混凝土成型后因暴晒、风吹、干燥等自然因素的影响，出现不正常的收缩、裂缝等现象。

混凝土的养护方法很多，最常用的是对混凝土试块的标准条件下的养护，对预制构件的蒸汽养护，对于一般现浇钢筋混凝土结构的自然养护等。

（一）自然养护

自然养护是在常温下（平均气温不低于 25℃）用适当的材料（如草帘）覆盖混凝土，并适当浇水，使混凝土在规定的时间内保持足够的湿润状态，混凝土的自然养护应符合下列规定：

①在混凝土浇筑完毕后，应在 12h 以内加以覆盖和浇水。

②混凝土的浇水养护日期：硅酸盐水泥、普通硅酸盐水泥和矿渣硅酸盐水泥拌制的混凝土，不得少于 7d；掺用缓凝型外加剂或有抗渗性要求的混凝土，不得少于 14d。

③浇水次数应能保持混凝土具有足够的润湿状态为准。养护初期，水泥水化作用进行较快，需水也较多，浇水次数要多；气温高时，也应增加浇水次数。

④养护用水的水质与拌制用水相同。

（二）蒸汽养护

蒸汽养护是将构件放在充有饱和蒸汽或者蒸汽空气混合物的养护室内，在较高的温度和相对湿度的环境中进行养护，以加快混凝土的硬化。

蒸汽养护制度包括：养护阶段的划分，静停时间，升、降温速度，恒温养护温度与时间，养护室相对湿度等。

常压蒸汽养护过程分为 4 个阶段：静停阶段，升温阶段，恒温阶段及降温阶段。

①静停阶段构件在浇灌成型后先在常温下放一段时间，称为静停。静停时间一般为 2 ~ 6h，以防止构件表面产生裂缝和疏松现象。

②升温阶段构件由常温升到养护温度的过程。升温温度不应过快，以免由于构件表面和内部产生过大温差而出现裂缝。升温速度为：薄型构件不超过 25℃ /h，其他构件不超过 20℃ /h，用干硬性混凝土制作的构件，不得超过 40℃ /h。

③恒温阶段温度保持不变的持续养护时间。恒温养护阶段应保持 90% ~ 100% 的相对湿度，恒温养护温度不得大于 95℃。恒温养护时间一般为 3 ~ 8h。

④降温阶段是恒温养护结束后，构件由养护最高温度降至常温的散热降温过程。降温速度不得超过 10℃ /h，构件出池后，其表面温度与外界温差不得大于 20℃。

对大面积结构可采用蓄水养护和塑料薄膜养护。大面积结构如地坪、楼板可采用蓄水养护。贮水池一类结构，可在拆除内模板，混凝土达到一定强度之后注水养护。

塑料薄膜养护是将塑料溶液喷涂在已凝结的混凝土表面上，挥发后，形成一层薄膜，使混凝土表面与空气隔绝，混凝土中的水分不再蒸发，内部保持湿润状态。这种方法多用于大面积混凝土工程，例如路面、地坪、机场跑道和楼板等。

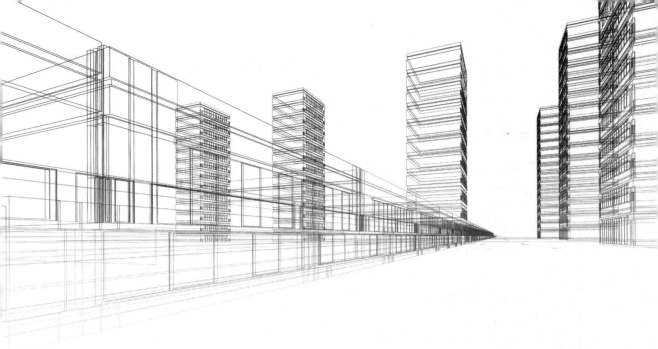

第五章　建筑地基基础及地下室工程施工管理

第一节　地基基础的处理控制

一、减少建筑地基不均匀沉降的基本措施

　　建筑物地基是直接承受构造体上部荷载的地层。地基应具有优异的稳定性，在荷载作用时沉降均匀，使建筑物沉降平稳一致。如果地基土质分布不均匀，处理措施不当，就会产生不均匀沉降，将会影响到建筑物的正常安全使用，轻者上部墙身开裂、房屋倾斜，重则建筑物倒塌，危及生命，并造成财产损失。

　　引起地基出现不均匀沉降的主要原因如下。一是地质勘察报告的准确性差，真实性不高，其勘察点不按规定布置，例如钎探中布孔不准确或孔深不到位；也有的抄袭相邻建筑物的资料。这些问题都容易造成设计人员的分析、判断和设计出现错误，使建筑物可能产生不均匀沉降，甚至发生结构破坏。二是设计方面存在问题，建筑物长度超长、体型复杂且凸凹转角较多，未能在适当部位设置沉降缝，基础及房屋整体性刚度不足等，都会引起建筑物产生过大的不均匀沉降。三是施工方面可能存在问题，没有按程序要求对基槽进行验收，基础施工前或施工中就扰动了地基土。在已建成的建筑物周围堆放大量的土或建筑材料、砌筑质量不满足要求等原因，都会造成建筑物在建成后出现不均匀沉降。结合大量工程实践及总结，对减少建筑物地基不均匀沉降提出了以下有针对性的方法与措施。

（一）对建筑应采取的措施

①确保勘察报告的真实可靠。地质勘察报告是设计人员对基础设计的主要设计依据，不能有半点虚假，为此必须提高地质勘察人员的业务水平、政治素养和职业道德，并加强责任感，使其结合实际情况，按规定进行勘察，这样才能使勘察报告具有真实性和可靠性。

②房屋建筑体型力求简单。在软弱地基土上建造的房屋，其平面应力求简单，避免凹凸转角，因为其主要部位基础交叉，使应力集中，如果结构复杂，则易产生较大沉降量。

③在平面的转角部位、高度或荷载差异较大处、地基土的压缩性有明显差异的部位，房屋长高比过大时，在建筑体的适当部位均设置沉降缝。沉降缝应从基础至屋面将房屋垂直断开，并有一定的宽度，以预防不均匀沉降引起墙体的碰撞。

④保持相邻建筑物基础间的净距离。在已有房屋旁新增建筑物时，或相邻建筑物的高度差异、荷载差异较大时，需要留置一定宽的间隔距离，以避免相互基础压力叠加而形成附加沉降量。

⑤控制好建筑物的标高。各个建筑单元、地下管线、工业设备等的原有标高，会伴随着地基的不断下沉而变化。因此，可预先采取一定措施给以提高，即根据预先设想的沉降量，提高室内地面和地下设施的标高。

（二）对结构应采取的措施

①加强上部构造的刚度。当上部构造的刚度很大时，可以改善基础的不均匀沉降。即便基础有一些不大的沉降，也不会产生过大的裂缝；相反，当上部构造的整体刚度较弱时，即便基础有些沉降量不大，上部结构也会产生裂缝。因此，在建筑物的设计构造中，加强其整体刚度是重要环节。

②减少基底附加应力。减少基底附加应力可以减少地基的沉降与不均匀沉降量，减轻房屋的自身重量可以减轻基底压力，是预防和减轻地基不均匀沉降的有效措施之一。在具体应用中，可以使用轻质材料（如常用的多孔砖或其他轻质墙体材料），选择轻质结构（如预应力钢筋混凝土结构、轻钢结构及各种轻型空间结构），选择自重较轻、覆土较少的基础形式，如浅埋的宽基础、有地下室或半地下室的基础、室内地面架空地坪等形式。此外，可以采取较大的基础底面积，减少基底附加压力，以减少沉降量。

③加强基础的刚度。要加强基础平面的整体刚度，设置必要的条形基础予以拉结，在地基土质变化或荷载变化处加设钢筋混凝土地梁。根据地基以及建筑物荷载的实际情况，可以选择钢筋混凝土加肋条形基础、柱下条形基础、筏形基础、箱形基础、柱形基础等结构形式。这些类型的结构形式整体刚度大，能扩大基底支承面，并可协调不均匀沉降。

④地基基础的设计要控制变形值。必须进行基础最终沉降量和偏心距的重复计算，基础最终沉降量应当控制在规定的限值以内。当天然地基不能满足房屋的沉降变形控制要求时，必须采取技术措施，例如打预制钢筋混凝土短柱等。

（三）施工中应采取的措施

①在施工过程中如果发现地基土质过硬或过软，同勘察资料不一致，或者出现空洞、枯井、暗渠情况，应本着使建筑物各部位沉降尽量趋于一致，来减少地基不均匀沉降的规定进行局部处置。

在基础开挖时不要扰动地基土，习惯做法是在基底要保留200mm左右的原状土不动，待垫层施工时，再由人工挖除。假若坑底土被扰动过，将扰动土全挖掉，用戈壁土重新回填夯实。要重视打桩、井点降水及深基坑开挖对附近建筑物基础的影响。

②当建筑物设计有高、低和轻、重不同部分时，要先施工高、重部分，使得有一定的沉降稳定后，再施工低、轻部分，或者先施工房屋的主体部分，再施工附属房屋，这样也可以减轻一部分沉降差。同时，在已建成的小、轻型建筑物周围，不宜堆放大量的土石方和建筑材料，以免由于地面堆压引起建筑物的附加压力而加大沉降。

③由于地基分布具有复杂性，勘探点布置具有有限性，因而应该特别重视地基的验槽工作，尽可能地在基础施工前，发现并根治地基土可能产生的不均匀沉降的质量隐患，以弥补在工程勘察工作中存在的不足。

④在工业与民用建筑中，要准确掌握建筑物的下沉情况，并及时发现对建筑物可能产生损害的沉降现象，以便采取有效措施，保证了房屋能安全使用，同时也为今后合理设计基础提供有效资料。因此，在建筑物施工过程和使用过程中，进行沉降观察是必不可少的。

从总体工程而言，一般地基基础费用占工程总造价的20% ~ 25%，对于高层建筑或需要对地基进行处置时，则基础费用会达到30%左右。地基一旦出现质量事故，带给建筑物的影响较大，其加强修补工作要比上部结构困难得多，甚至无法实施。如果能在设计、材料选择及施工方面引起足够重视，从实际出发采取有效措施，就可以完全有效地预防和控制基础不均匀沉降的产生，确保建筑工程的质量安全，给居民提供安全、可靠的居住环境。

二、建筑软弱地基的处理方法

工程中，通常把埋入土层一定深度的建筑物下部承重结构称为基础。建筑物荷载通过基础传递至土层，使土层产生附加应力和变形，由于土粒间的接触与传递，向四周土中扩散并逐渐减弱。我们把土层中附加应力与变形所不能忽略的那部分土层或岩层，称为地基。基础是建筑物和地基之间的连接体。基础把建筑物竖向体系传来的荷载传给地基。从平面上可见，竖向结构体系将荷载集中于点或分布成线形，但作为最终支承机构的地基，提供的是一种分布的承载能力。地基具有一定的深度与范围，埋置基础的土层称为持力层；在地基范围内持力层以下的土层称为下卧层，强度低于持力层的下卧层称为软弱下卧层。基底下的附加应力较大，基础应该埋置在良好的持力基层上。

基础是建筑物的重要组成部分，地基与基础处理不当，将影响到建筑物的正常使用功能与安全，轻则上部结构开裂、倾斜；重则建筑物倒塌，危及生命与财产安全。

（一）常见不良地基土及其特点

良好的地基一般具有较高的承载力与较低的压缩性，易于承重，能够满足工程上的要求。如果地基承载力不足，就可以判定为软弱地基。软弱地基是指由软土（淤泥及淤泥质土）、冲填土、杂填土、松散砂土及其他具有高压缩性的土层构成的地基，这些地基的共同特点是模量低、承载力小。软弱地基的工程性质较差，须采取措施对软弱地基进行处理，提高其承载能力。

1. 软黏土

软黏土也称软土，是软弱黏性土的简称。它形成于第四纪晚期，属于海相、泻湖相、河谷相、湖沼相、溺谷相、三角洲相等的黏性沉积物或河流冲积物，多分布于沿海、河流中下游或湖泊附近地区。常见的软弱黏性土由淤泥和淤泥质土组成。软土的物理力学性质包括如下几个方面。

①物理性质：黏粒含量较多，塑性指数通常大于 17，属黏性土。软黏土多呈深灰、暗绿色，有臭味，含有机质，含水量较高，一般大于 40%，而淤泥也有大于 80% 的情况。孔隙比一般为 1.0 ~ 2.0，其中孔隙比为 1.0 ~ 1.5 时称为淤泥质黏土，孔隙比大于 1.5 时称为淤泥。由于其具有高黏粒含量、高含水量、大孔隙比的特点，因而其力学性质也就呈现与之对应的特点，即低强度、高压缩性、低渗透性、高灵敏度。

②力学性质：软黏土的强度极低，不排水强度通常仅为 5 ~ 30kPA，表现为承载力基本值很低，一般不超过 70kPA，有的甚至只有 20kPA。软黏土尤其是淤泥灵敏度较高，这也是区别于一般黏土的重要指标。软黏土的压缩性很大。通常情况下，软黏土层属于正常固结土或超微固结土，但有些土层特别是新近沉积的土层有可能属于欠固结土。渗透系数很小是软黏土的又一重要特点，渗透系数小则固结速率就很低，有效应力增长缓慢，从而沉降稳定慢，地基强度增长也十分缓慢。这一特点是严重制约地基处理方法和处理效果的重要因素。

③工程特性：软黏土地基承载力低，强度增长缓慢；加荷后易变形且不均匀；变形速率大且稳定时间长；具有渗透性小、触变性及流变性大的特点，常用的地基处理方法有预压法、置换法、搅拌法等。

2. 杂填土

杂填土主要出现在一些老的居民区与工矿区内，是人们的生活和生产活动所遗留或堆放的垃圾土。这些垃圾土一般分为 3 类：建筑垃圾土、生活垃圾土和工业生产垃圾土。不同类型的垃圾土、不同时间堆放的垃圾土很难用统一的强度指标、压缩指标、渗透性指标加以描述。由于杂填土的主要特点是无规划堆积、成分复杂、性质各异、厚薄不均、规律性差，因而同一场地表现为压缩性和强度的明显差异，极易造成不均匀沉降，通常都需要进行地基处理。

3. 冲填土

冲填土是人为的用水力冲填方式而沉积的土层，近年来多用于沿海滩涂开发及河漫滩造地。西北地区常见的水坠坝（也称充填坝）即是冲填土堆筑的坝。冲填土形成的地基可视为天然地基的一种，它的工程性质主要取决于冲填土的性质。冲填土地基一般具有如下重要特点。

①颗粒沉积分选性明显，在入泥口的附近，粗颗粒较先沉积，远离入泥口处，所沉积的颗粒变细；同时，在深度方向上存在明显的层理。

②冲填土的含水量较高，一般大于液限，呈流动状态。停止冲填后，表面自然蒸发后常呈龟裂状，含水量明显降低，但当排水条件较差时，下部冲填土仍呈流动状态，冲填土颗粒越细，这种现象越明显。

③冲填土地基早期强度很低、压缩性较高，这是因为冲填土处于欠固结状态。冲填土地基随静置时间的增长逐渐达到正常固结状态。其工程性质取决于颗粒组成、均匀性、排水固结条件及冲填后的静置时间。

4. 饱和松散砂土

粉砂或细砂地基在静荷载作用下常具有较高的强度。但是当振动荷载（地震、机械振动等）作用时，饱和松散砂土地基则有可能产生液化或大量震陷变形，甚至丧失承载力。这是因为土颗粒松散排列并在外部动力作用下使颗粒的位置产生错位，以达到新的平衡，瞬间产生较高的超静孔隙水压力，有效应力迅速降低。对这种地基进行处理的目的就是使它变得较为密实，消除在动荷载作用下产生液化的可能性，常用的处理方法有挤出法、振冲法等。

5. 湿陷性黄土

在上覆土层自重应力作用下，或者在自重应力和附加应力共同作用之下，因浸水后土的结构破坏而发生显著附加变形的土，称为湿陷性土，属于特殊土。有些杂填土也具有湿陷性。广泛分布于我国东北、西北、华中和华东部分地区的黄土多具湿陷性（这里所说的黄土泛指黄土和黄土状土。湿陷性黄土又分为自重湿陷性黄土与非自重湿陷性黄土，也有的老黄土不具湿陷性）。在湿陷性黄土地基上进行工程建设时，必须考虑由于地基湿陷引起的附加沉降对工程可能造成的危害，选择适宜的地基处理方法，避免或消除地基的湿陷或因少量湿陷所造成的危害。

6. 膨胀土

膨胀土的矿物成分主要是蒙脱石，它具有很强的亲水性，吸水时体积膨胀，失水时体积收缩。这种胀缩变形往往很大，极易对建筑物造成损坏。膨胀土在我国的分布范围很广，如广西、云南、河南、湖北、四川、陕西、安徽、江苏等地均有不同范围的分布。膨胀土是特殊土的一种，常用的地基处理方法有换土，土性改良、预浸水及防止地基土含水量变化等工程措施。

7. 含有机质土和泥炭土

当土中含有不同的有机质时，将形成不同的有机质土，在有机质超过一定含量时，就形成泥炭土，它具有不同的工程特性。有机质的含量越高，对土质的影响越大，主要表现为强度低、压缩性大，并且对不同工程材料的掺入有不同影响等，直接会对工程建设或地基处理构成不利的影响。

8. 山区地基土

山区地基土的地质条件较为复杂，主要表现在地基的不均匀性和场地的不稳定性两个方面。由于自然环境和地基土的生成条件影响，场地中可能存在大孤石，场地环境也可能存在滑坡、泥石流、边坡崩塌等不良地质现象。它们会给建筑物造成直接或潜在的威胁。在山区地基建造建筑物时要特别注意场地环境因素及不良地质现象，必要时对地基进行处理。

9. 岩溶（喀斯特）

在岩溶地区常存在溶洞或土洞、溶沟、溶隙、洼地等。地下水的冲蚀或潜蚀使其形成和发展，它们对建筑物的影响很大，易于出现地基不均匀变形、崩塌和陷落，因此，在修建建筑物前，必须对基地进行必要的处理。

（二）软弱地基的处理方法

软弱地基未经人工加固处理是不能在上面修筑基础和建筑物的，处理后的地基称为人工地基。地基处理的目的就是针对在软弱地基上修筑建造物可能出现的问题，采取各种手段来提高地基土的抗剪强度，增大地基承载力，改善土的压缩特性，从而达到满足工程建设的需要。由于软弱地基的复杂性和多样性，到目前为止，已形成了许多种不同的地基处理方法，按照其原理的不同，可分为下列几种：置换法、预压法、压实与夯实法、挤密法、拌和法、加筋法、灌浆法等。

1. 置换法

置换法包括以下几种。

①换填法：将表层不良地基土挖除，然后回填有较好压密特性的土进行压实或夯实，形成良好的持力层，从而改变地基的承载力特性，提高抗变形和稳定能力。施工要点：将要转换的土层挖尽，注意坑边稳定；保证填料的质量；填料应分层夯实。

②振冲置换法：利用专门的振冲机具，在高压水射流下边振边冲，在地基中成孔，再在孔中分批填入碎石或卵石等粗粒料形成桩体。该桩体与原地基土组成复合地基，达到提高地基承载力，减小压缩性的目的。施工要点：碎石桩的承载力和沉降量很大程度取决于原地基土对其的侧向约束作用，该约束作用越弱，碎石桩的作用效果越差，所以该方法用于强度很低的软黏土地基时，必须慎重行事。

③夯（挤）置换法：利用沉管或夯锤的办法将管（锤）置入土中，使土体向侧边挤开，并在管内（或夯坑）放入碎石或砂等填料。该桩体与原地基土组成复合地基，由于

挤、夯使土体侧向挤压，地面隆起，土体超静孔隙水压力提高，当超静孔隙水压力消散后，土体强度也有相应的提高。施工要点：当填料为透水性好的砂及碎石料时，是良好的竖向排水通道。

2. 预压法

预压法包括以下几种。

①堆载预压法：在施工建筑物前，用临时堆载（砂石料、土料、其他建筑材料、货物等）的方法对地基施加荷载，给予一定的预压期，让地基预先压缩完成大部分沉降并使地基承载力得到提高；卸除荷载后再建造建筑物。

施工要点：预压荷载一般宜取等于或大于设计荷载；大面积堆载可采用自卸汽车与推土机联合作业，对超软土地基的第一级堆载用轻型机械或进行人工作业；堆载的顶面宽度应小于建筑物的底面宽度，底面应适当放大；作用于地基上的荷载不得超过地基的极限荷载。

②真空预压法：在软黏土地基表面铺设砂垫层，用土工薄膜覆盖且周围密封。用真空泵对砂垫层抽气，使薄膜下的地基形成负压。随着地基中气和水的抽出，地基土得到固结。为了加速固结，也可采用打砂井或插塑料排水板的方法，即在铺设砂垫层和土工薄膜前打砂井或插排水板，达到缩短排水距离的目的。

施工要点：先设置竖向排水系统，水平分布的滤管埋设应采用条形或鱼刺形，砂垫层上的密封膜采用 2 或 3 层的聚氯乙烯薄膜，按先后顺序同时铺设。面积大时宜分区预压；做好真空度、地面沉降量、深层沉降、水平位移等观测；预压结束之后，应清除砂槽和腐殖土层，并应注意对周边环境的影响。

③降水法：降低地下水位可减少地基的孔隙水压力，并增加上覆土自重应力，使有效应力增加，从而使地基得到预压。这实际上是通过降低地下水位，靠地基土自重来实现预压目的的。

施工要点：一般采用轻型井点、喷射井点或深井井点；当土层为饱和黏土、粉土、淤泥和淤泥质黏性土时，此时宜辅以电极相结合。

④电渗法：在地基中插入金属电极并通以直流电，在直流电场作用下，土中水将从阳极流向阴极形成电渗。不让水在阳极补充而从阴极的井点用真空抽水，这样就使地下水位降低、土中含水量减少，从而使地基得到固结压密，强度提高。电渗法还可以配合堆载预压法，用于加速饱和黏性土地基的固结。

3. 压实与夯实法

压实与夯实法包括以下几种。

①表层压实法：利用人工夯，低能夯实机械、碾压或者振动碾压机械对比较疏松的表层土进行压实，也可对分层填筑土进行压实。当表层土含水量较高时或填筑土层含水量较高时，可分层铺垫石灰、水泥进行压实，使土体得到加固。

②重锤夯实法：重锤夯实就是利用重锤自由下落所产生的较大冲击能来夯实浅层地基，使其表面形成一层较为均匀的硬壳层，获得一定厚度的持力层。

施工要点：施工前应试夯，确定有关技术参数，如夯锤的重量、底面直径及落距、最后下沉量及相应的夯击次数和总下沉量；夯实前槽、坑底面的标高应高出设计标高；夯实时地基土的含水量应控制在最优含水量范围内；大面积夯实时应按顺序；基底标高不同时应先深后浅；冬期施工时，当土已冻结时，应将冻土层挖去或通过烧热法将土层融解；结束后，应及时将夯松的表土清除或将浮土在接近1m的落距夯实至设计标高。

③强夯夯实法：强夯是强力夯实的简称。将很重的锤从高处自由下落，对于地基施加很高的冲击力，反复多次夯击地面，地基土中的颗粒结构发生调整，土体变密实，从而能较大限度地提高地基强度和降低压缩性。

其施工工艺流程：平整场地；铺级配碎石垫层；强夯置换设置碎石墩；平整并填级配碎石垫层；满夯一次；找平，并铺土工布；回填风化石渣垫层，用振动碾碾压8次。

4. 挤密法处理

其包括以下几种。

①振冲密实法：利用专门的振冲器械产生的重复水平振动和侧向挤压作用，使土体的结构逐步破坏，孔隙水压力迅速增大。因为结构破坏，土粒有可能向低势能位置转移，这样土体将由松变密。

施工工艺：平整施工场地，布置桩位；施工车就位，振冲器对准桩位；启动振冲器，使之徐徐沉入土层，直至加固深度以上30～50cm，记录振冲器经过各深度的电流值和时间，提升振冲器至孔口，再重复以上步骤1～2次，使孔内泥浆变稀；向孔内倒入一批填料，将振冲器沉入填料中，进行振实并扩大桩径，重复这一步骤，直至该深度电流达到规定的密实电流为止，并记录填料量；将振冲器提出孔口，继续施工上节桩段，一直完成整个桩体振动施工，再将振冲器及机具移至另一桩位；在制桩过程中，各个段桩体均应符合密实电流、填料量和留振时间3方面的要求，基本参数应通过现场制桩试验确定；施工场地应预先开设排泥水沟系，将制桩过程中产生的泥水集中引入沉淀池，可定期将池底部厚泥浆挖出送至预先安排的存放地点，沉淀池上部比较清的水可重复使用；最后，应挖去桩顶部1m厚的桩体，或用碾压、强夯（遍夯）等方法压实、夯实，铺设并压实垫层。

②沉管砂石桩（碎石桩、灰土桩、OG桩、低强度等级桩等）：利用沉管制桩机械在地基中锤击、振动沉管成孔或静压沉管成孔后，在管内投料，边投料边上提（振动）沉管形成密实桩体，与原地基组成复合地基。

③夯击碎石桩（块石墩）：利用重锤夯击或者强夯方法将碎石（块石）夯入地基，在夯坑里逐步填入碎石（块石）反复夯击，以形成碎石桩或者块石墩。

5. 拌和法

拌和法包括以下几种。

①高压喷射注浆法（高压旋喷法）：以高压力使水泥浆液通过管路从喷射孔喷出，直接切割破坏土体的同时与土拌和并起部分置换作用。凝固后成为拌和桩（柱）体，这种桩（柱）体与地基一起形成复合地基。也可以用这种方法，形成挡土结构或防渗结构。

②深层搅拌法：主要用于加固饱和软黏土。它利用水泥浆体、水泥（或石灰粉体）作为主固化剂，应用特制的深层搅拌机械将固化剂送入地基土中与土强制搅拌，形成水泥（石灰）土的桩（柱）体，与原地基组成复合地基。水泥土桩（柱）的物理力学性质取决于固化剂与土之间所产生的一系列物理－化学反应。固化剂的掺入量及搅拌均匀性和土的性质，是影响水泥土桩（柱）性质及复合地基强度和压缩性的主要因素。

施工工艺：定位；浆液配制；送浆；钻进喷浆搅拌；提升搅拌喷浆；重复钻进喷浆搅拌；重复提升搅拌；当搅拌轴钻进、提升速度为（0.65～1.0）m/min 时，应重复搅拌一次；成桩完毕，清理搅拌叶片上包裹的土块以及喷浆口，桩机移至另一桩位施工。

6. 加筋法

加筋法包括以下几种。

①土工合成材料：一种新型的岩土工程材料。它以人工合成的聚合物，如塑料、化纤、合成橡胶等为原料，制成各种类型的产品，置于土体内部、表面或各层土体之间，发挥加强或保护土体的作用。土工合成材料可分为土工织物、土工膜、特种土工合成材料和复合型土工合成材料等类型。

②土钉墙技术：土钉一般通过钻孔、插筋、注浆来设置，但也有通过直接打入较粗的钢筋和型钢、钢管形成土钉。土钉通常与周围土体接触，依靠接触界面上的黏结摩擦阻力，与其周围土体形成复合土体。土钉在土体发生变形的条件下被动受力，并主要通过其受剪作用对土体进行加固。土钉一般与平面形成一定的角度，故称为斜向加固体。土钉适用于地下水位以上或经降水后的人工填土、黏性土、弱胶结砂土的基坑支护与边坡加固。

7. 拉筋法

将抗拉能力很强的拉筋埋置于土层中，利用土颗粒位移与拉筋产生的摩擦力使土与加筋材料形成整体，减少整体变形和增强整体稳定性。拉筋是一种水平向增强体，一般使用抗拉能力强、摩擦因数大且耐蚀的条带状、网状、丝状材料，如镀锌钢片、铝合金、合成材料等。

8. 灌浆法

利用气压、液压或电化学原理，将能够固化的某些浆液注入地基介质中或建筑物与地基的缝隙部位。灌浆的浆液可以是水泥浆、水泥砂浆、黏土水泥浆、黏土浆、石灰浆及各种化学浆材，如聚氨酯类、木质素类、硅酸盐类等。根据灌浆的目的，可分为防渗灌浆、堵漏灌浆、加固灌浆等。按灌浆方法，可分为压密灌浆、渗入灌浆、劈裂灌浆和电化学灌浆，灌浆法在水利、建筑、道桥及各种工程领域有着广泛的应用。

通过对软弱地基的特点、软弱地基形成的原因进行分析，工程设计时应当依据地探报告对拟建区域内的地基土的组成及力学性质，在设计阶段进行必要的核算，选用合理的基础形式；在实际施工过程中，坚决按照施工流程对地基进行处理，把好原材料选用关和施工质量关，使地基承载力要求达标，使新建项目安全和可靠。

三、条形基础应用时常见问题及对策

对于多层砌体房屋，现在仍然常采用条形基础。条形基础根据所采用的材料，分为刚性条形基础和墙下钢筋混凝土条形基础。刚性条形基础以前通常用砖或毛石砌筑，但随着经济的发展，在实际工程中，此类基础形式已经不再采用，通常采用混凝土或钢筋混凝土条形基础。

①最小配筋率不能满足。对卧置于地基上的混凝土板，板中受拉钢筋的最小配筋率可适当降低，但不应小于 0.15%。

②基础宽度不做调整。在纵横墙承重的砌体房屋中，横墙承受楼板荷载与自身重量，外纵墙也承受楼板荷载与自身重量，但外纵墙承受的楼板荷载要小得多。当有阳台时，外纵墙还承受阳台荷重。按墙体各自的荷载计算的基础宽度相差太大，且存在两个问题：一是未考虑纵横墙的共同工作，在垂直荷载作用下，荷载由横墙向纵墙扩散，纵横墙之间存在着竖向应力互相扩散传递的问题；二是在纵横墙相交处有基础面积重叠的部分，若不调整纵横墙的基础宽度，总的基础面积将会减少，在基础宽度较大时尤为突出。

③基础圈梁不能取消。开发商一般都会要求降低造价，有的要求取消基础圈梁。但不分情况、一律取消基础圈梁是不可取的。设置基础圈梁可以增强基础整体性和刚度，特别是对于地基为软弱土层、土质不均匀或者底层开设较大洞口的住宅，增设圈梁、加大圈梁配筋更有必要。通常，圈梁高度不宜小于 200mm。

④全地下室还是采用条形基础。当多层住宅带全地下室时，建筑要做柔性防水层，如果还是采用条形基础，在实际操作当中是有很大困难的。

⑤基础未做适当归纳整理。现在工程都采用软件设计，微机出图，如果工程直接采用软件程序形成的图，不做任何调整，会给施工造成较大的难度。

以上列举了在校审图纸时出现的几种常见基础设计情况。常用的条形基础设计虽然看似简单，但还是要处处留心、精益求精，才能保证工程质量，保证了工程安全、可靠。

四、水泥稳定碎石基层施工质量控制

水泥稳定碎石是一种半刚性基层，因其强度高、稳定性好、抗冲刷能力强及工程造价低等特点，被广泛应用于高等级公路基层施工中。但水泥稳定碎石的性能必须通过骨料（也称集料）的合理组成设计和有效施工控制才能实现，以避免其他方面的不足，如性脆、抗变形能力差，在温度和湿度变化以及车辆荷载作用下易产生裂缝，从而导致路面早期破坏，缩短路面的使用寿命。

（一）原材料的组成设计

1. 水泥

水泥的选用关系到水泥稳定碎石基层的质量，应选用初凝时间 3h 以上和终凝时间较长（宜在 8h 以上）的水泥。不应使用快硬水泥、早强水泥及受潮变质的水泥。水泥是水泥稳定碎石基层的重要黏结材料，水泥用量的多少不仅对基层的强度有影响，还对基层的干缩特性有影响。水泥用量太少，水泥稳定碎石基层强度不满足结构承载力要求；太多则不经济，反而会使基层裂缝增多、增宽，引起面层的反射裂缝。所以，必须严格控制水泥用量，做到既经济合理，又确保水泥稳定碎石基层的施工质量。

2. 碎石

石料最大粒径不得超过 31.5mm，骨料压碎值不得大于 30%；石料颗粒中细长及扁平颗粒含量不超过 11%，并不得掺有软质的破碎物或其他杂质；石料按粒径可分为小于 9.5mm 及 9.5 ~ 31.5mm 两级，并且与砂组配，通过试验确定各级石料及砂的掺配比例。

3. 天然砂

砂进场前应对砂的表观密度、砂当量、筛分试验和含泥量等进行试验，在进料过程中再进行颗粒分析和含泥量检测，有必要时进行有机质含量和硫酸盐含量试验检测。

4. 配合比

混合料中掺加部分天然砂，可以增加施工和易性，减少混合料离析，使路面结构层具有良好的强度和整体性。

（二）水泥稳定碎石试验段

为使水泥稳定碎石基层施工程序化、规范化和标准化，施工单位必须要认真做好试验段，试验段的长度不得少于100m，对其进行总结，掌握施工中存在的问题和解决方法，确定施工人员、机械设备、试验检测的合理配置，由这个提出指导大面积施工的指导方案。

（三）混合料的拌和

1. 拌和及含水量的控制

采用集中搅拌厂拌和施工，拌和设备的工作性能、生产能力、计算准确性及配套协调是控制混合料拌和质量的关键，建设单位及监理应对稳定碎石的拌和设备进行统一要求，除按投标文件承诺的拌和设备可以进场外，拌和设备必须是强制式的，且新购置的设备只能在一个施工项目中使用，拌和能力不小于 60t/h，并配有电子计量装置，加强设备的调试，拌和时应做到配料准确、拌和均匀，拌和时的含水量宜比最佳含水量大 0.5% ~ 1.0%，以补偿施工过程中水分蒸发带来的损失，且应根据骨料含水量的大小、气候、气温变化的实际情况及运输和运距情况，及时地调整用水量，确保施工时处于最佳含水量状态。

2. 水泥用量的控制

水泥用量是影响水泥稳定碎石强度和质量的重要原因。考虑到各种施工因素及设备计量控制的影响，现场拌和的水泥用量要比试验室配比的剂量大，一般要比设计值多用 0.3% ~ 0.5%，但总量不能超过 3%，发现偏差应及时纠正。

（四）混合料的施工程序

施工放样→立模→摊铺（检查含水量）→稳压→找补→整形→碾压（检查验收）→洒水→养护。

1. 混合料的运输

由于路面各合同段的施工长度有限，每个施工单位只可以设立一处混合料拌和站，若混合料的运距较远，就须用大吨位（12~15t）自卸车辆运送，并加盖篷布。施工单位应认真掌握混合料的情况，保证混合料从出料到摊铺不超出 2h，超过规定时间的混合料不得使用。

2. 混合料的摊铺

水泥稳定碎石的摊铺质量直接影响到路面的使用耐久性，要求使用 ABC 系列摊铺机全幅摊铺或使用两台窄幅摊铺机梯级形摊铺。混合料的松铺系数可通过试验段确定，一般可控制在 1.28~1.35 范围内。要保证水泥稳定碎石的施工质量，必须注意以下几点。

①摊铺前，对底基层标高进行测量检查，每隔 10m 检查一个断面，每个断面查 5 个控制点，发现不合格时须进行局部处理，并将底基层表面浮土、杂物清除干净，洒水保湿。

②测量放样也是保证施工质量的关键，应保证施工放样及时，平面位置、标高得到有效控制。摊铺机就位后，要重新校核钢丝绳的标高。加密并稳固钢丝绳固定架，拉紧钢丝绳，固定架由直径 16~18mm 的普通钢筋加工而成，长度一般为 70cm 左右，钢丝绳采用直径 3mm，固定架应固定在铺设边缘 30cm 处，桩钉间距以 5m 为宜，曲线段可按半径大小适当加密。

③摊铺过程中，摊铺机的材料输送器要配套，螺旋输送器的宽度应比摊铺宽度小 50cm 左右，过宽会浪费混合料；过窄会使两侧边缘部位 50cm 范围内的混合料摊铺密度过小，影响摊铺效果，必要时可用人工微型夯实设备对边部 50cm 范围内进行夯实处理。由于全幅摊铺，螺旋输送器传送到边缘部位的混合料容易出现离析现象，应及时换填。摊铺时应采用人工对松铺层边缘进行修整，并且对摊铺机摊铺不到位或者摊铺不均匀的地方进行人工补料，确保基层平整度。

④使用两台窄幅摊铺机梯级形摊铺时，两台摊铺机的作业距离应控制在 15m 以内，并注意两次摊铺结合处的保湿及处理。进行第二层水泥稳定碎石摊铺时，为利于两层的结合，建议在第一层水泥稳定碎石层上均匀洒浇水泥稀浆。摊铺过程中，还应兼顾拌和机出料的速度，适当调整摊铺速度，尽量避免停机待料的情况。在摊铺机后配设专人消除粗骨料离析等现象，铲除离析、过湿、过干等不合格的混合料，并在碾压前添加合格的拌和料进行填补和找平。

⑤施工冷缝的处理：对于因施工作业段或机械故障原因出现的作业冷缝，在进行下次摊铺前，必须在基层端部 2~3m 进行挖除处理，强度满足要求时，可由切割机进行切割，保证切割断面的顺直和清理彻底，并且可在接缝处洒水泥浆，以方便新旧混合料结合。

（五）混合料的碾压

①摊铺完成后，应立即进行碾压。上机碾压的作业长度以 20～50m 为宜。作业段过长，摊铺后的混合料表面热量散失过大会影响压实效果，使作业段过短，因而在两个碾压段结合处压路机碾次数不一样，将会出现波浪状。

②碾压机械的配置及碾压次数由水泥稳定碎石试验结果来确定，机械配置用双光轮压路机与胶轮压路机相结合，并遵循光轮静压（稳压）一胶轮提浆稳压的原则进行，稳压应不少于 2 次，振压不少于 4 次，胶轮提浆不少于 2 次，压路机碾压时可适当喷水，压实度达到重型击实标准 98% 以上。

③碾压时，应遵循先轻后重，由低位到高位，由边到中，先稳压后振动的原则，碾压时控制混合料的含水量处于最佳值。错轴时应重叠 1/2 幅宽，相邻两作业段的接头处按 45° 的阶梯形错轮碾压，静压速度应控制在 25m/min，振动碾压速度控制在 30m/min，严禁压路机在已完成或正在碾压的水泥稳定碎石上紧急制动或者调头。

④在光轮静压（稳压）时，若发现有混合料离析或表面不平，可由人工更换离析混合料或进行找补处理。进行第二层水泥稳定碎石摊铺时，为利于两层的结合，建议在第一层水泥稳定碎石上均匀洒浇水泥稀浆。

⑤水泥稳定碎石基层进行压实度检测时，要求全部范围都应达到规范规定的压实度要求，一般碾压 6～8 次，最后用 14t 的压路机进行光面，来确保基层表面达到平整、无轮迹和隆起，外观应平整、光洁。

（六）质量控制要点

①要严格控制水泥用量，水泥用量宜控制在 5.5%。水泥用量太高，强度可以保证，但其抗干缩性能就会下降；水泥用量太低，基层强度难以保证。

②基层混合料应具有嵌挤结构，31.5mm 以上颗粒的含量不应少于 65%。集料应尽可能不含有塑性细土，小于 0.075mm 的颗粒含量不能超过 5%～7%，以减少水泥稳定材料的收缩性和提高其抗冲刷能力，混合料摊铺时应尽量减少骨料离析现象。

③为减少干缩裂缝的产生，可采取如下措施：选择合适的基层材料和组成设计；减少骨料中的黏土含量，以控制骨料中细骨料的含量和塑性指数；在保证满足基层强度要求的前提下，尽可能减少水泥用量；严格控制混合料碾压时的含水量处于最佳含水量状态；减少水稳基层的暴晒时间，养护期结束后，立即铺筑罩面层。

④在混合料中加入适量的膨胀剂，对早期干缩裂缝的产生有一定抑制作用，并在一定程度上提高水泥稳定碎石基层的抗弯拉强度。

⑤水泥稳定碎石基层碾压完成后早期 7d，养护条件至关重要，必须进行湿法养护，有效解决其抗干缩和温缩性能。

（七）养护及交通管制

每一碾压段碾压完成并经压实度检查合格后，应立即养护，严禁将新成型的基层暴晒。宜采用覆盖洒水养护，具体做法为：预先将麻袋片或土工布湿润，人工覆盖在基层顶面，2h 后用洒水车洒水养护。养护期不少于 7d，7d 内保持基层处于湿润状态，28d 内正常养护。用洒水车洒水养护时，洒水车的喷头要采用喷雾式喷管，不得用高压式喷管，以免破坏基层结构。养护期间应定期洒水，安排专人经常检查基层表面潮湿状态和洒水的均匀性，根据天气情况随时调整洒水次数，始终保持基层表面潮湿。养护期间封闭交通，禁止车辆通行。

通过工程应用实践介绍可知，水泥稳定碎石基层属于半刚性基层，由于强度和刚度是耐久性的需要，稳定性好，要保证其施工质量，须严格控制施工程序，加强养护和交通管制，完善施工工艺，通过试验段实际施工，总结并且全面指导施工，进一步取得施工经验后，才能开始大面积施工。

五、黄灰土基层施工质量及防治措施

黄灰土是将熟石灰粉［氢氧化钙 Ca（OH）$_2$］和黄土按一定比例拌和均匀，在接近最优含水量时夯实或压实后，熟石灰粉水化后和土壤中的二氧化硅或三氧化二铝、三氧化二铁等物质结合，生成硅酸钙、铝酸钙及铁酸钙，将土壤颗粒胶结起来并逐渐硬化后形成具有较高强度、水稳性和抗渗性的人工合成土。黄土多为粉土或者粉质黏土，颗粒较细，塑性指数较大，做灰土的拌和料优于砂性土，可就地取材、易压实、造价低。灰土按灰土和黄土虚方体积比例分为 3：7 灰土和 2：8 灰土，广泛应用于湿陷性黄土地区的建筑地基处理和既有建筑地基的加固，如多层建（构）筑物的基础或垫层，灰土挤密桩、孔内深层夯扩挤密桩、灰土井桩的填充料，道路工程地基的换填垫层，地下室外墙、水池的防潮防水填料，散水、台阶、院坪的垫层，可达到提高地基承载力和防水防渗的目的，但灰土抗冻、耐水性能差，在地下水位以下或寒冷潮湿的环境中不宜使用。

黄灰土基层的使用受设计、施工和环境等因素的影响，并易产生各种工程质量问题，分析其成因后提出以下具体预防措施。

（一）黄灰土工程勘察设计控制

①湿陷性黄土地区的许多中小勘察设计单位错误地认为湿陷性黄土地基只要土层均匀、湿陷等级不高均可视作简单场地和地基，甚至忽略了挖山填沟等复杂情况，从而导致许多高低层建筑的岩土勘察等级及地基基础设计等级人为降低一个等级，使勘察点数量和勘察钻孔深度不足，设计时勘察报告依据不足，地基变形控制、地基基础的监测等要求降低，给灰土地基处理埋下了隐患。

②一些勘察设计单位在勘察设计中对建筑类别不划分或仅从建筑高度来确定，忽略了建筑物重要程度、建筑对湿陷沉降敏感程度的影响，从而降低了建筑类别；部分设计

人员把建筑物抗震设防类别混同于湿陷性黄土地区的建筑类别，可能造成部分建筑类别提高；有的虽正确划分了建筑类别，但该类建筑的地基处理措施、结构措施及防水措施未达到规范要求，如基础长度很长的多层建筑在严重的湿陷性黄土场地上甚至采用了整体性很差、对湿陷沉降敏感的砖条形基础或独立基础、采用砖砌的室内管沟等。

③灰土工程设计常见问题：岩土勘察等级以及地基基础设计等级、建筑类别的正确确定是灰土工程设计质量的前提和依据，并应在设计文件中提出湿陷性黄土地区建筑物施工、使用及维护的防水措施的具体要求，从而保证建筑安全。灰土垫层法处理地基常见的设计问题：灰土垫层的厚度不够，地基处理后剩余湿陷量不能满足要求；灰土垫层的平面处理范围不能满足规范要求；灰土垫层的承载力取值较高而又没有验算下卧软弱素土垫层的承载力；灰土及土垫层厚度超过5m厚的深基坑未进行支护设计，造成基坑塌方；设计要求的地基承载力试验点不足；等等。

灰土挤密桩、孔内深层夯扩挤密桩和灰土井桩法处理地基常见的设计问题：地基处理深度不足，剩余湿陷量超出规范要求；处理平面范围超出基础外边缘尺寸过小，造成防水隐患；桩孔直径的确定未考虑夯实设备和方法，设计与施工现场实际情况不符；按正三角形布孔计算桩孔间距时依据土的最大干密度不具代表性，又不能提出施工前试桩调整设计参数的要求，造成桩孔间距过大或过小；基坑底及桩顶标高控制不准确；复合地基承载力特征值过高或过低；设计要求的现场单桩或多桩复合地基载荷试验点数量不足；未要求载荷试验提供变形模量来验证设计的地基变形等问题。

应通过初步设计评审、设计单位施工图三级校审制度、施工图审查来解决灰土工程的勘察设计问题，设计审查答复意见及修改的图纸应作为设计文件的一部分及时交付建设各方使用；对施工期间出现的异常状况必须通过设计单位来处理，设计变更资料应及时归档。

（二）黄灰土工程勘察施工控制

①灰土配合比的应用：灰土中土料和熟石灰体积比例不准确，没有认真过筛拌匀或者将石灰粉均匀撒在土的表面，造成石灰含量偏差很大，局部粗细颗粒离析导致松散起包或地基软硬不一，灰土地基承载力、稳定性、抗渗性降低，压实系数离散而被评定不合格；塑性指数高的土遇水膨胀，失水收缩，土比石灰对水更敏感，土的比例越大，灰土越易出现裂缝；欠火石灰的碳酸钙由于分解不完全而缺乏黏结力，过火石灰则在灰土成型后才逐渐消解熟化、膨胀引起灰土"蘑菇"状隆起开裂。黄土可采用就地挖出或外运的土方，最大颗粒不大于15mm，塑性指数一般控制在12～20，使用前应先过筛，清除杂质；石灰可采用充分消解的质量等级Ⅲ级以上的消石灰粉，不得含有5mm以上的生石灰块，控制欠火石灰和过火石灰含量，活性氧化物含量不少于60%，使用前应过筛，存放应采取设棚等防风避雨措施，石灰遭雨淋失效或搁置时间过长活性降低，需复检、加灰。符合要求的土、灰按虚方体积比例拌和2次或3次，混合料颜色应一致，分层铺设之后在24h内碾压，以避免石灰土中钙镁含量的衰减。对于黏粒含量多于60%、塑性

指数大于25的重黏土可分两次加灰,第一次加一半生石灰闷料约2～3d,降低含水量后,土中胶状颗粒能更好地结合,再补足剩余灰进行拌和。

②灰土含水量的控制:根据施工时气温及时调整灰土的含水量,在最佳含水量的土2%范围内变化碾压,否则可能出现干、湿"弹簧"。过湿碾压出现颤动、扒缝及"橡皮泥",碾压时如果表层过湿,灰土会被压路机轮子黏起;表层过干,不用振动压路机时,压实度无法满足要求,振动碾压时又易发生推移而起皮,碾压成型之后,洒水又不能使水分渗透到灰土内部,造成干缩裂缝。

灰土混合料接近最佳含水量时可做到"手握成团,落地开花"。碾压前土料水分过大或遭雨淋时,应晾晒,加入生石灰后可降低含水量约5%;含水量过小时应洒水润湿,避开午间高温,随拌随压;碾压成型后,如不摊铺上层灰土,应不断洒水养护,加速灰土的结硬过程。

③试验段施工质量控制:灰土试验段施工可以确定压实机械型号、碾压基本原则、分层虚铺厚度及压实后厚度,测定最佳含水量。试验中发现质量问题后对上述因素进行分析,查明原因后调整参数,试验成功后再大规模施工。

④灰土常见裂缝:灰土作业段过长时,不可以在有效时间内碾压成型,突然降雨造成施工中断后,部分勉强成型的灰土可能会出现"结壳""龟裂";灰土拌和机性能不佳、机械操作人员水平不高、下承层顶面不平等因素,可能会造成基层的下部存在夹层,碾压方式不当,易产生壅包现象;施工场地狭小,将分段开挖或其他基坑内开挖的土方大量堆在已压实的灰土地基上,超载引起灰土表面大面积较深的锅底状沉降裂缝;基坑下存在未探明的孔洞、墓穴、枯井等,地基受力后塌陷开裂渗水沉降;成型后的灰土养护不及时,1～2d内灰土水化反应后失水,体积减小,产生干缩,降温时体积收缩,灰土表面易产生大量裂缝,高温时尤为明显,这种开裂如果不与土质互相影响,则开裂程度轻微且深度较浅,否则将产生较深、较宽、面积较大的龟裂。灰土碾压时,应根据投入的压实机械台数及气候条件,合理选择作业面长度;碾压时遵循"先轻后重""先边后中""先慢后快"、直线段"先两边后中间"、曲线超高段"先内后外"的原则,连续碾压密实;避免在压实灰土地基上超载堆土;基坑底探孔布置应1m见方,深度应不少于4m,探孔用三七灰土捣实以免漏水,地基受力层内探明的孔洞、墓穴、地道等必须彻底开挖,遇孤石或者旧建筑物基础时必须清除,用灰土夯实;灰土成型后及时回填基坑,否则覆盖养护7d以上。

⑤灰土表面不平整:灰土分层铺设标高控制不严或标高点间距过大,灰土验收厚度不足,用50mm以下的灰土贴补碾压时容易导致起皮;房心灰土表面平整偏差过大,又未进行最后一次整平夯实,会使地面混凝土垫层厚薄不均匀,造成地面开裂、空鼓。

灰土摊铺厚度宜留有余地,整平时加密控制标高点间距,技术人员应及时复核,避免薄层补贴,对已经出现凹凸不平的部位应修平后补填灰土夯实,最后再满夯一次。

⑥灰土接搓不当:如果基坑过长,分段碾压灰土时没有分层留搓或接搓处灰土未搭接,未严格分层铺填夯打,可能造成接搓部位不密实、强度降低、防水效果变差,地基

浸水湿陷沉降后，使上部建筑开裂。灰土水平分段施工时，不得在墙角、桩基和承重窗间墙下接搓，接搓时每层虚土应从留搓处往前延伸500mm；当灰土地基高度不同时，应做成阶梯形，每阶宽不少于500mm；铺填灰土应分层并夯打密实；对于做结构辅助防渗层的灰土应将水位以下结构包围封闭，接缝表面打毛，并适当洒水润湿，使紧密结合部渗水，立面灰土先支侧模，打好灰土，再回填外侧土方。

⑦灰土早期泡水软化：基坑回填前或基础施工遭遇雨期，基坑积水或者排水不畅，灰土表面未做临时性覆盖，灰土地基受水浸泡后疏松、抗渗性下降。施工单位应编制雨期施工方案备用，遇雨前抢压灰土，保住上层封下层，用防雨布覆盖压完的灰土，下雨时应停止碾压，及时抽水、排水，避免基坑浸泡。灰土完成后及时进行基础施工和基坑回填，否则表面进行临时性覆盖，保证灰土压成后3d内不受水浸泡；尚未夯实或刚夯打完的灰土如果遭受雨淋浸泡，应将积水和松软灰土除去并补填夯实，稍受浸湿的灰土晾干后再夯打密实。

⑧灰土受冻胀后引起疏松、开裂：冬春季降温时施工，在受冻的基层上铺设掺杂有冻块的灰土料，或夯完后未及时覆盖保温，灰土受冻后自体表面起一定厚度内疏松或皱裂，灰土间黏结力降低，承载力明显降低或者丧失。

当气温不低于零下9℃，冻结历时不超过6h，灰土含水量不大于13%时，压实灰土不受冻结的影响。冻结使土中水逐渐成冰导致土体冻胀，冰的强度远高于灰土土体，抵消了部分压实功，使压实质量降低。灰土冻结历时越长，孔隙水冻结越充分，大孔隙中水先冻结，把大颗粒顶起，随着小孔隙水冻结将大颗粒向上抬升，造成热筛效应，影响灰土碾压效果，而且温度越低，冻结历时越长，影响越大。

冬春季施工现场控制平均温度不宜低于5℃，最低温度不应低于零下2℃，灰料、土料应覆盖保温。夹有冻块的土料不得使用；已熟化的石灰应在次日用完，以充分利用石灰熟化时的热量；灰土随拌随用；已受冻胀变松散的灰土应铲除，再补填夯打密实，否则应边铺边压，尽量减少冻结历时；压好的土体立即用草帘或彩条布盖好，防止冻胀，越冬时应覆盖足够厚的素土，压实后对灰土地基进行保护。

⑨地基土含水量异常：采用垫层法处理地基时，基坑底土层局部含水量过大时可深挖晾晒或换填好土，或用小直径洛阳铲成孔的生石灰桩吸水挤密处理；基坑表层过湿可撒生石灰粉吸水；近河岸或地下水位较高的基坑内为淤泥质土时可抛石挤淤，依次间隔打大直径生石灰砂石桩以降低含水量，稳定土层后先压级配砂石，再压灰土，以上几种措施均可避免灰土碾压时出现橡皮土。

采用灰土挤密桩（孔内深层夯扩桩）时地基土的含水量应在12%~22%之间。当土的含水量小于12%时，桩管难打难拔，挤密效果差，可以采用表层水畦（高300~600mm）和深层浸水法（每隔2m左右洛阳铲探直径80mm孔，孔深为0.75倍桩长，填入小石子后浸水）结合的方式处理，使土的含水量接近最优，浸水量需计算确定，浸水后1~3d施工。当土的含水量大于22%或饱和度大于65%时易缩孔，可回灌碎砖渣块和生石灰砂混合料吸水，降低土的含水量，稍停一段时间后再进行打桩。遇到填沟挖山的地基，因地基软硬不一，较硬的地基段桩可采用钻孔挤密桩，此时应考虑复合地基的变形不均匀，对基础及上部采取设计措施。桩顶压灰土垫层施工时，会遇到桩间土层含水量较大的情形，可采用上述基坑底含水量过大时的处理方法，以保证灰土压实质量。

（三）基层质量检测要求

把地基承载力、压实系数、灰土配合比作为对灰土质量验收的主控项目。工程实践经验证明这两种灰土在施工质量保证前提下承载力均可以达到设计和规范的要求，压实系数受击实试验、施工工艺、取样深度和位置等多因素影响，经常出现灰土的压实系数大于1或不满足要求、灰土中石灰比例降低等问题。

试验室提供灰土击实试验报告时，必须注明依据的试验标准和试验方法（区分轻、重型击实仪和击数），最大干密度指标应和现场压实灰土对应，土样、石灰材料必须在施工现场见证取样，当需外运土方时，必须重新取样进行击实实验；灰土拌和时，必须对虚方体积比和含水量加强检测，借助公路工程标准，用石灰干质量占土干质量的质量百分比来控制灰土的配合比，严格计量投入工程的石灰实际用量，来避免随意减少石灰用量；必须按照规范规定的数量和位置，测定每层压实灰土的干密度，试验报告中必须注明土料种类及来源、配合比、试验日期、层数和结论，试验人员签字应齐备，对密实度未达到设计要求的部位，均应有处理方法和复验结果。

灰土工程完成后进行承载力检测或破桩试验时，必须保证设计及施工验收规范规定的试验点数量，使试验结果具有代表性，降低离散程度，真实反映施工质量以验证设计条件，不满足设计要求或超出设计要求很多时，必须修改设计确保安全和降低工程造价。

影响建筑物基层常使用的黄灰土工程质量的影响因素众多，可归结为人、机、料、法、环五大因素，其中最关键的还是人的因素，只要建设活动参与主体各方及工程技术人员有强烈的工程质量意识和责任心，严格按照国家标准、规范来设计、施工、检验和验收，做好事前、事中、事后三个阶段的控制，及时发现与解决问题，就一定能够确保黄灰土工程的应用质量。

六、降雨对边坡稳定性的影响及其防护

现在由于气候的反常变化，历时长、强度大的大雨和暴雨已经成为导致边坡失稳破坏的重要因素。从建筑角度看，现在考虑的降雨对边坡稳定性影响，主要是饱和—非饱和土理论的研讨及降雨过程中渗流场的变化对边坡稳定性的影响。

（一）降雨条件下饱和——非饱和渗流问题

①饱和土理论。早期降雨对边坡稳定性的影响主要是应用饱和土理论，尽管当时的理论水平并不高，但是同样解决了当时很多的实际问题，并且提出了很多的理论模型。例如，20世纪60年代开始，运用数值方法依据饱和渗流模型来模拟降雨作用下边坡体

内的渗流场。20 世纪 70 年代直到现在，这种方法逐渐成功地应用到降雨入渗对边坡稳定性的影响分析中，并得到一系列有价值的指导性结论。在对降雨入渗对边坡稳定性影响的分析研究中，饱和土体的渗流固结理论的应用，又为有效分析饱和土体渗流过程中土体结构性等复杂因素的影响提供了重要依据。饱和土理论的应用解决了许多实际问题，同时也准确揭示了降雨入渗过程中坡内含水量的变化对边坡土体力学性能的影响。针对这一问题，又对降雨对非饱和土边坡稳定性的影响进行了分析。

②非饱和土理论。非饱和土强度表达式，将与饱和度、土的类型及有关经验系数一同参与计算雨水入渗条件下土体的强度。例如，有人建立了非饱和土体中水分与气体的运移规律，并进行非饱和渗流基质吸引力对边坡稳定性的影响分析，在降雨条件之下边坡逐渐饱水过程中，最终的稳定性系数可能会低于传统的计算方法。

由于降雨入渗会造成边坡内土体的水分运动参数及抗剪强度参数的不断变化，且土体中各向异性渗流对边坡稳定影响比较少，因此，准确模拟渗流变化对边坡内土体力学性质的变化，对降雨入渗下土体、水分、气体等因素的分析仍需要进一步加强。

（二）降雨入渗影响边坡稳定性的分析方法和机理

1. 降雨入渗条件下边坡稳定性分析方法

降雨对边坡的影响过程可以表述为：降雨入渗——土体自重的增加，抗剪强度指标的降低及孔隙水压力的上升——土体的破坏。针对这一过程的分析，主要采用将渗流简化计算的极限平衡法、极限分析法和有限元法，这些方法各有特点。极限分析法应用最早，积累经验多且应用比较广泛，也得到认可；极限分析法更加贴近实际，实用性强；有限元法可以详细计算得到边坡内较详细的单元应力、应变及节点位移等信息。

①极限平衡法是目前最为有效的研究降雨入渗对边坡稳定性影响的方法，可利用渗流分析软件，求得雨水入渗暂态渗流场，采用极限平衡法了解降雨对边坡稳定性的影响。同时，针对降雨过程中边坡土体内部渗流情况进行研究，并得出在降雨条件下不断软化、黏聚力与内摩擦角不断下降的结论，对于降雨过程中边坡稳定性，实际工程当中一般采用简化方法粗略计算渗流的作用，然后采用极限平衡法进行分析。

②极限分析法是有人建立了塑性力学极限分析的上下限理论，将上下限理论用于边坡土体稳定的分析中。极限分析上限法考虑了孔隙水的边坡稳定性，并利用有限元上限分析法分析边坡的稳定性。有人利用极限分析法的上下限定理对降雨条件下土体内部饱和非饱和土体的渗流进行了分析，并提出非饱和渗流计算出的边坡安全系数要比饱和渗流理想状态计算出的安全系数大的结论。尽管在进行边坡稳定分析方法方面用到的极限分析方法较多，但是在结合降雨的条件下用极限分析方法研究得却较少。如何将极限分析法的优点有效地应用到降雨对边坡稳定性的研究中，仍任重而道远。

③有限元法是将有限元用于降雨入渗过程中边坡土体的渗流场和应力场，并进行求解。所得的渗流过程中有效应力和孔隙水压力分布与简化的极限平衡法相比较，不仅更符合实际情况，而且能够详细描述边坡土体的整个渐进破坏过程。利用有限元法对降雨

条件下边坡土体内部渗流进行分析，得出随着降雨时间的延长，边坡稳定性变化主要受上游裂缝的控制。为了更加有效地求得安全系数，有人提出了有限元强度折减法，这一方法已成功用于边坡稳定性的分析中。有人通过数值模拟分析降雨入渗条件下边坡的稳定性，并且应用强度折减法得到了考虑降雨入渗影响的边坡安全系数，并且对降雨强度、持续时间等影响下边坡稳定性的因素分别进行了对比分析，得出随着降雨入渗强度与时间的增加，边坡的滑动破坏面有着向浅层移动的趋势，安全系数会降低。还有人运用有限元强度折减法研究降雨与地下水对边坡土体的影响，并将有限元强度折减法的结果和极限平衡法的结果进行分析、比较，同时也弥补了极限平衡法的不足。

2. 降雨渗入影响边坡稳定性的机理

在降雨入渗条件下，雨水对边坡土体起到了加载作用，也就是雨水使土体的含水量增大，重量变大，从而使滑移面的剪力加大；同时，由于雨水的渗入改变了边坡土体的力学性能，造成其内聚力下降，基质吸水率减弱，抗剪强度降低。边坡土体的自重增加和强度降低，这两个不利因素在雨水入渗过程中影响边坡的稳定性，当达到一定程度就会使边坡失稳。某些学者通过试验分析表明，降雨前边坡的塑性区不存在或者只在坡角处非常小的范围内。随着降雨时间的延续，塑性区范围不断延伸扩展，最后形成潜在滑裂面而造成失稳破坏。

3. 降雨对边坡稳定性影响的研究状况

①现场试验情况：现场实验由于有比数值模拟分析更加直接的效果，其借助自然边坡场地测量降雨后边坡土体内部的含水率和基质吸力，并对边坡雨水渗流模型进行分析，主要考虑土体的渗流状态。但是，由于现场试验时间比较长，费用高并且设备复杂，在工程实践中不能得到广泛应用。针对实际需要，相对时间短、费用低且表达直接的室内模型试验得到了更加广泛的研究应用。

②室内模型试验：能直观地观察边坡变形及破坏过程，同时还可以模拟各种较复杂的工程情况，也是边坡破坏机理分析、理论计算模拟、工程设计施工等结果的验证方法。其中，离心模拟试验以其用人工塑造具有工程地质特征和对环境造成影响的边坡，再现自重应力场及与自重有关的变形过程，并可以根据需要灵活地调整各种控制参数，直观揭示变形和破坏的状况，成为模拟试验中应用在边坡稳定性分析方面最为广泛的手段。

针对降雨渗入对边坡稳定性影响的离心模拟，模拟尺寸的稳定、试验材料的选择、边界效应问题及降雨工况的模拟都会影响到试验的准确性。在目前已有的模拟降雨方法中，若通过改变制样时的含水量来代替不同时间规模的降雨，用注水浸泡来模拟不同时间的雨水渗入，在边缘顶端实现局部降水仍不够理想。如何准确选取合适的模型尺寸、选取试验材料、处理边界效应达到提高试验精度的目标，仍然没有标准的方法。现在普遍采用的离心模拟试验方法，主要针对边坡开挖、降雨渗入等影响进行探讨，其探讨主要集中在对实际边坡稳定性的评价或边坡形状、边坡材料性质、加载方式、边坡土体变形等因素对稳定性的影响及破坏机理等方面，而涉及降雨条件下边坡土体内部应力状态方面的研讨比较少。对此应该进一步开展降雨渗入对边坡稳定性的影响模拟试验,对于试验取得的数据开展相应的验证工作不可缺少。

4. 简要总结

①理论研究方面,降雨渗入是非线性并与时间有关的过程。在非饱和土理论中,准确建立渗流模型来确定渗透系数还需要深入研究。在降雨对边坡影响研讨过程中,虽然重视到基质吸力的作用,并采取多种方法对渗流场及边坡稳定性进行计算分析,但基质吸力对边坡稳定性作用始终未能在具体工程中应用。极限分析法用于边坡降雨研究相对较少,且缺少必要的数据模拟加以验证,需进一步探讨如何利用极限分析法的优势,提高降雨渗入对边坡稳定性分析的准确度。

现在的讲究主要集中在降雨渗入过程中边坡破坏位移变化情况和渗透系数、降雨强度、土水特征曲线的选定对边坡稳定性的影响。而对土体内部应力、孔隙水压力、土体参数及边坡坡度因素的变化对边坡稳定性影响的研究相对较少。因此,如何正确模拟在各种影响因素综合条件下,降雨渗入对边坡内部水分移动规律的影响仍有待加强。

②试验研究方面,由于受到现场环境条件限制及在高速旋转的离心模型机上进行降雨模拟量控制难度较大原因的影响,目前针对降雨渗入对边坡稳定性影响的离心模拟试验,主要集中在降雨渗入引起的边坡变形情况的研究,而涉及降雨条件下边坡土体内部应力变化规律还是较少,并且与现场试验相比,设置土体参数时如何确定合适的相似比难度仍然比较大。同时,在考虑土体中存在隔水层和远方补给的情况下分析土体的内部渗流情况,测定孔隙水压力变化产生的影响,分析土体破坏临界状态时的应力状态和孔隙水压力大小方面还存在不足。针对试验测得孔隙水压力、土压力、浸透线的变化情况,对比分析相关理论成果,总结得出在具有实际应用意义的降雨过程中,在不同工况情况下边坡内水分运动的规律、渗流变化仍然需要加强探索。目前,都是把理论分析和模拟试验进行单独研究,没有考虑所得结论各自的优点并进行分析、比较和取长补短,让降雨渗流对边坡的稳定性得到有效防范。

七、地基基础质量检测常见问题探讨

地基基础质量与工程建设的安全紧密相关,从事地基基础质量检测工作的责任重大。在工作中,监督管理人员会接触各种建设工程项目,如工业及民用建筑系统、水利水电、公路等从事地基基础检测的项目或单位,对现行规范的理解存在不同程度的偏差,在此提出常见问题供探讨,其目的是不断提高检测水平并且对规范有更全面的理解。

(一) 低应变检测桩身完整性

低应变法是检测桩身完整性的方法之一,快速、较为准确、经济是其最大的特点,应用非常广泛,得到了广大检测工作者的青睐。但是有很多检测人员用低应变法计算单桩波速,据此确定桩身强度。低应变法适用于检测混凝土桩的桩身完整性,判定桩身缺陷的程度及位置，该规范中无利用单桩波速判定混凝土强度的任何规定。根据低应变的适用性，其具体的工作大致应为：在确定桩身波速平均值的前提下，根据实测的桩身应力波速度时程曲线判定桩身的完整性。桩身波速平均值的确定是低应变检测中非常重要的一个环节，其方法如下。

①当桩长已知、桩底反射信号明确时，在地质条件、设计桩型、成桩工艺相同的基桩中，选择不少于5根Ⅰ类桩的桩身波速值计算其平均值。

②当无法确定时，波速平均值可根据本地区相同桩型以及成桩工艺的其他桩基工程的实测值，结合桩身混凝土的骨料品种和强度等级综合确定。

（二）声波透射法

声波透射法适用于已埋声测管的混凝土灌注桩桩身完整性检测，判定桩身缺陷的程度并确定其位置。

1. 现场检测前的准备工作

①采用标定法确定仪器系统延迟时间。②计算声测管及耦合水层声时修正值。③在桩顶测量相应声测管外壁间的净距离。④将各声测管内注满清水，检查声测管的畅通情况，换能器应能在全程范围内升降顺畅。在测定仪器系统延迟时间时，有将径向换能器平行紧贴置于水中进行测量的；也有将系统延迟时间和声测管及耦合水层声时修正值统一测定的，将埋管用的钢管取两小段，平行紧靠置于水桶之中，再将径向传感器放入钢管中，测定的结果视为"系统延迟时间和声测管及耦合水层声时修正值"；更有甚者，将径向换能器置于地上十字交叉放置，把实测结果作为系统延迟时间输入仪器。

另外，声测管及耦合水层声时的修正值应根据声测管的内、外径，换能器的外径，声音在管材中的传播速度，声音在水中的传播速度等进行计算得出。

2. 声波透射法工作中应当注意的问题

①配备检定合格的温度计，测定耦合水的温度，用于声测管及耦合水层声时修正值的计算；②配备检定合格的长度计量器具；③确保灌注的声测用耦合水为清水，若为浑浊水，将明显加大声波衰减和延长传播时间，给声波检测结果带来误差；④实测时，传感器必须从孔底向孔口移动；⑤实测过程中应及时查看实测结果，对异常点、段应采用检查、复测、细测（指水平加密、等差同步和扇形扫测）等手段排除干扰和确定异常，不得将不能解释的异常带回室内；⑥对于参与分析计算的剖面数据，应分析剔除声测管埋置不平行的数据；⑦对于临时性的钻孔声波透射特殊情况，钻孔是否平行将对结果产生严重的影响，在不能确定钻孔保持等间距或钻孔情况已知的条件之下，不适于开展声波透射。

（三）特征值和标准值问题

在地基基础检测过程中始终贯穿着这两个名词，易引起混淆，根据相应的规范对其理解如下。

1. 概念

地基承载力特征值是由载荷试验测定的地基土压力变形曲线线性变形段内规定的变形所对应的压力值，其最大值为比例界限值，实际即为地基承载力的允许值，如天然地基承载力特征值、复合地基承载力特征值、单桩竖向承载力特征值等。

标准值：荷载和材料强度的标准值是通过试验取得统计数据后，根据其概率分布，并结合工程经验，取其中的某一分位值（不一定是最大值）确定的。标准值是荷载的基本代表值，为设计基准期内最大荷载统计分布的特征值，如均值、众值、中值或某个分位值。标准值取其概率分布的 0.05 分位数，例如单桩竖向极限承载力标准值、岩石饱和单轴抗压强度标准值等。

2. 两者之间的关系

特征值＝标准值（常指极限状态）/安全系数。单桩竖向承载力特征值为单桩竖向极限承载力标准值除以安全系数后的承载力值。

每个场地中极限荷载除以 3 取小值为岩石地基承载力特征值。单位工程同一条件下的单桩竖向抗压承载力特征值应按单桩竖向抗压极限承载力统计值（极差不超过30%时，取平均值为单桩抗压极限承载力，高应变亦同；对桩数 3 根或 3 根以下的柱下承台，或工程桩抽检数量少于 3 根时，取低值）的一半取值。

岩石地基承载力特征值＝折减系数 × 岩石饱和单轴抗压强度标准值

其中折减系数与岩石的完整程度相关。

（四）单桩极限端阻力标准值

定义是桩径为 800mm 的极限端阻力标准值，对于干作业挖孔（清底干净），可以采用深层平板载荷试验确定。深层平板载荷试验要点及大直径桩端阻力载荷试验要点，均可确定端阻力特征值，该值若用于浅基础，将不再做深度修正。

（五）锚杆载荷试验

锚杆载荷试验中，锚杆的类型、锚杆适用的条件等符合相应的规范和标准。锚杆有全黏结性的，也有非全黏结型的，载荷试验中反力是否作用在锚杆拉力影响范围外，这对于准确判定锚杆承载力是否满足设计要求非常重要，如果作用区域在锚杆（特别是全黏结性锚杆）拉力影响范围内，实测结果不能准确反应锚杆的拉力，则可能是锚杆杆体握固力的表现，错误的检测结果将误导设计，给工程造成安全隐患。

在锚杆验收试验中，其合格判定的一个标准是：锚杆在最大试验荷载下所测得的弹性位移量（总位移减去塑性位移），应超过该荷载下杆体自由段长度理论弹性伸长值的80%，且小于杆体自由段长度与1/2锚固段长度之和的理论弹性伸长值。这个判定标准非常重要，是锚杆安全的重要保证，"该荷载下杆体自由段长度理论弹性伸长值的80%"是判定有自由段设计时，对施工完成的锚杆的自由段长度进行的保证。如果未达到这个要求，说明自由段长度小于设计值，当出现锚杆位移时，将增加锚杆的预应力损失；当边坡有滑动面时，锚杆未能穿过滑动面而作用在稳定地层上，工程将存在严重的安全隐患。若测得的弹性位移大于"杆体自由段长度与1/2锚固段长度之和的理论弹性伸长值"，就说明在设计的有效锚固段注浆体与杆体的黏结作用已经破坏，锚杆的承载力将严重削弱，甚至将危及工程安全。

（六）静载试验基准桩、基准梁

在载荷试验中，基准桩及基准梁使用不当将对检测结果产生影响，检测试验人员应引起足够的重视。基准桩应使用小型钢桩打入地表下一定深度，确保不受地表振动及人为因素干扰的影响，不得使用砖块等物代替基准桩。基准梁应具有一定的刚度，梁的一端应固定在基准桩上，另一端应简支于基准桩上，基准梁应避免气温、振动及其他外界因素的影响，夜间工作时应避免大能量照明器具（如碘钙灯）对基准梁烘烤引起的变形影响，特别是局部照射；白天工作时避免太阳直射部分的基准梁引起强烈的变形，就基准梁的刚度因素、温度影响因素进行试验，其影响结果如下。

①温度变化将对基准梁产生较大的变形，影响载荷试验的稳定性。试验是在一个大棚内按照规范要求安装基准桩、基准梁，记录温度和基准梁的变形，一天中温度变化引起了基准梁的变形，其变形值不容忽视，这是在均匀温度作用下的结果，如果基准梁受到不均匀温度影响，变形会更大。

②不同刚度基准梁受温度影响的试验，在载荷试验工作当中，应选用刚度较大的基准梁，可以较大程度地避免温度变化对基准梁变形的影响。

由于各个检测人员技术素质不同，对规范的理解和认识也不一定深刻全面，希望广大的检测同行共同学习探讨，使地基基础的检测做到真实、可靠，确保建筑工程安全和耐久。

八、深基坑土方开挖及支护施工措施

深基坑是指从自然地面向下开挖深度超过5m的基坑，包括基槽的土方开挖、支护及降水工程。或者开挖深度虽然未超过5m，但周围环境和地质构造、地下管线复杂，影响到毗邻建筑物安全的基坑。下面介绍的是某污水处理厂地下调节池工程，地下水位较高，在地面以下0.50m，土质为亚黏性土。基础开挖深度在地面以下8.30m，地下水池工程的建筑面积为3500m²。

（一）深基坑开挖及支护安全问题分析

深基坑的开挖和支护安全是个核心问题，支护施工技术更加重要。支护施工的目的是为保证地下结构安全施工及基坑周边环境，对基坑侧壁及周边采取的支挡、加固与保护措施的施工。常见的基坑支护形式主要是：排桩支护、桩撑、桩锚、排桩悬臂、地下连续墙支护、地连墙+支撑、水泥土挡墙、钢板桩支护、土钉墙（喷锚支护）、逆作拱墙、放坡及基坑内支撑等措施。深基坑施工的特点决定了深基坑施工的技术要求。

首先，在施工时技术手段要先进、可靠，确保基坑受力稳定以及支护的保护作用完全体现；其次，地下水位高、周围环境复杂、市区地下管网纵横交错时，要求施工必须充分保证不影响周围相邻建筑物的安全，保证地下管网正常运行；同时，在基坑开挖期间，合理安排运用明排降水、截水和回灌等形式控制地下水位，保证地下施工操作的安全；最后，要根据实际工程需要，选择经济、合理的施工方案，实现工程最优化。

地下结构施工及基坑周边环境的安全取决于支护体的保障。所以，深支护体系的设计、施工技术措施及水平直接关系到基坑的安全、可靠，也涉及到整个工程的安全性。

（二）深基坑开挖支护的安全应用

由于工艺的需要，调节池建造在地面以下8.30m，排水采取周围打深井的技术措施得到解决，但边坡处理仍然是个技术难题。

1. 工艺流程

施工准备→定位放线→圆桩施工→基坑土方开挖→基坑挖3m→基坑壁支护→基坑下挖2m→基坑壁支护→循环下挖→挖至基底→清理检查。

2. 基坑边坡支护施工方法

①处理好施工现场的排水措施，要保证在无水条件下的干作业，减少雨水渗入土体，在坡顶用C20混凝土封闭，混凝土封闭宽度为3m，并向外起坡2%。为了有效排泄边坡渗水及坑内积水，根据地面情况在离坡顶2m左右设一个300mm×300mm的排水沟，拦截地面雨水。

②抗滑桩的设置施工。在基坑土方开挖前先进行抗滑排桩的施工，由于排桩的间距在3.5m左右，直径600～800mm，因此滑排桩的开挖用跳桩隔开形式，当已开挖的桩混凝土浇筑后，再施工空隙中的桩，待桩顶冠梁施工完成之后，才能进行基坑土方的开挖。而桩身混凝土的浇筑，使用溜槽或串筒浇灌C30级混凝土。溜槽或串筒底部至混凝土表面保持在1.50m。桩芯混凝土采用一次性方法浇筑，浇筑前清理干净并抽干孔内水。

③冠腰梁施工。当抗滑排桩的混凝土浇筑完成后，再进行冠梁施工。剔除桩顶浮浆后，再支设冠梁模板，最后绑扎梁钢筋。冠梁截面为800mm×600mm，腰梁截面为500mm×500mm，主筋搭接方式采取双面焊接形式，搭接长度不少于200mm。钢筋完成后再支设梁侧模板，支设加固合格之后在自检的基础上再报监理验收，合格后再浇筑混凝土，按规定制作试块，并认真养护。

④基坑土方开挖措施。土方开挖必须严格按照图纸要求分层进行，每层开挖深度控制在1.5m左右，待开挖段支护施工完成，上部支护完成并达到设计强度的75%以上，才能向下进行开挖，且每段长度按20m考虑。

⑤喷锚支护施工。根据设计要求开挖操作面，开挖深度每次在1.5m左右，而长度在25m以内，修整边坡，埋设喷射混凝土厚度控制标志，喷射第一层混凝土厚度大于30mm，根据施工图进行该处标高段的锚杆或锚索成孔施工。

⑥基坑边坡沉降及位移观察。基坑支护结构设计与施工质量涉及结构及岩土问题，加之地下工程的不确定性因素太多，必须结合工程地质水文资料、环境条件，把监测数据与预控值相对比，判断前期施工工艺与参数是否符合预期要求，以确定和优化施工参数，做好信息化施工，及早发现问题，尤其是重视监督基坑外的沉降凸起变形和邻近建筑物的动态，及时采取相应措施，消除潜在的安全隐患。

3. 施工安全技术保证措施

①基坑开挖安全技术保证措施。施工前，技术人员要认真复核地质资料以及地下构筑物位置走向，并掌握项目施工中可能影响到邻近建筑物基础的埋深。技术人员要根据核查后的资料，对照施工方案和技术措施，确定适宜的施工顺序，选择合适的施工方法及相应的安全措施。安全技术措施主要是：首先，采取分层分段开挖方式，开挖顺序按提前设定的方案进行，不得任意开挖，同时在开挖中周围设立排水沟，防止地表水进入坑内；其次，在基坑四周设立安全护栏，工地现场张贴安全标语、安全宣传和警示牌，提醒现场人员注意安全，在作业环境中采用不同色彩，减轻作业人员的视觉疲劳，降低安全事故。最后，还要加强基坑边坡沉降及位移监测，当发现边坡有异常情况时，应分析原因采取应对措施。

②孔桩安全技术措施。要在孔口周围浇筑混凝土护圈，并在护栏上安装钢丝网防护；在孔内作业时，孔口必须有人监视，挖出的土方不能堆放在距孔边缘 1m 以内，井圈上不得放材料或站人。利用吊桶运土时，要采取可靠的防范措施，以防落物伤人；用电动葫芦运土时，检查安全能力后再吊。施工中，随时检查运送设备和孔壁情况。

当桩孔深度在 5m 以内时，井上照明可代替井下照明；当超过 5m 时，在下面用安全防护灯照明，电压不得高于 12V。在成孔过程中一直保证井内通风，经常检查井内是否存在有害气体，以便及时处理，防止意外发生。加强对孔壁土层的观察，发现异常应及时处理，成孔完成后尽快浇筑混凝土。吊放钢筋网时笼下严禁有人，经常地检查钢丝绳。

（三）基坑支护安全技术措施

①选择合适的基坑坑壁形式，在深基坑施工前，要按照规范，依据基坑坑壁破坏后可能造成的后果程度确定基坑坑壁的等级，然后再根据坑壁安全等级及周边环境、地质与水文地质、作业设备和季节条件因素选择护壁的形式。

②加强对土方开挖的监控。基坑土方上部几乎都用机械开挖，开挖必须根据基坑坑壁形式、降排水要求制订开挖方案，并对机械操作人员进行技术交底。开挖中技术人员一直在现场对开挖深度、坑壁坡度进行监控，防止超挖。对土钉墙支护的边坡，土方开挖深度应严格掌握，不得在上一段土钉墙护壁未施工完毕前，开挖下一段土方，软土基坑必须分层均衡开挖，分层不超过 1m。

③加强对支护结构施工质量的监控。建立健全施工企业内部支护结构施工质量检查制度，是保证支护结构质量的重要手段。质量检验的对象包括支护结构所用材料及其结构本身。对支护结构原材料及半成品应遵照有关验收标准进行检验。主要内容包括：材

料出厂合格证、材料现场抽检、锚杆浆体和混凝土配合比试验、强度等级检验。对支护结构本身的检验要根据支护结构的形式选择，例如土钉墙应对土钉采取抗拉试验检测承载力，对混凝土灌注应检查桩身完整性等。

④加强对地表水的监控。在基坑施工前，应了解基坑周边的地下管网状况，避免在施工过程中对管网造成影响；同时，为减少地表水渗入地基土体，基坑顶部四周应用混凝土封闭，施工现场内有排水设施，对于雨水、施工用水、降水井中抽出的水进行有组织的外排，防止产生渗漏。对采用支护结构的坑壁应设泄水孔，保证护壁内侧土体内水压力能及时消除，减少土体内含水率，以方便观察基坑周边土体内地表水的情况，及时采取措施。泄水孔外倾坡度不小于5%，间距在2m左右，并且按梅花形式布置。

⑤控制好支护结构的现场检测。支护结构的检测是防止发生坍塌的重要手段，应由有资质的监测单位来监测。监测项目的内容包括：基坑顶部水下位移和垂直位移、基坑顶部建筑物变形等。监测单位应及时向施工和监理单位通报监测情况。当监测值超过报警值时，应及时通知设计单位、施工单位和监理单位，分析原因，采取有效措施，防止事故产生。

采取安全技术措施，对有效加快施工进度及施工质量可以取得一定的作用。由于深基坑施工安全会受到多种因素的影响，为确保基坑施工安全无事故，各方责任主体要切实重视深基坑施工安全防护工作，杜绝事故的发生。

九、高层建筑筏形基础的施工质量控制

高层及超高层建筑的特点是建筑体量高大且基础深厚，而深厚的基础都属于大体积混凝土的控制范畴，对基础的条件要求非常严格，因此在施工过程中经常会遇到一些具体问题，并且会对基础的施工质量产生严重影响。下例结合工程实践，就超高层建筑地下室的筏形基础质量控制问题做进一步探讨。

某住宅小区的住宅工程属于超高层建筑，地下一层，地面32层，该住宅楼地基基础形式采用筏形基础，厚度最薄处为1.50m，最厚处达4.25m，基础混凝土强度等级为C35级，基础下设垫层为0.15mm厚的C20素混凝土。基础持力层为中、微风化花岗石层，对应的地基承载力特征值为1880kPa。

（一）工程质量控制的难点

①墙柱插筋和预埋件容易偏差移位。在超高层筏形基础施工中容易出现墙柱插筋和预埋件的偏移位，主要是由于插筋在钢筋绑扎时没有认真固定，或者只是与底板钢筋的绑扎简单固定，预埋件安装时校正不认真、不准确，拟在混凝土浇筑过程中，用于固定墙柱插筋和预埋件的底板钢筋受到混凝土浇筑中施工人员及机械振动的碰撞干扰而移位。

②混凝土浇筑标高的控制。由于超高层筏形基础面积和深度不仅比较大，而且难以正确把握控制的准确性。所以浇筑标高的控制是比较关键的重要问题。为了防止浇筑厚

度不够和振捣不到位，应采取分层浇筑的方式进行，严格控制混凝土的浇筑次序、走向和标高的准确性，尽量避免出现纵向的施工裂缝，以使基础筏板达到整体性的设计效果。

③大体积混凝土裂缝控制。超高层筏形基础体量偏大，需一次性将基础混凝土浇筑完成，这样极容易出现由于温差过大引起的有害裂缝的出现。大体积混凝土裂缝形成的机理是水泥水化产生的热量，当混凝土构件尺寸大于 800 mm 时，构件中心混凝土水化热无处散发，从而造成构件中心温度聚集过高，通常会升至 70～80℃，而且与构件表面环境温度之差在 30℃左右，从而引起结构内部的膨胀和外部表面的收缩，造成混凝土构件出现温差应力。当温差应力超过此时混凝土的抗拉强度时，就会出现结构件的开裂。

（二）施工过程的质量控制

1. 地基基础处理的重点

在确保施工组织设计管理和施工技术措施能力的前提之下，加强地基的施工质量，才能保证超高层建筑基础的整体稳定性。在施工过程中，必须特别注意以下工序的施工质量。

第一，做好降低地下水工作可保证操作面干作业的可靠性。本工程基础底板标高为负 8.90m，大面积开挖深度控制在 10.5m 左右。由于地下水位比较高，在基坑开挖护壁和基础施工时必须处理好降水施工，根据现场地质条件采用井点降水法，确保开挖过程安全。

第二，加强对地基基础的处理。由于该建筑项目地质条件比较好，基础大部分区域已为中风化岩面，局部位置仍有残积土，为了确保筏板基底的均匀一致性，对局部残积土进行彻底挖除，用 C30 混凝土回填密实找平，需对地基的有关力学指标进行专业测试。

2. 原材料及混凝土配合比的确定

①选择使用低水化热的水泥，低水化热的水泥主要有矿渣硅酸盐水泥、粉煤灰酸盐水泥等品种，水泥强度等级在 32.5～42.5 之间比较合适。并且在确保混凝土强度的同时，应尽可能减少水泥用量或提高水泥强度等级，以降低水化热峰值的集中过早出现，延缓混凝土的初凝时间，减少温度应力，减少和避免混凝土冷缝的产生。通过试验结果分析，决定采用 42.5 级硅酸盐水泥配制混凝土。

②选择级配良好的粗细骨料。由于石灰石在不同种类岩石中，线性系数较小，因此，选择用石灰石作为粗骨料为宜。该骨料级配良好，石子粒径在 5～32mm 之间，含泥量小于 1%，砂子宜选择干净的中砂，细度模数在 2.3～2.8 之间，含泥量小于 2%。

③要选择适当的外掺合料。外掺合料选择使用 Ⅰ 级粉煤灰和矿渣细粉。掺入粉煤灰来替代部分水泥，以达到降低水化热的目的。由于粉煤灰的需水量很少，可以降低混凝土的单位用水量，减小预拌混凝土的自身体积收缩量，有利于结构的抗裂性能。而矿渣细粉可以更多地替代水泥，更加有效地降低水化热。这是由于矿渣细粉比水泥和粉煤灰的比表面积大，能增加混凝土结构的致密性，提高了混凝土的抗渗能力。如果将粉煤灰和矿渣细粉同时使用，其效果会更加显著。

④应合理掺入外加剂，尤其是微膨胀剂。通过内掺适宜的微膨胀剂，使混凝土产生适度膨胀而补偿其收缩，这对于防止混凝土开裂极其有效。现在常用的聚羧酸系列泵送

剂，减水率高，具有良好的保塑、缓凝作用，可推迟混凝土初凝时间达 8h 以上，保证大体积混凝土连续分层施工，并不产生冷缝。将缓凝型减水剂、缓凝剂等复合使用，可以延缓水化热的集中释放时间，对于降低水化热峰值十分有利。

⑤施工混凝土配合比的确定。根据高层建筑的特点，要保证混凝土初期水化升温较低，取龄期 60d 的混凝土强度作为配合比设计的依据，并作为质量验收评定的标准。同时，还要保证后期混凝土有足够的强度储备。根据配合比调整砂率与掺入减水剂或高效减水剂，以便达到要求的坍落度，严禁随便加水，使坍落度变化，坍落度应控制在（150±2）mm 范围内。

3. 钢筋及其施工要点

钢筋混凝土工程中的钢筋是高层建筑基础的重要组成部分，承担着筏形基础底板抗剪、抗拉的作用、抵抗不均匀沉降等因素的影响，对加强钢筋工程的施工质量控制极其重要。在钢筋加工制作的下料工序中，节点处要保证钢筋的锚固长度，满足设计和施工规范及相应要求，在钢筋就位及绑扎时，施工现场技术人员要做好技术交底的详细要求，在绑扎完成后认真进行自检工作，并坚持三检制，由监理工程师最后确认，并做好隐蔽检查记录。

4. 混凝土的浇筑和养护

基础大体积混凝土的浇筑，目前全部采取用泵送商品混凝土施工，斜面分层、分段捣实，一个坡度一次到顶浇筑成型。在下层混凝土初凝前，浇筑上层混凝土并振捣密实。每层浇筑厚度、浇筑速度应均匀连续，上层混凝土振动棒插入下层混凝土以 100mm 为宜。上下两层浇筑时间不要超过 4h，最好是下层混凝土表面温度降至平均大气温度为宜。

混凝土的振捣采用垂直振捣与斜向振捣相结合的方法，对分层结合部位进行二次再振捣，每一振捣点间距及振捣时间应进行严格控制，防止因时间过长引起混凝土浆的流失而造成下沉及缺陷。混凝土浇筑完成后，混凝土初凝后的表面要及时覆盖保湿材料，并及时浇水加强养护，防止混凝土表面过早失水，出现龟裂。当气温偏低时，要在塑料薄膜上加盖草袋及其他覆盖物保温，使责任心强的人员进行 24h 养护，保持结构表面湿润。

（三）施工过程中的监测

①基础沉降观察。基础在开始降水、基坑开挖、边坡防护和基础施工时，对基坑及其挡土墙结构、周围环境及建筑物沉降进行施工观测，并且在施工过程中，在筏形基础平面上布设一定数量的监测点，测得各点的相对沉降量、累积沉降量和沉降速度，其结果均需满足相应要求。

②混凝土的温度测量。为了及时掌握基础混凝土内部及外部温度的真实变化情况，随时掌握混凝土温差动态，温度测量工作必须坚持进行。在浇筑前按等间距埋设测温孔，并布置在不同部位和不同的深度，了解混凝土内部温度及相应部位的表面温度，控制结

构内外的温差。同时，要由专人负责温度的记录工作，每 2～4h 进行一次，做好记录。当出现内外温差超过 25℃时，要加强结构体外部的保温措施，当温度持续变小时，可以停止测温。测温工作完成后，要用微膨胀砂浆将测温孔认真堵塞。

超高层建筑的筏形基础质量控制，是超高层建筑施工过程中非常关键的组成部分，例如何进行科学、合理的施工组织设计，严格控制每一个环节的工程质量，是施工组织管理者必须重视的首要问题。

十、土钉墙在软土地基基坑中的施工应用

从传统意义上来说，土钉墙是可以保护地基边坡的一类保护性临时设置，最大的一个作用是可以支撑、保护墙体，使其在施工中不倒塌，使地基更加稳固。这种支持形式可以在很大程度上提高建筑物地基的抗击能力，增加地基的稳固性，增强地基中土的抗拉伸性及相应的延展性，并可改变建筑物地基基坑的基本形状，给予基坑一定的特性，这种特性能够使其在需要的时候发生变形，使建筑物的地基更加稳定，并且可提升地基的刚性。

（一）软土地基的特性

软土地基和一般地基有所不同，具有非常强的范围性，在一定的地域范围内才会比较广泛地存在，软土主要分布在城市的某一小区域范围内，因为软土不仅在外观上和一般的土略有不同，而且具有含水量大、压缩性高、强度低、可塑性强、孔隙率小等特点，各种性能的差异也非常大，所以在地基的建设过程中更加需要考虑其性质的不同，同时要考虑更多对地基造成影响的相关因素。

目前的软土分类主要有两种：一种是淤泥；另一种是淤泥黏土。这两种黏土在性质上大不相同，因此在地基建设中也会有很大的不同。两种软土的抗压强度不同，密度也有非常大的差异，密度不同会造成地基的硬度不同。密度越小的软土在建设地基时需要的地基强度越大，如果没有高强度的地基，就不能很好地保证软土地基的稳固性；密度大的软土在建设地基时就不需要太高强度的地基，因为软土本身的密度能够保证地基的一部分强度。软土的性质不同，软土表面空隙的大小也会不同，空隙太大时，容易渗水，地基也会比较容易受到影响，所以需要在建设地基时考虑软土空隙的大小，空隙太大的地基土一般处于流动状态，不会太稳固，所以需要在建设时保证土地的稳固。

（二）土钉支护的特点及稳固性表现

土钉支护技术是现在应用比较广泛的地基保护方法，这种方法相比传统的地基保护方法具有优越性，它能够很好地使地基得到应有的保护，减少地基的不确定性，并且受到的限制比较少，在很多条件下都可以利用。例如，在软土情况下就不能很好地利用传统方法，这时利用土钉支护的方法可以保证地基的稳固性。

土钉支护的稳固性主要体现在以下几个方面：①土钉支护的方法具有其他方法没有

的超高的稳定性，并且这种方法的可靠性非常高，地基也不会发生太大的偏差，因此土钉支护的地基非常稳固；②土钉支护有很大的超载力，能够支撑非常大的重量，地基的重量过高，对软土有非常大的影响，所以需要土钉支护来对地基进行加固处理，土钉支护在这种情况下是非常实用的；③土钉支护的成本相对来说比较低廉，因为进行土钉支护的地基的挖掘工作比较简单；④在土钉支护的过程中，不需要进行大量的钢筋加固，施工过程也非常简化，不仅施工的成本得到减少，还能够大大地缩短施工的工期，集中降低成本；⑤在土钉支护的过程中，不仅施工的设备非常轻便，能够很好地携带，而且施工占地非常小，能够给予施工单位充裕的地理条件；⑥土钉支护的方法可以在最大程度上减少对环境的危害。

（三）土钉支护地基结构的进一步完善

土钉支护方法随着时代的发展不断地完善，在有些情况之下，需要在建筑之上再增加建筑物的高度或者使用新的用途，这样就会对建筑物的结构产生改变。在这种情形下也需要对地基进行检测，如果不能很好地进行检测，就不能对建筑物的地基进行重新建设，也就不能在原有建筑物的地基荷载上再进一步地增加更多的荷载，一旦地基不能承受过多的重量，就会发生坍塌事故，所以这是一个非常具有技术要求也非常复杂的工作，不仅需要相关技术人员的实际经验，也需要仔细、认真地进行施工检查。

当建筑物需要进行改变时，应该进行合理、严格的检测，在进行检测、确定没有问题后，才能进行下一道工序的施工。

第二节 地下室后浇带及地下工程

一、建筑地下室后浇带的设置与施工控制

建筑工程的地下室设置后浇带，是保证建筑工程能够自由沉降的一个重要技术措施。从建筑的施工过程中可以看出，对于多高层建筑的地下室后浇带的设置，施工必须根据工程图纸，并结合施工及验收规范的具体要求，合理设置后浇带的位置。对此，必须要有计划及实施方案，对后浇带进行认真处理，这样才能够有效地处理好后浇带施工的各种技术问题，使后浇带施工质量得到可靠保证。

某工程地下室底板采取厚度为 600～800mm 的 C35P6 抗渗混凝土，壁板为 300～400mm 厚的 C40P6 抗渗混凝土。地下室底板及侧墙和顶板均设置纵横两道沉降后浇带，后浇带宽度为 1m。底板与顶板的后浇带钢筋都为双层双向，底板之后浇带位置的钢筋进行了加密构造，且增加了超前止水钢板。

（一）后浇带设置的目的

1. 解决结构的早期沉降差问题

建筑房屋主楼与裙房在设计基础时考虑为一个整体结构，但是在施工中用后浇带的形式将两部分暂时分开处理，待主体结构施工完成后，其实结构已完成了总沉降量的60%左右，以后再浇筑连续部位即后浇带的混凝土，将基础连接成为一个整体基础结构。在设计时，要考虑基础两个阶段不同的受力状态，分别进行强度审核。对于连接后的计算考虑，应注重后期沉降差引起的附加内应力。这种做法要求地基土质较好，房屋的沉降能在施工期间基本完成。同时，还可以采取另外一些技术措施：①调整压力差，主楼重量大，采取整体基础降低土压力，并加大埋深，减少附加压力；低层部分采用较浅的十字交叉梁基础，增加土压力，使高低层沉降接近；②调整时间差，先施工主楼，待其基本建成荷载完全加上去，沉降也趋于稳定，再施工低矮裙房，让高低不同建筑的沉降量基本接近。

2. 减小温度收缩造成的影响

新浇筑的混凝土在水化、硬化过程中会产生体积收缩，已经建成的房屋也会产生热胀冷缩的自然现象。混凝土硬化收缩的绝大部分会在施工以后的 1~2 个月内完成，而环境温度变化对结构的作用则是长期性的。当这种变形受到约束时，在结构内部就会产生温度应力，严重时就会在结构中出现裂缝。在构造上采取设置后浇带技术后，施工的混凝土就可以自由收缩，从而极大地减少了收缩应力。混凝土的抗拉强度可以大部分用以抵抗温度应力，提高抵抗温度变化的能力。

（二）后浇带设置的原则

后浇带的设置必须遵循"抗放兼备，以放为主"的设计构造原则。因为普通混凝土存在开裂问题，设置后浇带缝隙的目的就是将绝大多数的约束应力释放，之后再用微膨胀混凝土填补缝隙，以抵抗残余应力。

（三）后浇带的补偿施工

①模板的支设，根据预先设定的方案划分浇筑混凝土的施工层段，支设模板或钢丝网模板，并严格按施工组织设计的要求支设和加固模板。

②地下室顶板的混凝土浇筑，后浇带两侧的混凝土浇筑厚度严格按规范及施工方案进行，以防止由于浇筑厚度过大而造成钢丝模板的侧压力增大而向外凸出，导致误差超标。

③浇筑地下室顶板混凝土后垂直施工缝的处理。对采用钢丝模板的垂直施工缝，当混凝土达到初凝时，用压力水冲洗，清理浮浆碎片并使粗骨料露出，同时将钢丝网片冲洗干净。混凝土终凝后将钢丝网片拆除，立即用高压水再次冲洗混凝土表面；对安装木模板的垂直施工缝，也用高压水冲洗露出毛面，根据现场情况尽早拆模，用人工凿毛；

对于已硬化的混凝土表面，要用机械凿毛；对于比较严重的蜂窝麻面要及时修补；在后浇带混凝土浇筑前用压力水清理表面。

④地下室底板后浇带的保护措施。对于未浇筑的底板后浇带，在后浇带两端两侧墙处各增设临时挡水砖墙，其高度高于底板高度，墙壁两侧抹防水砂浆；为防止地板周围施工积水流进后浇带内，在后浇带两侧500mm宽处用砂浆抹出宽50mm、高50～100mm的挡水带；后浇带施工缝处理干净后，在顶部用木板或铁皮封闭，并且用砂浆抹出挡水带，四周设栏杆临时围护，以免施工过程中进入垃圾污染钢筋。

⑤地下室顶板后浇带混凝土的浇筑。设置不同构造类型的后浇带混凝土的浇筑时间也不相同。伸缩后浇带视先浇部分混凝土的收缩完成情况而定，一般在浇筑后的6～8周完成补浇；而沉降后浇带应在建筑物基本完成沉降后，再进行补浇。在一些房屋中，如果设计图纸对后浇带的留置时间有具体要求，应按设计要求对时间进行控制。浇筑后浇带混凝土前，提前用水冲洗混凝土，保持湿润24h，浇筑时清除表面明水，在施工缝处先铺一层与混凝土成分相同的水泥砂浆，后浇带混凝土浇筑后仍要保护并浇水湿润养护，时间不少于28d。

⑥地下室底板、侧板后浇带的施工。地下室部分因为对防水有严格的规定和要求，所以后浇带的施工是一个非常关键的环节。防水混凝土的施工缝、后浇带、穿墙管道、预埋件等的设置和构造，均须符合设计要求，严禁渗漏。同时，对后浇带的防水措施也做了重要规定：后浇带应在其两侧混凝土龄期达到42d后再施工；后浇带应采用补偿收缩混凝土，其强度等级不得低于两侧混凝土；后浇带混凝土养护时间不得少于28d，在地下室后浇带的施工中必须严格按照规范规定的要求进行处理。

⑦后浇带施工的质量控制要求。后浇带施工时，模板支撑必须安装坚固、可靠，整理好钢筋并重新绑扎到位，施工，质量应满足钢筋混凝土施工验收规范的要求，以保证混凝土密实、不渗水和不产生有害裂缝。在后浇带接缝处加强保护，最好设置围栏并在上部采取覆盖处理，防止后续施工对后浇带接缝处形成污染。

后浇带在此工程地下室的正确应用，确保了工期及工程质量，投用4年以后，后浇带位置无任何变化或开裂，更无渗漏水现象，达到设计及施工规范的设置构造要求，其对类似后浇带的施工具有借鉴意义。

二、地下室后浇带超前止水施工技术

随着建筑技术的进步和快速发展，多层及超高层建筑在国内日益增多，深基坑降水与多层地下室也得到了普及，而地下工程的薄弱环节——后浇带的防水和变形，成为制约工程进度和工期的瓶颈，而防水的施工质量是关键因素。

某工程采用框架——剪力筒结构，地下2层，地面20层，建筑面积为4.8万平方米，基坑深度为9.8m，基坑四周设置降排水暗沟，有8口井，井深在12m以上，24h不停排水，总体降水、排水效果不错。

（一）后浇带施工难点问题

正常施工工序安排是室外回填土需在后浇带混凝土浇筑施工完成，并养护至混凝土有一定强度后再进行，传统的挡板、挡墙等处理方法由于不能满足后浇带沉降伸缩等变形要求，容易引起后浇带处开裂，产生渗漏，室外回填土往往在工程主体结构完成后，最快也需要 3 个月才能回填，严重制约工期及进度。

工程降水停止时间也被后浇带制约，使降水时间过长，地下水资源浪费严重，并且耗费大量电力能源、人力和物资水泵电缆，同时也占用大量资金。一旦发生停电问题，后浇带易遭受破坏，造成难以弥补的损失。

后浇带施工中不能同步变形和进行防水已经成为地下工程的最大难点。而地下室后浇带超前止水施工方案的实施可以有效解决这一问题。它具有采购方便、施工进度快、工艺简单、质量可靠、实用性强的特点，施工完成后便具备防水挡土作用，可以有效地阻止地下水及环境因素对后浇带的影响。

（二）地下后浇带超前止水设计

地下后浇带超前止水的理念，是考虑到其受力机理主要是依靠地下室底板和侧壁结构的刚度和强度，通过两道负弯矩筋形成悬臂结构，来抵抗外界压力的。超前止水后浇带外伸悬臂部分每边宽出后浇带约 250mm，缝宽大于 30mm，混凝土厚度为 250mm，其强度等级为 C35。止水钢板厚度为 3mm，负弯矩钢筋锚入混凝土内深度大于 1 个 LEA，钢筋直径须经过设计部分验算，根据现场实际做出调整。

（三）施工工艺流程及过程控制

施工工艺流程：施工准备→基槽放线→检查验线→基坑开挖→基坑检验→垫层施工→防水卷材粘铺→做保护层→橡胶止水带的安装铺粘→底层钢筋加工及绑扎→止水钢板的安装固定→钢筋绑扎→钢筋验收→混凝土浇筑→养护。

①施工准备：施工前应按程序要求逐级进行设计和施工方案交底，进行各种加工半成品技术资料的准备和报审工作，新工艺新技术的组织学习及培训，根据设计变更和相关规范标准编制施工方案。根据物质材料、构配件和制品的需要量计划，组织分批进场，按施工总平面布置图确定的位置堆放并悬挂相应的标示牌。

②基槽放线：根据施工图要求的具体尺寸，在建筑图中规定详细位置尺寸，确定基础开挖及放坡尺寸，并做好固定桩的控制位置，撒出开挖边线和基础底边线。利用小型挖掘机挖出基槽轮廓，人工进行修坡及底部，保证坡度准确和防止基槽超挖土。

③基坑开挖和垫层施工基槽轮廓开挖至基底或者一定深度以后，如果地下水位高，则按专项施工方案进行排水，直至排水在四周进行，其深度大于基底，保证干作业施工。中间大量土方机械的开挖及运输，应留有行车道。机械开挖要预留 200~300mm，由人工清理至基底，防止机械扰动基底土。当检查挖至基底并验收合格后，才能进行垫层施工。

基础垫层采取随浇随抹平方法，边坡采用拉线拉平，在放样时应考虑扣除找平层厚度。

④防水卷材粘铺：防水卷材一般使用 SBS 卷材，在有附加层的位置先铺附加层，附加层用 3mm 厚的 SBS 卷材宽 300～500mm。底黏结层干燥至轻抹不粘手后，把卷材裁成需要的宽度长条，阴阳角每边相等，弹线将卷材放好，用调整合适的喷灯对准卷材和基层面烘烤，待卷材面即将熔化时把卷材贴在阴阳角处，首先粘贴平面，再粘贴立面。附加层按顺序粘贴牢固，搭接宽度为 150mm。

将起始端卷材贴牢固后，持喷灯对着待铺的整卷卷材，使喷灯距卷材及基层加热处300mm 左右距离施行往复移动烘烤。至卷材底面胶层呈黑色光泽并伴有微泡（不得出现大量气泡），及时地推滚卷材进行大面铺贴，后面再让一人进行排气及压实工作。当第一层卷材铺贴完成后，资料报监理检查验收，达到合格后，再进行第二层卷材铺贴施工。上、下两层和相邻两层卷材应错开 1/3 幅宽，且上下两层卷材不得垂直铺贴，第二层卷材的搭接缝要与第一层的搭接缝错开 350～500mm。

在卷材接缝处用喷枪进行全面、均匀的烘烤，必须确保搭接处卷材间的沥青密实熔合，应该有 2mm 熔融沥青从边缘缝挤出，沿边端封严，以保证接缝的严密和防水功能效果。

⑤防水保护层的施工控制：防水卷材按设计要求全部铺贴完成并经过检查合格后，应及时施工聚酯纤维布和细石混凝土保护层。保护层采取随浇随抹平的工艺，并及时用塑料薄膜覆盖，保温、保湿养护。

⑥橡胶止水带的安装铺贴：橡胶止水带采取外贴式安装，平面朝向迎水面铺贴平展。止水带采用丁基胶粘剂搭接 100mm 宽，也可以热熔粘贴。在搭接端 100mm 范围内用刀片提前把竖楞切削平整，以方便搭接部分密贴。粘贴完成后，采用重物压在搭接部分，直至丁基胶全部凝固。

⑦底层钢筋加工及绑扎：根据施工图纸要求，计算钢筋用料长度，将所需要钢筋用切割机成批切断待用，不同规格尺寸的钢筋应分类存放，做好标志，防止误用。钢筋在使用前要抽样检验钢筋的机械性能，检验合格后再用于工程，钢筋加工应提前放样，保证保护层的准确性。

对于钢筋的绑扎要采取弹线或画线定位，以保证间距准确，纵向采取拉线控制其平直，尺寸一定要准。所有钢筋扣必须绑扎到位，网片筋可隔扣绑扎，但边缘两排的扣必须 100% 绑扎。最后，按规定支垫保护层垫块及安装马凳，并绑扎牢固不移位。

⑧止水钢板安装、固定：止水钢板安装时保证钢板中心位于后浇带中心线上，确保U 形槽弯在变形缝中间，止水钢板采取对接满焊，对焊缝的焊接质量必须严格控制，加强过程与检验的控制，对端部 U 形槽加焊 3mm 厚钢板全封闭，确保密封性能可靠。

（四）混凝土浇筑过程的质量控制

在钢筋、橡胶止水带、止水钢板全部完成并检查合格，混凝土浇筑方案审查批准，一切准备工作就绪后，才能进行浇筑施工。

①混凝土浇筑过程的振捣：振捣时振动棒移动间距不大于振动棒作用半径的1.5倍，即400mm范围；与侧模应保持50～100mm的距离，振动时间一般在10s左右，即以表面平坦、泛浆少、不冒气泡及不再出现沉降为宜。时间太短，则振捣不密实，混凝土不均匀或强度不足；时间太长，造成混凝土分层，粗骨料下沉至底，细骨料留在中层，而水泥浆则会上浮在表面，使厚度增加，使混凝土强度不均匀，表面开裂。欠振或者过振都是混凝土浇筑中必须避免的重要问题。

对混凝土的振捣如果采取二次振捣，效果较好，即在混凝土初凝前即浇筑后1h之内，再次进行振捣，采取快插慢拔的方法，插点均匀排列，逐点移动，顺序进行，不要遗漏，使混凝土均匀密实。振动时要插入下层混凝土50mm以上，要使上下两层混凝土为一个整体。

②混凝土表面处理：在混凝土振捣完毕后，再用2m长直尺按高度控制线刮平，在混凝土沉降平稳过程中，进一步抹压搓平，在终凝前再全面抹压一次，主要是对已开裂的裂缝抹压闭合，使其平整度满足设计要求。

③混凝土的养护：混凝土的养护有一定难度，尤其掺有外加剂及微膨胀剂的混凝土，早期养护对强度的影响十分重要。并且养护方法及措施，尤其是立面混凝土的保湿有一定难度，需要采取措施保证表面湿度。混凝土在浇筑抹压平后立即用塑料薄膜加以覆盖保湿，常温施工时应及时浇水养护，其养护时间不少于14d。每天的浇水次数以保证表面湿润为宜，在混凝土养护期间，强度未达到1.2MPa前，不得站人或者卸大量材料。

三、建筑地下室外墙后浇带施工方法的改进

现在的多层及高层建筑物地下室非常普及。目前，地下室剪力外墙后浇带的补浇是在房屋主体结构基本完工，并达到设计规定的沉降时间后在条件允许或者地下人防工程验收合格后，再进行补浇施工的。这种施工方法存在着明显的缺陷：施工停留时间太长，地下室剪力外墙后浇带位置的防水及建筑保温节能施工不能同其他部分同步作业，给防水施工质量及保温节能施工质量留下隐患；有地下水时，延长排水周期，费用相应增加；室外基坑回填不能同时进行，一定程度上增大了施工现场安全文明施工难度，而且后浇带钢筋锈蚀，进行垃圾清理工作非常困难，对补偿混凝土及整体性有一定影响。

（一）胎模施工技术措施与原理

采用胎模施工方法，是在地下室剪力外墙后浇带外侧安装钢筋混凝土预制板，预制板与后浇带钢筋采取可靠连接，从而形成一个具有足够强度和刚度的胎体结构，保证室外防水和建筑节能施工的整体性和连续性，抵御室外土方回填后与后浇带混凝土浇筑产生的侧向压力，不会因为后浇带而影响其他工序的正常施工。

地下室剪力外墙后浇带利用增加胎模措施施工，避免了建筑物主体结构施工完成并达到设计要求的时间等条件后，才能进行后浇带的补浇施工的弊端。改进后有多方面的优势：首先，防水施工作业可以与其他部位同步进行，消除了防水层在该部位的接头，从而保证了防水整体质量；其次，在地下室室外防水和建筑保温节能施工作业全面完成

的基础上，室外基坑回填可以连续一次性完成，对优化现场的平面管理及安全文明施工起到非常重要的关键作用；再次，当施工进度达到设计要求的后浇带浇筑条件时，仅仅只要搭设内侧模板就可以进行后浇带的浇筑，方便施工作业；最后，大幅度缩短了施工周期，为流水作业和工种交叉作业创造了便利条件，加快了进度的同时也极大地提高了质量。

（二）工艺流程与控制重点

1. 工艺流程

施工前准备→预制混凝土板安装→防水找平层施工→地下室防水层施工→地下室建筑保温节能施工→地下室外土方回填→内侧模板安装→后浇带混凝土施工→混凝土的养护。

2. 施工质量控制重点

①预制钢筋混凝土板加工制作：预制钢筋混凝土板作为后浇带的胎体，抵御室外土方回填和后浇带混凝土浇筑所产生的侧向水平荷载，同时作为室外防水层的基体，对预制板的强度、刚度和平整度均有较高的要求。施工操作中要重视的问题是：预制钢筋混凝土强度不得低于现浇地下室外墙所用混凝土强度；预制板外形、规格、尺寸应根据后浇带宽度决定，同时考虑其制作及方便安装的需要；预制板预埋钢筋要同后浇带钢筋焊接，预埋钢筋的位置以及长度必须同现场现状相符合。

②预制钢筋混凝土板的安装：预制钢筋混凝土板的安装质量，直接影响到后续作业的工作质量和产品的最终质量，在安装前要将待安装范围和后浇带内清理干净。安装时确保预留钢筋与后浇带内钢筋焊接牢固，严格控制板缝宽度和板面平整度。其检查标准为：接缝宽度为 5mm；接缝高差为 3mm；平整度为 5mm；垂直度小于 8mm。

3. 防水找平层

在防水找平层施工前，应将预制板接缝及周边用高强度水泥砂浆嵌补密实，预制板与原结构有高差的部位要抹成小圆角。砂浆找平层厚度应控制在 20mm 以内，并抹压至平整、光洁。

4. 防水层施工

防水层在大面积施工前，应该先在预制板安装区域增加一道附加防水层，然后再进行大面积防水施工层作业。

5. 地下室外部土方回填

地下室外部土方回填是一项应严肃对待的工作，除严格按照设计和施工验收规范的要求进行回填作业外，在后浇带作业范围内回填需要谨慎、小心，严禁产生冲击荷载，确保钢筋混凝土预制板不受任何损伤。回填土过程中要派专人在地下室内对钢筋混凝土预制板进行实际观察，一旦出现问题及时处理，尤其是出现裂缝现象，应及时进行加强支撑处理。

6. 地下室内模板安装

当地下室剪力墙的混凝土达到设计强度，需要对后浇带进行补浇时，要对该部位进行清理，在后浇带处专门用对接丝杆和角钢固定模板，检查合格后再按顺序进行后浇带混凝土的施工。

7. 后浇带混凝土的养护

后浇带混凝土由于面积小且是立面不易存水，所以保湿工作难度大且非常重要。在未拆除模板前，由于模板的保护水分蒸发较少，只在表面浇湿即可；而拆除模板后要采取措施保湿，尤其是微膨胀混凝土早期的保湿对强度增长极为关键。

（三）保证质量的具体措施

钢筋混凝土预制板在浇筑时必须严格按照设计配合比拌制混凝土，要保证振捣密实，达到内实外光，几何尺寸控制偏差在允许范围以内，在预制板安装前要进行选择，对有明显缺陷或者几何尺寸偏差大的板，应坚决剔除不用。

在安装预制板时，要切实保证预制板与墙面的紧密结合，对墙面不平整部位提前进行修补抹平。预制板预留钢筋与后浇带的钢筋焊接牢固，不允许漏焊以及点焊。

对防水附加层进行铺贴时，要按切实确保防水附加层的宽度符合施工，规范的规定。附加层的粘贴也要先经过验收，再大面积开铺。整个防水层施工完成后，要加强对成品的保护，及早进行防水保护层的施工，确保防水层不被损伤。

在进行土方回填时，严禁可能产生的冲击荷载。按规定监理要旁站进行回填土的过程监督，施工方也要派专人在地下室内对钢筋混凝土板进行实际观察，一旦出现异常情况，要及时加强支撑处理，目的是不要使防水层受损而产生严重的渗漏后果。

（四）改进施工方法简要小结

胎模施工技术在某工程的地下室 3 条后浇沉降带中得到应用，当地上工程进入 3 层时，地下室剪力墙后浇带按照胎模施工技术进行施工，在钢筋混凝土预制板安装完成和防水找平层施工达到一定强度后，顺利进行 SBS 防水卷材和防水保护层的施工，工程质量和效益明显得到提升。

与传统施工方法相比，运用胎模施工技术，地下室防水、建筑保温节能、土方回填等工程分项可以连续、不间断地进行，加快了工程进度和工程质量，促进了地下室后浇带施工的创新和发展。尤其在市区建筑用地十分紧迫的地段，因此土方一次性整体回填，减少了二次倒运，提高现场平面利用率并降低了工程费用。这部分工程分项比原计划提前 4 个月完成，工作效率提高了 23%，工程质量得到更有效的保证，施工全过程处于安全文明状态，工期得到有效控制，现场环境得到改善，快速、优质、可控，无安全及质量事故发生，胎模施工技术对地下室后浇带的应用实践表明是可行的，为类似工程提供了可应用参考依据。

四、地下室后浇带自密实混凝土施工控制

现在多层及高层的房屋建筑，都会设置地下室建筑工程，而地下室多用作车库。地下室工程最大的问题就是防水和防止地基不均匀沉降。设置之后浇带主要是解决不均匀沉降问题，宽度多数为 800～1200mm 之间，从基础到地下室顶板全部贯通。按照规范的要求，起沉降作用的后浇带要在主体结构封顶、沉降观测稳定后才能补浇。后浇带补浇混凝土必须采用补偿收缩微膨胀混凝土，补偿收缩限制膨胀量是 0.045% 左右，强度等级较原结构体混凝土提高一个级别，浇筑后应加强养护。

某工程地下室车库顶板上覆土厚度约 2m，由于工程为群体地下建筑，面积比较大，但由于临时设施、加工场地、材料堆放、临时道路原因，可以利用的面积较小，按照常规施工会影响整体工程的进度。可采取提前预制钢筋混凝土盖板，地下室

顶板后浇带用预制盖板进行封堵后，再用 1∶2.5 水泥砂浆抹平。然后，再施工防水层及防水保护层。回填土要分层夯实，将材料堆放场以及加工场地转移到车库顶板，待顶部结构施工后，分析、观察沉降数据，经确认主楼沉降稳定后才能浇筑后浇带混凝土。现在采用的自密性混凝土具有很大的流动性，且不产生离析、泌水和分层，功能是不需要振捣，完全依靠自重流平并充满模型和包裹钢筋，是一种新型的高性能混凝土，适合于工程地下室顶板后浇带的施工，虽价格偏高，但是方便了特殊地段的施工。

（一）后浇带盖板设计施工

预留泵管处后浇带盖板设计，预留泵管长度 1.5m，由 3m 长泵管中间断开，其间距在 8m 以内。两侧地下车库外墙顶部必须布置泵管。为了保持泵管在盖板上锚固不移动，对预留泵管的后浇带盖板进行加厚处理。该部位盖板厚度为 150mm，配筋同普通盖板相同。在每个沉降后浇带端头留出不小于 1m 长的泄压口且不封闭，待前方自密实混凝土浇筑完成后，由泄压孔浇筑余下的混凝土，之后进行此范围的防水与回填施工。

（二）后浇带支撑设计与施工

沉降后浇带两侧用三排碗扣脚手架支撑，在基础底板处生根，立杆纵横向间距控制在 600mm 以内，内侧立杆距离沉降后浇带 200mm 左右，立杆自由端长度不大于 400mm。水平杆步距 900mm，纵横扫地杆距地面 200mm，脚手架立杆底部设置 50mm×250mm 长木垫板，立杆上部用 U 形托托住 100mm×100mm 方木顶紧底板。沉降后浇带两侧双排碗扣脚手架连成一体，以增强脚手架的整体稳定性。

沉降后浇带支架四周由底至顶连续设置竖向剪刀撑，在垂直后浇带方向每隔 3m 设置竖向剪刀撑。剪刀撑斜向杆与地面夹角在 45°～60° 之间，斜杆应每步与立杆扣接。

在沉降后浇带支撑架扫地杆及最上部水平杆位置各设置一道连续水平剪刀撑，剪刀撑宽度为 3m。剪刀撑斜向杆应采用旋转扣件固定在与之相交的横向水平杆的伸出端上或立杆上，旋转扣件中心线至主节点的距离以不超过 150mm 为宜。

（三）施工过程质量控制

1. 施工工艺流程

支撑系统施工后浇带封闭→防水层施工→回填土→清理后浇带→钢筋调整→浇筑后浇带混凝土→拆除所有支撑系统→检查。

2. 后浇带封闭

后浇带清理干净达到要求后，经过隐蔽验收合格之后进行后浇带封闭浇筑，依次将后浇带用预制盖板覆盖，盖板表面再用1∶2.5水泥砂浆抹平，厚度为20mm。

3. 后浇带防水层施工

①后浇带防水层施工工艺流程：基层处理→涂刷基层处理剂→细部附加层处理→弹线试铺→热溶施工3mm厚SBS聚酯胎改性沥青防水卷材→热熔施工4mm厚SBS聚酯胎改性沥青耐根刺防水卷材→防水卷材检查→50mm厚度C20混凝土保护层。

②盖板预留混凝土泵管处理。按照每隔一跨跨中设置的处理措施，在相应位置后浇带预制盖板中预留混凝土泵管，泵管长度为1.5m，由3m长泵管中间断开，预制盖板预留泵管部位的防水做法可以借鉴出屋面管件的防水大样节点。

4. 后浇带混凝土浇筑前的各项准备

①沉降后浇带浇筑条件。按照施工图要求，沉降后浇带应在主楼结构顶板混凝土浇筑完成后，经过设计、勘察和监理单位分析沉降记录观察数据，确认了主楼结构沉降稳定后，才允许浇筑后浇带的混凝土。

②配合比设计要求。对于普通混凝土配合比设计方法，根据不同强度等级，要求进行混凝土配合比设计，但是其对自密实混凝土不太适用，配制自密实混凝土应首先确定混凝土配制强度、水灰比、用水量、砂率、粉煤灰用量、膨胀剂用量等主要技术参数，再经过混凝土性能试验强度检验，多次调整原材料参数来确定混凝土配合比的方法。

③自密实混凝土的特点。自密实混凝土属于高砂率、低水胶比、高矿物掺合料的拌和物。自密实混凝土的性能要求：自密实高流态混凝土的坍落度值一般在200～220mm；混凝土从出机至绕筑必须控制在1h内，坍落度损失不大于20mm，不分层、不离析，水泥一般用普通硅酸盐水泥，砂选择中砂，粗骨料粒径符合泵送要求，也就是在5～16mm之间的连续级配，为了减少用水量，都会掺入高效减水剂，为了提高混凝土的和易性，掺入一定比例的粉煤灰或者高炉矿渣，为补偿混凝土的收缩与增加混凝土和管壁的黏结力，掺加UEA型膨胀剂，其混凝土初凝时间在8h左右。

C35和C40自密实混凝土的配合比参考值：水泥采用42.5级普通硅酸盐，C35混凝土水灰比为0.39（m³/用量）；C40混凝土的水灰比为0.36（m³/用量）；C35混凝土的砂率为0.54（m³/用量）；C40混凝土的砂率为0.53（m³/用量）。

C35自密实混凝土的配合比为：

水泥∶水∶砂∶石子∶外加剂∶掺合料∶UEA

= 270 : 170 : 958 : 850 : 9.15 : 80.6 : 34.9。

C40 自密实混凝土的配合比为:

水泥:水:砂:石子:外加剂:掺合料:UEA

= 300 : 170 : 962 : 821 : 10.2 : 83.7 : 37.8。

(四) 沉降后浇带混凝土浇筑控制

①混凝土泵管安装原则。混凝土输送管的布置方向尽量减少变化,距离尽可能短,弯管尽可能少,减少输送过程中的阻力,混凝土输送管道垂直布置时,地面水平管长度不要小于垂直管的 1/4,并且不小于 15m。在混凝土泵机 Y 形管出料口 3m 以上处的输送管根部设置截止阀,以防止混凝土拌和物回流。

管道的连接要牢固、稳定,各管卡位置不得和地面或支撑体接触,管卡在水平方向距离支撑体大于 100mm,接头密封严密,垫片不能少。泵体引出的水平管转弯处用 45° 弯管。

②自密实混凝土的浇筑施工。在混凝土泵送前,洒水湿润整个模板及混凝土,冲洗干净,使自密实混凝土的流动更加可靠。输送过程中,检查泵送管连接是否牢固、严密,防止局部漏气,造成泵压力降低。还要预先采用同强度无石子混凝土湿润泵管,防止堵塞。混凝土泵管事前沿后浇带全部铺设,由远及近退后进行拆管浇筑施工,减少接管时间,防止时间过长,造成自密实混凝土的堵塞现象。

对于进场的自密实混凝土要进行坍落度、扩展度、和易性测试,要保证技术指标。在对每个后浇带连接口处的混凝土浇筑进行施工时,当发现混凝土流出相邻接口时,应停止泵送,用锤子砸下止回阀插楔;混凝土泵送完毕之后,拆除止回阀以上的泵管,连接下一个连接口,再用同样的工序方法浇筑,直至所有后浇带全部施工完成。在泵送混凝土过程中严格禁止反转泵,在更换车辆时要保证泵送连续不停顿。当自密实混凝土施工完成后,混凝土达到终凝后,才能把止回阀卸下进行周转再用。待钢管内混凝土达到设计强度的 70% 以后,再拆除连接口。

整个浇筑施工结束以后,将预留混凝土浇筑泵管在地面以下割断,焊接钢板封堵,并刷防锈漆。在浇筑过程中采取敲打模板底板的方法,使自密实混凝土流动畅通,保证拆模后表面光洁。由于每道后浇带自密实混凝土的用量比较少,必须一次浇筑完成,每道后浇带要留置一组标准试块和 3 组同条件养护试件,这是为了掌握拆模以及其强度增长情况备用的试块。

五、地下人防孔洞口防护常见安全质量问题及对策

孔洞口防护工程是指人防工程出入口、通风口、水暖和电缆穿墙管道。孔洞口防护工程是人防工程中的重要部位,也是最容易出现质量问题的地方。由于孔洞口防护工程在设计环节或施工环节经常存在对规范、图纸和图集要求不完全理解及在施工过程中处理不当等问题,极易造成人防工程不满足预定的防护密闭要求,所以,加强人防工程安

全质量必须重视孔洞口的防护工程质量，它是满足人防工程战时防护功能的重要环节，是保证战备效益和人员生命财产安全的关键环节。

（一）出入洞口设计常见问题及处理方法

在人防工程会审图纸中经常会发现一些设计人员在设计人防工程战时，主要出入口不能满足规范要求的情况。例如，战时主要出入口的出入地面段设置在地上建筑物的倒塌范围内，却不设置防倒塌棚架；还有一些设计人员在设计甲类核六、核六B级人防地下室时（关于用室内出入口代替室外出入口时问题更多），将战时主要出入口上的一层楼梯按战时设计；也有的设计人员对规范仅理解一部分，只是将楼梯上部不大于2.0m处做局部完全脱开的防倒塌棚架。其主要原因是对规范的规定没有认真理解，其正确做法是尽量将战时主要出入口的出地面段设在地上建筑物的倒塌范围以外，当条件限制做不到时，应在战时主要出入口的出地面段上方按人防规范设置防倒塌棚架；对于甲类核六、核六B级人防地下室关于用室内出入口代替室外出入口时，应在地上1层楼梯间设置一个与地上建筑物完全脱开的防倒塌棚架，也就是说其棚架的梁、板、柱必须和地上建筑物完全脱开，只有这样才能使结构计算受力更加明晰、合理。

（二）出入洞口施工常见问题及处理方法

在人防工程的现场检查中会发现门框墙施工存在多种不规范问题，如门框墙表面不平整，蜂窝、麻面很多，个别还有漏筋现象。甚至有些门框墙垂直度偏差过大，门框上下铰页同心度差超过规范允许范围，给人防门扇安装带来很大困难。出现这些原因主要是由于施工单位对人防门框墙不够了解或重视程度不够，造成有些门框墙不合格，重新返工，重新浇筑，带来工期和经济上的一定损失。

由于门框墙钢筋一般较多，在门框墙钢筋绑扎的过程中又要求先将防护设备的预埋钢门框架立就位，而预埋钢门框上的锚筋又非常多，同时锚筋又要求与门框墙钢筋点焊固定，因此，在整个过程中必须随时控制好垂直度和水平度，同时保证门框墙的结构尺寸准确，表面平整和光滑，支模时门洞内应加密支撑，同时门洞四角加斜支撑，以保证模板刚度，防止变形。由于门框墙模板内空间尺寸小、钢筋密、预埋构件的锚筋多，因此，在浇筑混凝土时必须注意门洞两边的浇筑面高度保持一致，来防止门洞模板推移或变位，只有这样才能保证门框墙的施工质量。

（三）通风口设计常见问题及处理方法

通风口包括进风口、排风口和排烟口。为了保证地下工程内部人员的工作、生活，人防工事内需要大量的新鲜空气，且及时排出废气和排出电站的烟雾。因此，通风口战时要继续通风，为此要求在通风口设置防护密闭门或防爆波活门和扩散室等，以便把冲击波阻挡和削弱至规范允许的压力以下，使之不至于伤害内部人员和设备，达到防护的目的。在人防工程审图中，经常发现一些设计人员在设计人防工程战时竖井时，设置在通风口竖井处的防护密闭门很少有嵌入墙内的，这种设计是不满足人防规范要求的，也就是说战时是非常危险的，可能将整个人防工程破坏，其正确做法是当防护密闭门设置于竖井内时，其门扇的外表面不得凸出竖井的内墙面。

（四）通风口施工常见问题及处理方法

通风口安装的悬摆式防爆波活门，是保证战时在冲击波超压作用时能自动关闭，把冲击波挡在外面。防爆波活门施工是控制钢门框与钢筋混凝土墙体的整体密实性和波活门嵌入墙内的一定深度。在施工现场检查时，发现波活门的混凝土浇筑不是很密实，存在很多蜂窝、麻面，更有甚者存在波活门嵌入墙内深度不够的现象。

只有防爆波活门嵌入墙内的深度满足规范要求时，才能保证在战时冲击波作用下，防爆波活门在要求的时限内能马上关闭。如果防爆波活门嵌入墙内的深度不满足图纸要求，那么当冲击波从侧向射入时，就会延缓防爆波活门关闭时间，严重破坏防爆波活门，达不到战时防护要求，甚至对人防工事内的人员造成伤害，所以，施工单位必须加以重视。

（五）穿墙管道施工常见问题及处理方法

为了使人防工程在战时能保证人员和物资的安全，还需从室外引进各种管道和电缆。这些管道和电缆有的穿过防护外墙或临空墙，有的穿过密闭墙。这就要求施工中，一定要按照图纸或标准图集做好防护密闭处理。与人防无关的管道不得穿过人防围护结构，当用于人防的管道穿越人防围护结构（人防外墙、临空墙、防护单元隔墙）时必须进行防护密闭处理，人防的管道穿越人防密闭隔墙（密闭通道、防毒通道、滤毒室、简易洗消间的墙）时必须进行密闭处理。但在实际工程检查中，经常发现有一些与人防无关的管道任意穿越人防工程的围护结构，却不进行任何防护密闭处理，或有些人防的管道穿越人防工程的围护结构虽做了预埋套管，但存在不进行密闭处理的现象，更有甚者由于在施工中漏设置预留洞，施工单位不通知设计院进行相应的加固处理，擅自在混凝土墙上用冲击钻打洞，破坏工程防护和防毒的整体性，让之不满足战时防护密闭要求。

通过分析可知，地下人防工程和平时期是按照平时、战时结合来进行设计和施工的，即人防工程既要具有战时防御功能，又要考虑平时兼用的双重功能。但是，对于人防工程建设的最主要目的仍然是战备防御功能。因此，对于人防工程建设，不论平时如何开发利用，都不应忽视人防工程的战时防御功能，更不应随意降低人防工程的战时防护标准，只有这样才能使人防工程在战时真正发挥其战备防御的作用。

六、现浇混凝土结构后浇带质量控制

建筑物或构筑物设置后浇带的技术措施已被大量工程采用多年，而后浇带的设计及施工质量，直接影响到结构的安全及经济性，切实处理好结构后浇带的设计与施工，重点是施工技术与施工管理。

（一）后浇带的概念和分类

①为防止现浇钢筋混凝土结构由于温度、收缩不均匀及沉降可能产生的有害裂缝，按照混凝土施工质量验收规范要求，在板、墙、梁相应位置留设临时施工缝，将结构暂时划分为若干部分，在一段时间后再补浇该施工缝混凝土，把结构连成整体。

②施工后浇带分为后浇沉降带和后浇收缩带两种，分别用于解决高层主楼与低层裙房间差异沉降、钢筋混凝土收缩变形、减小温度应力等问题。随着社会的发展，城市中超长结构、大底盘多塔式结构或形体不规则结构的建筑不断涌现，特别是对地下防水有特殊要求的超大面积地下建筑不断出现。广大建筑师为了建筑立面及空间使用功能的要求，又往往希望结构工程师不留变形缝，这就要求在结构设计中，必须认真对待由于超长给结构带来的不利影响，因为对钢筋混凝土结构伸缩缝最大间距有着严格的要求。当增大结构伸缩缝间距或者不设置伸缩缝时，必须采取切实可行的措施，防止了结构开裂。在适当增大伸缩缝最大间距的各项措施中，可以在结构施工阶段采取必要的保温等防裂措施，用以减小混凝土收缩产生的不利影响，或者用设置施工后浇带的方法增大伸缩缝的最大间距。我国建筑施工常用的做法是设置施工后浇带。当建筑物存在较大的高差，但是结构设计根据具体情况可不设置永久变形缝时，如高层建筑主体和多层（或低层）裙房之间，常常采取施工后浇带来解决施工阶段的差异沉降问题。这两种施工后浇带，前者可称为收缩后浇带；后者可称为沉降后浇带。设计时应考虑以某一种功能为主，以其他功能为辅。

③通常，在设计中，在施工图纸的结构设计总说明中，将设置后浇带的位置、距离通过设计计算确定，其宽度常为 800～1200mm；之后浇带部位填充的新浇混凝土强度等级，应比原结构混凝土强度提高一个级别。

（二）造成后浇带质量通病的原因

①后浇带部位的混凝土施工过早，之后浇带两侧结构混凝土收缩变形尚未最后完成；②接口处不支模，留成自然斜坡槎，使施工缝处混凝土浇捣困难，造成混凝土不密实，达不到设计强度等级，如果是地下室底板，还易产生渗水现象；③浇筑前对后浇带混凝土接缝界面局部的遗留零星模板碎片或残渣，未能清除干净；④后浇带底板位置处暴露在自然环境的时间过长，而使接缝处的表面沾了泥污，又未认真处理，严重影响了新老混凝土的结合；⑤施工缝做法不当，特别是后浇带两侧，往往将施工缝留成直缝而遭受破坏；⑥后浇带跨内的梁板在后浇带混凝土浇筑前，两侧结构长期处于悬臂受力状态，在施工期间，本跨内的模板和支撑不能拆除，必须待后浇混凝土强度达到设计强度值的100%以上后，方可按由上向下的顺序拆除。有些施工单位，施工期间模板准备不足或考虑资金等因素，提前拆除后浇带块内的模板和支撑，造成板边开裂，使结构承载能力下降；⑦杂物落入后浇带内，给后期清理工作带来极大困难，污染钢筋，让钢筋变形，堆积垃圾。

（三）设置后浇带技术的控制要点

1. 后浇带设计控制要点

①结构设计中由于考虑沉降原因而设计的后浇带，施工中应严格按设计图纸留设。

②由于施工原因而需要设置后浇带时，应视施工具体情况而定，留设的位置应经设计方认可。

③后浇带间距应合理，矩形构筑物后浇带间距一般可设为 30～40m，后浇带的宽度应考虑便于施工操作，并按结构构造要求而定，一般宽度以 800～1000mm 为宜。

④后浇带处的梁板受力钢筋不允许断开，必须贯通留置，如果梁、板跨度不大，可一次配足钢筋，如果跨度较大，可按规定断开，在补浇混凝土前焊接好。

⑤后浇带在未浇筑混凝土前不能将部分模板、支柱拆除，否则会导致梁板形成悬臂，造成变形。

⑥施工后浇带的位置宜选在结构受力较小的部位，通常在梁、板的反弯点附近，此位置弯矩不大，剪力也不大，也可选在梁、板的中部，弯矩虽大，但剪力很小。

⑦后浇带的断面形式应考虑浇筑混凝土后连接牢固，一般宜避免留直缝，对于板，可留斜缝；对于梁及基础，可留企口缝，而企口缝又有多种形式，可根据结构断面情况确定。

⑧配置纵向钢筋最小配筋率不宜小于 0.5%，钢筋应尽可能选择直径较小的，一般为 10～16mm 即可，间距尽量选择较密的，最好不大于 100mm，细而密的钢筋分布对结构抗裂是有利的，尤其对于补偿混凝土。

2. 后浇带施工，环节的控制重点

（1）模板支设

根据分块图划分出的混凝土浇筑施工层段支设模板（钢丝网模板），并严格按施工方案的要求进行。由于后浇带模板须单独支设，自成一个单独的支撑体系与相邻的模板支撑体系分开。后浇带模板在本跨内应支设一个独立单元，模板拆除时应暂时保留不拆。待后浇带混凝土浇筑完毕并达到设计强度后，才可拆除。

（2）混凝土后浇带缝的处理

①施工中必须保证后浇带两侧混凝土浇筑质量，防止漏浆，或混凝土疏松。浇筑后浇带混凝土前，清理带内水泥浆及垃圾，底板钢筋应调整、除锈，保证板下口钢筋有足够的保护层厚度，然后用清水冲洗施工缝，保持湿润24h，并排除积水；②对木模板的垂直施工缝，可用高压水冲毛；也可根据现场情况和规范要求，尽早拆模并及时人工凿毛；③对于已经硬化的混凝土表面，要使用凿毛机械进行处理；④对较严重的蜂窝或孔洞应进行修补。在封闭施工后浇带前，应将后浇带内的杂物清理干净，做好钢筋的除锈工作；⑤对于底板后浇带，在后浇带两端两侧墙处各增设临时挡水砖墙，其高度高于底板高度，墙壁两侧抹防水砂浆；⑥为防止底板周围施工积水流进后浇带以内，在后浇带两侧50cm宽处，用砂浆做出宽5cm、高5～10cm的挡水带。

（3）保护措施

后浇带留设后，应采取保护措施，防止垃圾及杂物掉入后浇带内，保护措施可采用木盖板覆盖在上皮钢筋上，盖板两边应比后浇带各宽出 500mm 以上。

3. 顶板后浇带混凝土的浇筑

①不同类型后浇带混凝土的浇筑时间不同：伸缩后浇带视现浇部分混凝土的收缩完成情况而定，一般为施工后的 42 ~ 60d；沉降后浇带宜在建筑物基本完成沉降后进行。在一些工程中，设计单位对后浇带的保留时间有特殊要求，应按设计要求进行保留。

②浇筑后浇带混凝土前，用压力水冲洗施工缝，保持湿润 24h，并排除混凝土表面积水。

③浇筑后浇带混凝土前，宜在施工缝处先洒一层 1 ∶ 0.5 的素水泥浆，再铺一层与混凝土内砂浆成分相同的水泥砂浆。

④后浇带混凝土必须采用无收缩微膨胀混凝土，可采用膨胀水泥配制，也可采用添加具有膨胀作用的外加剂和普通水泥配制，混凝土的强度应提高一个等级，其配合比通过试验确定，宜掺入早强减水剂，且应认真配制，精心振捣。由于膨胀剂的掺量直接影响混凝土的质量，因此，要求膨胀剂的称量由专人负责。所用膨胀剂和外加剂的品种，应根据工程性质和现场施工条件选择，并事先通过试验确定配合比，并且适当延长掺膨胀剂的混凝土搅拌时间，以使混凝土搅拌均匀。

⑤后浇带混凝土浇筑后应及时覆盖草包，蓄水养护，养护时间不得低于 28d，这个环节极其关键。

4. 地下室底板、侧壁后浇带混凝土的施工

地下室因为对防水有一定的要求，所以后浇带的施工是一个十分关键的环节。因此，对其补浇必须重视的方面是：①后浇带应在其两侧混凝土龄期达到 42d 后再施工；②后浇带的接缝处理应符合施工规范相关条文对施工缝的防水施工的规定要求；③后浇带应采用补偿收缩混凝土，其强度等级要高于两侧混凝土；④后浇带混凝土养护时间不得少于 28d。在地下室后浇带的施工之中，必须严格按照规范规定的要求进行处理。

5. 后浇带施工的质量控制要求

①后浇带施工时模板支撑应安装牢固，钢筋应进行清理整形，施工的质量应满足钢筋混凝土设计和施工验收规范的要求，以保证混凝土密实、不渗水和产生有害裂缝。

②所有膨胀剂和外加剂必须有出厂合格证及产品试验报告以及相关技术资料，并符合相应标准的要求。

③浇筑后浇带的混凝土，必须按规范要求留置试块。有抗渗要求的，应按有关规定制作抗渗试块，其数量满足试验要求。

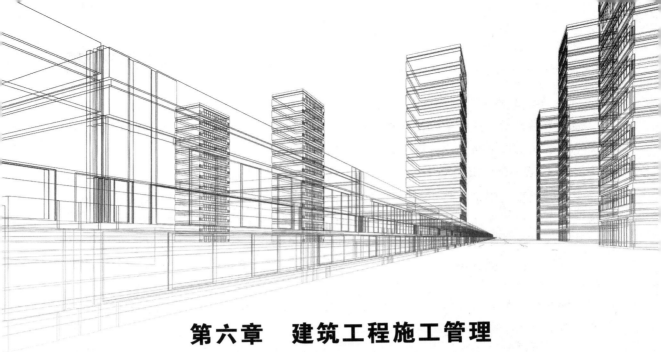

第六章　建筑工程施工管理

第一节　施工进度管理

一、施工进度管理概述

（一）施工进度管理的含义

施工进度管理指为实现预定的进度目标而进行的计划、组织、指挥、协调与控制等活动。施工进度管理的内容主要包括：根据限定的工期确定进度目标；编制施工进度计划；在进度计划实施过程中，及时检查实际施工进度，并且与计划进度进行比较，分析实际进度与计划进度是否相符。若出现偏差，则分析产生的原因及对后续工作和工期的影响程度，并及时调整，直至工程竣工验收。

（二）施工进度管理程序

施工进度管理是一个动态的循环过程，主要包括了施工进度目标的确定，施工进度计划的编制和施工进度计划的跟踪、检查和调整等内容。

（三）施工进度影响因素分析

要想有效地控制施工进度，就必须对影响施工进度的因素进行全面分析和预测。这样，一方面可以促进对有利因素的充分利用和对不利因素的妥善预防；另一方面也便于事先制定预防措施，事中采取有效对策，事后进行妥善补救，以缩小实际进度与计划进度的偏差，实现对建设工程施工进度的主动控制和动态控制。

二、施工进度计划的实施与检查

（一）施工进度计划的实施

在施工进度计划实施过程中，为了保证各阶段进度目标和总进度目标的顺利实现，应做好以下工作。

1. 施工进度计划应满足工程施工的需要

为进一步实施施工进度计划，施工单位在施工开始以前和施工中应及时编制本月（旬）的作业计划，该实施计划在编制时应结合当前的具体施工情况，从而使施工进度计划更具体、更切合实际、更加可行。此外，施工项目的完成需要人员、材料、机具、设备等诸多资源的及时配合。应注意考虑主要资源的优化配置，让其既满足施工要求，又降低施工成本。

2. 实行计划层层交底，按要求签发施工任务书，保证逐层落实

在施工进度计划实施前，根据任务书、进度计划文件的要求进行逐层交底落实，使有关人员明确各项计划的目标、任务、实施方案、预控措施、开始日期、结束日期、有关保证条件、协作配合要求等，使项目管理层和作业层协调一致，保证施工有计划、有步骤、连续均衡地进行。

3. 做好施工记录，掌握现场实际情况

在工程施工过程中，对于施工总进度计划、单位工程施工进度计划、分部工程施工进度计划等各级进度计划都要做好跟踪记录，如实记录每项工作的开始日期、工作进程和完成日期，记录每日完成数量、影响施工进度的因素等，以便为进度计划的检查、分析、调整等提供基础资料。

4. 预测干扰因素，采取预控措施

在项目实施前和实施过程中，应经常根据所掌握的各种数据资料，对可能会导致施工进度计划出现偏差的因素进行预测，并且积极采取措施予以规避，保证施工进度计划的正常进行。

（二）施工进度计划的检查

在工程项目实施过程中，施工进度管理人员应经常性地、定期地检查实际进度情况，收集实际进度资料，并进行实际进度与计划进度的对比。主要内容如下：

1. 跟踪检查施工实际进度

进度计划检查按时间可划分为定期检查和不定期检查。定期检查包括按规定的年、季、月、旬、周、日检查。不定期检查指根据需要由检查人确定的专题或专项检查。检

查内容应包括工程量的完成情况、工作时间的执行情况、资源使用及与进度的匹配情况、上次检查提出问题的整改情况等内容。检查方式通常采用收集进度报表、定期召开进度工作汇报会或现场实地检查工程进展情况等。

2. 整理统计检查数据

将收集到的实际进度数据进行必要的加工处理，以形成与计划进度具有可比性的数据。例如，对检查时段实际完成工作量的进度数据进行整理、统计和分析，确定本期累计完成的工作量、本期已经完成的工作量占计划总工作量的百分比等。

3. 将实际进度数据与计划进度数据进行对比分析

将实际进度数据与计划进度数据进行比较，可以确定建设工程实际执行状况与计划目标之间的差距。通常采用的比较方法有横道图比较法、S曲线比较法、香蕉曲线比较法、前锋线比较法等，通过比较得出有实际进度与计划进度相一致、超前和拖后三种情况。

4. 施工项目进度检查结果的处理

对施工进度检查的结果要形成进度报告。进度报告的内容包括：进度执行情况的综合描述，实际进度与计划进度的对比资料，进度计划的实施问题及原因分析，进度执行情况对质量、安全和成本等的影响情况，采取了的措施和对未来计划进度的预测等内容。

三、施工进度计划的比较方法

（一）横道图比较法

横道图比较法指将项目实施过程中检查实际进度收集到的数据，经加工整理后直接用横道线平行绘制于原计划的横道线处，进行实际进度与计划进度比较的方法。通常，上方的线条表示计划进度，下方的线条表示实际进度。采用横道图比较法，可形象、直观地反映实际进度与计划进度相比提前或延后的天数。

（二）S曲线比较法

S曲线比较法是以横坐标表示时间，纵坐标表示累计完成任务量，绘制一条按计划时间累计完成任务量的s曲线；然后将工程项目实施过程中实际累计完成任务量的S曲线也绘制在同一坐标系中，进行实际进度与计划进度比较的一种方法。

（三）香蕉曲线比较法

对于一个工程项目，根据其计划实施过程中时间与累计完成任务百分比的关系可以用S曲线表示。在网络计划中，每项工作的开始时间又分为最早开始时间和最迟开始时间，可以据此分别绘制S曲线。以各项工作的最早开始时间安排进度而绘制的曲线，称为ES曲线；以各项工作的最迟开始时间安排进度而绘制的曲线，称为LS曲线。两条S曲线都是从计划的开始时刻开始和完成时刻结束，因此两条曲线是闭合的。其余时刻

ES 曲线上的各点均落在 LS 曲线相应点的左侧，由于该闭合曲线形似"香蕉"，所以称为香蕉曲线。一个科学合理的进度计划 S 曲线应处于香蕉曲线包围的区域内。

（四）前锋线比较法

前锋线指在原时标网络计划上，从检查时刻的时标点出发，用点画线依次将各项工作实际进展位置点连接而成的折线。前锋线比较法就是通过实际进度前锋线与计划进度中各工作箭线交点的位置来判断工作实际进度和计划进度的偏差，进而判定该偏差对后续工作及总工期影响程度的一种方法。

四、施工进度计划的调整

当实际进度偏差影响到后续工作、总工期而需要调整进度计划时，其调整方法主要有两种：一种是改变某些工作间的逻辑关系，另一类是缩短某些工作的持续时间。

（一）改变某些工作间的逻辑关系

当工程项目实施中产生的进度偏差影响到总工期，且有关工作的逻辑关系允许改变时，可以改变关键线路和超过计划工期的非关键线路上的有关工作之间的逻辑关系，达到缩短工期的目的。例如，将顺序进行的工作改为平行作业、搭接作业以及分段组织流水作业等，都可以有效地缩短工期。

（二）缩短某些工作的持续时间

该种方法是在不改变工程项目中各项工作之间逻辑关系的基础上，通过采取增加资源投入、提高劳动效率等措施来缩短某些工作的持续时间，这些被压缩持续时间的工作应是位于关键线路或超过计划工期的非关键线路上的工作，以保证按计划工期完成该工程项目。

1. 调整方法

采用缩短某些工作的持续时间进行施工进度的调整之时，通常在网络图上直接进行，一般分为以下三种情况。

（1）拖延的时间已超过其自由时差但未超过其总时差

在此种情况下，该工作进度的拖延不会影响总工期，只是对其后续工作产生影响。因此，需要首先确定其后续工作允许拖延的时间限制条件，并以此为条件进行调整。

当后续工作拖延的时间无限制条件，则可将拖延后的时间参数代入原计划，绘制出未实施部分的进度计划，即得到调整方案。

（2）网络计划中某项工作进度拖延的时间超过其总时差

在此种情况下，无论该工作是否为关键工作，其实际进度都将对后续工作和总工期产生影响。此时，进度计划的调整方法又可分为以下三种情况：

①如果项目总工期不允许拖延，工程项目必须按照原计划工期完成，则只能采取缩短关键线路上后续工作持续时间的方法来调整进度计划。

②如果项目总工期允许拖延，就只需以实际数据取代原计划数据，并重新绘制实际进度检查日期之后的网络计划即可。

③如果项目总工期允许拖延，但允许拖延的时间有限，则应当以总工期的限制时间作为规定工期，对检查日期之后尚未实施的网络计划进行工期优化，即通过缩短关键线路上后续工作持续时间的方法使总工期满足规定工期的要求。

（3）网络计划中某项工作进度超前

在进度计划执行过程中，工作进度的超前也会造成控制目标的失控。例如，会致使资源的需求发生变化，而打乱了原计划对人、财、物等资源的合理安排，从而需要进一步调整资金使用计划，如果后期由多个平行的承包单位进行施工时，则势必会打乱各承包单位的进度计划，还会引起相应合同条款的调整等。因此，如果实施过程中出现进度超前的情况，进度控制人员必须综合分析进度超前对于后续工作产生的影响，提出合理的进度调整方案，确保工期目标顺利实现。

2.调整措施

具体措施包括：

（1）组织措施

①增加工作面，组织更多的施工队伍。

②增加每天的施工时间，例如采用三班制等。

③增加劳动力和施工机械的数量。

（2）技术措施

①改进施工工艺和施工技术，缩短工艺技术间歇时间。

②采用更先进的施工方法，以减少施工过程的数量。

③采用更先进的施工机械。

（3）经济措施

①实行包干奖励。

②提高奖金数额。

③对所采取的技术措施给相应的经济补偿。

（4）其他配套措施

①改善外部配合条件。

②改善劳动条件。

③实施强有力的调度等。

一般来说，不管采取哪种措施，都会增加费用。因此，在调整施工进度计划时，应利用费用优化的原理选择费用增加量最小的关键工作作为压缩对象。

第二节　施工质量管理

一、施工阶段的质量控制

（一）施工质量控制概述

1. 施工质量控制的目标

施工质量控制的总体目标是贯彻执行建设工程质量法规和标准，正确的配置生产要素和采用科学管理的方法，实现工程项目预期的使用功能和质量标准。

2. 施工质量控制的依据

施工质量控制的依据包括：工程合同文件、设计文件、国家及政府有关部门颁布的有关质量管理方面的法律法规性文件、有关质量检验和控制的专门技术法规性文件。

3. 施工质量控制的阶段划分及内容

①施工准备质量控制是指工程项目开工前的全面施工准备和施工过程中各分部分项工程施工作业准备的质量控制。

②施工过程质量控制是指施工作业技术活动的投入与产出过程的质量控制，其内涵包括全过程施工生产及其中各分部分项工程的施工作业过程。

③施工验收质量控制是指对已完工工程验收时的质量控制，即工程产品的质量控制。

4. 施工质量控制的工作程序

①在每项工程开始前，承包单位必须做好施工准备工作，然后填报工程开工报审表，附上该项工程的开工报告、施工方案以及施工进度计划等，报送监理工程师审查。若审查合格，则由总监理工程师批复准予施工。否则承包单位应进一步做好施工准备，待条件具备时，再次填报开工申请。

②在每道工序完成后，承包单位应进行自检，自检合格后，填报报验申请表交监理工程师检验。监理工程师收到检查申请后应在规定的时间内到现场检验，检验合格后予以确认。只有上一道工序被确认质量合格后，方能准许下道工序施工。

③当一个检验批、分项、分部工程完成后，承包单位首先对检验批、分项、分部工程进行自检，填写相应质量验收记录表，确认工程质量符合要求，然后向监理工程师提交报验申请表附上自检的相关资料，经监理工程师现场检查以及对相关资料审核后，符合要求予以签认验收。反之，则指令承包单位进行整改或返工处理。

④在施工质量验收过程中，涉及结构安全的试块、试件以及有关材料，应按规定进行见证取样检测；对涉及结构安全和使用功能的重要分部工程，应该进行抽样检测。承担见证取样检测及有关结构安全检测的单位应具有相应资质。

⑤通过返修或加固处理仍不能满足安全使用要求的分部工程、单位工程严禁验收。

5. 质量控制的原理过程

①确定控制对象，例如一个检验批、一道工序、一个分项工程、安装过程等。

②规定控制标准，即详细说明控制对象应达到的质量要求。

③制定具体的控制方法，例如工艺规程、控制用图表等。

④明确所采用的检验方法，包括检验手段。

⑤实际进行检验。

⑥分析实测数据与标准之间差异的原因。

⑦解决差异所采取的措施、方法。

（二） 施工准备的质量控制

1. 施工承包单位资质的核查

（1）施工承包单位资质的分类

施工承包企业按照其承包工程能力，划分为施工总承包、专业承包和劳务分包三个序列。施工总承包企业的资质按专业类别共分为12个资质类别，每一个资质类别又分成特、一、二、三级。专业承包企业资质按专业类别共分为60个资质类别，每一个资质类别又分为一、二、三级。劳务承包企业有13个资质类别，有的资质类别分成若干级，如木工、砌筑、钢筋作业。劳务分包企业资质分为一级、二级，有的则不分级，如油漆、架线等作业。劳务分包企业则不分级。

（2）招投标阶段对承包单位资质的审查

根据工程类型、规模和特点，确定参与投标企业的资质等级。对符合投标的企业查对营业执照、企业资质证书、企业年检情况、资质升降级情况等。

（3）对中标进场的企业质量管理体系的核查

了解企业贯彻质量、环境、安全认证情况及质量管理机构落实情况。

2. 施工质量计划的编制与审查

①质量计划是质量管理体系文件的组成内容。在合同环境之下质量计划是企业向顾客表明质量管理方针、目标及其具体实现的方法、手段和措施，体现企业对质量责任的承诺和实施的具体步骤。

②施工质量计划的编制主体是施工承包企业。审查主体是监理机构。

③目前我国工程项目施工质量计划常用施工组织设计或施工项目管理实施规划的形式进行编制。

④施工质量计划编制完毕，应经企业技术领导审核批准，并按施工承包合同的约定提交工程监理或建设单位批准确认后执行。

由于施工组织设计已经包含了质量计划的主要内容，所以，对施工组织设计的审查就包括了对质量计划的审查。

3. 现场施工准备的质量控制

现场施工准备的质量控制包括工程定位及标高基准的控制、施工平面布置的控制、现场临时设施控制等。

4. 施工材料、构配件订货的控制

①凡由承包单位负责采购的材料或构配件，应按有关标准和设计要求采购订货，在采购订货前应向监理工程师申报，监理工程师应提出明确的质量检测项目、标准以及对出厂合格证等质量文件的要求。

②供货厂方应向需方提供质量文件，用以表明其提供的货物能够达到需方提出的质量要求。质量文件主要包括：产品合格证及技术说明书、质量检验证明、检测与试验者的资质证明、关键工序操作人员资格证明及操作记录、不合格品或质量问题处理的说明及证明、有关图纸及技术资料，必要时，还应附有权威性认证资料。

5. 施工机械配置的控制

施工机械设备的选择，除应考虑施工机械的技术性能、工作效率、工作质量、可靠性及维修难易性，以及安全、灵活等方面对施工质量的影响与保证外，还应考虑其数量配置对施工质量的影响与保证条件。

6. 施工图纸的现场核对

施工承包单位应做好施工图纸的现场核对工作，对存在的问题，承包单位以书面形式提出，在设计单位以书面形式进行确认后，才能施工。

7. 严把开工关

经监理工程师审查具备开工条件并由总监理工程师予以批准之后，承包单位才能开始正式进行施工。

（三）施工过程中质量的控制

1. 施工作业过程的质量预控

工程质量预控，就是针对所设置的质量控制点或者分部分项工程，事先分析在施工中可能发生的质量问题和隐患，分析可能的原因，并提出相应的对策，制定对策表，采取有效的措施进行预先控制，以防止在施工中发生质量问题。

（1）确定工序质量控制计划，监控工序活动条件及成果

工序质量控制计划是以完善的质量体系和质量检查制度为基础的。工序质量控制计划要明确规定质量监控的工作流程与质量检查制度，作为监理单位和施工单位共同遵循的准则。

（2）设置工序活动的质量控制点

质量控制点是指为了保证工序质量而确定的重点控制对象、关键部位或薄弱环节。承包单位在工程施工前应根据施工过程质量控制的要求，列出质量控制点明细表，表中详细地列出各质量控制点的名称或控制内容、检验标准及方法等，提交监理工程师审查

批准后，在此基础上实施质量预控。

（3）作业技术交底的控制

作业技术交底是对施工组织设计或施工方案的具体化，是更细致、明确、具体的技术实施方案，是工序施工或分项工程施工的具体指导文件。每一分项工程开始实施前均要经批准，向施工人员交清工程特点、施工工艺方法、质量要求和验收标准，施工过程中须注意的问题，可能出现意外的措施及应急方案。交底中要明确做什么、谁来做、如何做、作业标准和要求、什么时间完成等。

（4）进场材料、构配件的质量控制

①凡运到施工现场的原材料或构配件，进场前应向监理机构提交工程材料、构配件报审表，同时附有产品出厂合格证及技术说明书，由施工承包单位按规定要求进行检验的检验试验报告，经监理工程师审查并确认其质量合格后，方准进场。如果监理工程师认为承包单位提交的有关产品合格证明文件以及检验试验报告，不足以说明到场产品的质量符合要求时，监理工程师可再行组织复检或见证取样试验，确认其质量合格后方允许进场。

②进口材料的检查、验收，应会同国家商检部门进行。

③材料、构配件的存放，应安排适宜的存放条件及时间，并应实行监控。例如，对水泥的存放应当防止受潮，存放时间一般不宜超过三个月，以免受潮结块。

④对于某些当地材料及现场配制的制品，一般要求承包单位事先进行试验，达到要求的标准方可使用。

（5）环境状态的控制

环境状态包括水电供应、交通运输等施工作业环境，施工质量管理环境，施工现场劳动组织及作业人员上岗资格，施工机械设备性能及工作状态环境，施工测量及计量器具性能状态，现场自然条件环境等。施工单位应做好充分准备与妥当安排，监理工程师检查确认其准备可靠、状态良好、有效后，方准许其进行施工。

2. 施工作业过程质量的实时监控

（1）承包单位的自检系统与监理工程师的检查

承包单位是施工质量的直接实施者和责任者，其自检系统表现在以下几点：

①作业活动的作业者在作业结束后必须自检；

②不同工序交接、转换必须由相关人员交接检查：

③承包单位专职质检员的专检。

为实现上述三点，承包单位必须有整套的制度以及工作程序仪器，配备数量满足需要的专职质检人员及试验检测人员。

（2）施工作业技术复核工作与监控

凡涉及施工作业技术活动基准和依据的技术工作，都应该严格进行专人负责的复核性检查，以避免基准失误给整个工程质量带来难以补救的或全局性的危害。例如工程的定位、轴线、标高，预留空洞的位置和尺寸等。技术复核是承包单位应履行的技术工作责任，其复核结果应报送监理工程师复验确认后，才能进行后续相关的施工。

（3）见证取样、送检工作及其监控

见证是指由监理工程师现场监督承包单位某工序全过程完成情况的活动。见证取样是指对工程项目使用的材料、构配件的现场取样、工序活动效果的检查实施见证。

（4）见证点的实时控制

见证点是国际上对于重要程度不同及监督控制要求不同的质量控制点的一种区分方式。凡是被列为见证点的质量控制对象，在施工前，承包单位应提前通知监理人员在约定的时间内到现场进行见证和对其施工实施监督。若监理人员未能在约定的时间内到现场见证和监督，则承包单位有权进行该点相应工序的操作和施工。

（5）工程变更的监控

施工过程中，由于种种原因会涉及工程变更，工程变更的要求可能来自建设单位、设计单位或施工承包单位，不同情况下，工程变更的处理程序不同。但无论是哪一方提出工程变更或图纸修改，都应通过监理工程师审查并经有关方面研究，确认其必要性后，由总监理工程师发布变更指令方能生效予以实施。

（6）质量记录资料的控制

质量记录资料包括以下三方面内容：

①施工现场质量管理检查记录资料，主要包括：承包单位现场质量管理制度、质量责任制、主要专业工种操作上岗证书、分包单位资质及总包单位对于分包单位的管理制度、施工图审查核对记录、施工组织设计及审批记录、工程质量检验制度等。

②工程材料质量记录，主要包括：进场材料、构配件、设备的质量证明资料，各种试验检验报告，各种合格证，设备进场维修记录或设备进场运行检验记录。

③施工过程作业活动质量记录资料，施工过程可以按分项、分部、单位工程建立相应的质量记录资料。在相应质量记录资料中应包含有关图纸的图号、质量自检资料、监理工程师的验收资料、各工序作业的原始施工记录等。

3. 施工作业过程质量检查与验收

（1）基槽、基坑验收

基槽开挖质量验收主要涉及地基承载力的检查确认，地质条件的检查确认，开挖边坡的稳定及支护状况的检查确认，基槽开挖尺寸、标高等。由于部位的重要，基槽开挖验收均要有勘察设计单位的有关人员参加，并请当地或主管质量监督部门参加，经现场检测确认其地基承载力是否达到设计要求，地质条件是否与设计相符。如相符，则共同签署验收资料，否则，应采取措施进行处理，经承包单位实施完毕之后重新验收。

（2）隐蔽工程验收

隐蔽工程是指将被其后续工程施工所隐蔽的分项分部工程，在隐蔽前所进行的检查验收。它是对一些已完分项、分部工程质量的最后一道检查，由于检查对象就要被其他工程覆盖，给以后的检查整改造成障碍，故显得尤为重要。

（3）工序交接验收

工序交接验收是指作业活动中一种必要的技术停顿、作业方式的转换及作业活动效果的中间确认。上道工序应满足下道工序的施工条件和要求，相关专业工序之间也是如此。通过工序间的交接验收，使各工序间和相关专业工程间形成一个有机整体。

（4）不合格品的处理

上道工序不合格，不准进入下道工序施工，不合格的材料、构配件、半成品不准进入施工现场且不允许使用，已经进场的不合格品应及时做出标志、记录，指定专人看管，避免用错，并限期清除出现场；不合格的工序或工程产品，不予计价。

（5）成品保护

成品保护是指在施工过程中，有些分项工程已经完成，而其他一些分项工程尚在施工；或者是在其分项工程施工过程中，某些部位已经完成，而其他部位正在施工。在这种情况下，承包单位必须负责对已经完成部分采取妥善措施予来保护，以免因成品缺乏保护或保护不善而造成操作损坏或污染，影响工程整体质量。

4. 施工作业过程质量检验方法与检验程度的种类

（1）检验方法

对于现场所用原材料、半成品、工序过程或者工程产品质量进行检验的方法，一般可分为三类，即目测法、量测法以及试验法。

（2）质量检验程度的种类

按质量检验的程度，即检验对象被检验的数量划分，有以下几类：

①全数检验，全数检验主要是用于关键工序部位或隐蔽工程，以及那些在技术规程、质量检验验收标准或设计文件中有明确规定应进行全数检验的对象。例如，对安装模板的稳定性、刚度、强度、结构物轮廓尺寸等的检验。

②抽样检验，对于主要的建筑材料、半成品或工程产品等，由于数量大，通常大多采取抽样检验。抽样检验具有检验数量少，比较经济，检验所需时间较少等优点。

③免检，免检就是在某种情况下，可以免去质量检验过程，如对于实践证明其产品质量长期稳定、质量保证资料齐全者可考虑采取免检。

（四）工程施工质量验收

1. 基本术语

（1）验收

验收是指在施工单位自行质量检查评定的基础上，参与建设的有关单位共同对检验批、分项工程、分部工程、单位工程的质量进行抽样复验，根据相关标准以书面形式对工程质量达到合格与否作出确认。

（2）检验批

检验批是指按同一的生产条件或规定的方式汇总起来供检验用的，由一定数量样本组成的检验体。检验批是施工质量验收的最小单位，是分项工程验收的基础依据。构成一个检验批的产品，要具备以下基本条件：生产条件基本相同，包括设备、工艺过程、原材料等；产品的种类型号相同，如钢筋以同一品种、统一型号、同一炉号是一个检查批。

（3）主控项目

主控项目是指建筑工程中对安全、卫生、环境保护和公共利益起决定性作用的检验项目，如混凝土结构工程中钢筋安装时，受力钢筋的品种、级别、规格和数量必须符合设计要求。

（4）一般项目

除主控项目以外的检验项目都是一般项目，如混凝土结构工程中，钢筋的接头宜设置在受力较小处，钢筋接头末端至钢筋弯起点的距离不应该小于钢筋直径的 10 倍。

（5）观感质量

观感质量是指通过观察和必要的量测所反映的工程外在质量，例如装饰石材面应无色差。

（6）返修

返修是指对工程不符合标准规定的部位采取整修等措施。

（7）返工

返工是指对不合格的工程部位采取的重新制作、重新施工等措施。

（8）工程质量不合格

凡工程质量没有满足某个规定的要求，就称之为质量不合格。

2. 质量验收评定标准（质量验收合格条件）

在对整个项目进行验收时，应首先评定检验批的质量，以检验批的质量评定各分项工程的质量，以各分项工程的质量来综合评定分部（子分部）工程的质量，再以分部工程的质量来综合评定单位（子单位）工程的质量，在质量评定的基础上，再和工程合同及有关文件相对照，决定项目能否验收。

3. 质量验收的组织程序

（1）检验批和分项工程质量验收的组织程序

检验批和分项工程验收前，施工单位先填好"检验批和分项工程的验收记录"，并由项目专业质量检验员和项目专业技术负责人分别在检验批和分项工程质量检验记录相关栏目中签字，然后由监理工程师组织，严格按规定程序进行验收。

（2）分部（子分部）工程质量验收组织程序

分部工程应由总监理工程师（或建设单位项目负责人）组织施工单位项目负责人和

技术、质量负责人等进行验收。由于地基基础、主体结构技术性能要求严格，技术性强，关系到整个工程的安全，因此，规定与地基基础、主体结构分部工程相关的勘察、设计单位工程项目负责人和施工单位技术、质量部门负责人也应参加相关分部工程验收。

（3）单位（子单位）工程质量验收组织程序

单位（子单位）工程质量验收在施工单位自评完成之后，由总监理工程师组织初验收，再由建设单位组织正式验收。单位（子单位）工程质量验收记录应由施工单位填写，验收结论由监理单位填写，综合验收结论由参加验收各方共同商定，建设单位填写。

二、建筑工程质量控制的统计分析方法

（一）质量统计数据

1. 质量数据的收集

数据是进行质量控制的基础，是工程项目质量监控的基本出发点。质量统计数据的收集有全数检验和抽样检验，但实际应用中，数据产生依赖于抽样检验。

2. 质量数据的特性和质量波动原因分析

（1）质量数据的特性

质量数据具有个体数值的波动性，样本或总体数据的规律性。即在实际质量检测中，个体产品质量特性数值具有互不相同性、随机性，但样本或者总体数据呈现出发展变化的内在规律性。

（2）质量波动原因

质量波动也称质量变异，其影响因素分为偶然性因素和系统性因素两大类。

（二）质量控制常用统计分析方法

1. 分层法

分层法是将收集来的数据，按不同情况和不同条件分组，每组叫作一层。所以，分层法又称为分类法或分组法。分层的方法很多，可按班次、日期分类；按操作者、操作方法、检测方法分类；可按设备型号、施工方法分类；可按使用的材料规格、型号和供料单位分类等。

2. 调查表法

调查表法又称调查分析法、检查表法，是收集和整理数据用的统计表，利用这些统计表对数据进行整理，并可粗略地进行原因分析。按使用的目的不同，常用的检查表有：工序分布检查表、缺陷位置检查表、不良项目检查表、不良原因检查表等。调查表形式灵活，简便实用，与分层法结合，可更快、更好地找出问题的原因。

3. 排列图法

排列图法又叫主次因素分析图或巴雷特图。排列图法是用来寻找影响产品质量的主要因素的一种有效工具。排列图由两个纵坐标、一个横坐标、若干个直方形和一条曲线组成。其中左边的纵坐标表示频数，右边的纵坐标表示频率，横坐标表示影响质量的各种因素，若干个直方形分别表示质量影响因素的项目，直方形的高度则表示影响因素的大小程度，按大小由左向右排列。

4. 因果分析图法

因果分析图法又称特性要因图，是用来寻找质量问题产生原因的有效工具。因果分析图的做法是：首先明确质量特性结果，绘出质量特性的主干线。也就是明确制作什么质量的因果图，把它写在右边，从左向右画上带箭头的框线。然后分析确定可以影响质量特性的大原因（大枝），一般有人、机械、材料、方法与环境五个方面。再进一步分析确定影响质量的中、小和更小原因，即画出中小细枝。

5. 相关图法

相关图法又称散点图法，它是将两个变量（两个质量特性）间的相互关系用一个直角坐标表示出来，从相关图中点子的分布状况就可看出两个质量特性间的相互关系，以及关系的密切程度。

6. 直方图法

直方图又称为质量分布图，利用直方图可分析产品质量的波动情况，了解产品质量特征的分布规律，以及判断生产过程是否正常的有效方法。直方图还可以用来估计工序不合格品率的高低、制定质量标准、确定公差范围、评价施工管理水平等。

7. 控制图法

控制图法又称管理图法，它可动态地反映质量特性随时间的变化，可以动态掌握质量状态，判断其生产过程的稳定性，从而实现其对工序质量的动态控制。

第三节　施工成本管理

一、施工项目成本组成、管理特点和原则

（一）施工项目成本组成

成本指企业生产产品和管理过程中所支出的各种费用的总和。施工项目成本是指在建设工程项目的实施过程中所发生的全部生产费用的总和，包括了直接成本和间接成本。直接成本指工程施工过程中消耗的构成工程实体或有助于工程实体形成的各项费用的支

出，包括人工费、材料费、施工机械使用费和施工措施费等。间接成本指为准备、组织和管理施工生产的全部费用的支出，包括管理人员的工资、办公费、差旅费等。

（二）施工项目成本管理的原则

1. 全过程成本管理

施工项目成本管理是从工程投标报价阶段开始，直至项目竣工结算完成为止，贯穿于施工项目实施的全过程。投标报价阶段是成本估算预测阶段；施工准备阶段是调整和分解项目目标成本阶段；施工阶段是成本的过程控制及实时反馈实际成本情况阶段；竣工收尾阶段是成本分析、考核和资料汇总阶段。施工企业需要在不同的项目上周而复始地不断重复这四个环节，使企业的项目成本管理水平得到螺旋式上升。

2. 可控性成本管理

项目的成本管理是成本预测、成本计划、成本控制和实施的系统管理活动。项目必须以审批的成本计划控制各项成本费用的支出，这样才能达到控制工程成本、确保成本目标顺利实现的目的。项目通过定期核算成本费用，核实各个项费用支出的合理性，使项目成本始终处于受控状态。

3. 例外性成本管理

项目成本控制的内容很多，如果对每一种材料采购、设备的租赁、分包的招标都进行细致的控制，必将使项目管理人员的工作难度加大，所以，项目成本管理应在日常管理的基础上进行例外性管理，即项目管理者应注意要把主要的精力投入不正常、不符合常规的差异中，投入影响成本大的项目上，例如材料消耗数量多、单价高的项目。

4. 责任性成本管理

项目部应建立以项目经理为中心的成本控制体系，以确定项目部成员的成本责任、权限及相互关系，形成全面、全过程的成本控制。将项目成本的责、权、利落实到人，提高相关人员成本管理的积极性。

5. 有效性成本管理

由于建筑产品的特点，造成施工企业承揽的众多项目分布在不同的地方，即使同一项目，项目成本也随着工程进展的变化不断发生变化，所以施工企业要了解各项目部成本管理的情况，各项目部要及时了解本项目成本管理情况，须建立成本信息系统，实现施工企业对项目部、项目部对项目成本管理的有效控制。

二、影响施工项目施工成本的因素

（一）施工工期与施工成本的关系

在工程建设过程中，完成一项工作通常可以采取多种施工方法和组织方法，而有不同的持续时间和费用。由于一项建设工程往往包含许多费用，所以在安排工程进度计划时，就会有许多方案。方案不同，所对应的施工工期和工程成本也就不同。

（二）施工质量与施工成本的关系

1. 质量成本的概念和内容

质量成本，是指项目组织为保证和提高产品质量而支出的一切费用，及因未达到质量标准而产生的一切损失费用之和。

2. 施工项目施工质量成本与质量等级的关系

质量成本中各项费用之间存在着一定的比例关系：

①当故障成本大于总成本的70%，预防成本小于总成本的10%时，工作的重点应放在研究提高质量的措施和预防上；

②当故障成本接近总成本的50%，工作的重点应放在维持现有的质量水平，它表明了接近理想的成本控制点；

③当故障成本小于总成本的40%，鉴定成本大于总成本的50%时，工作的重点应放在巩固现有质量水平，减少检验程序；

④某些施工企业的经验表明，预防成本增加3%～5%，可使质量总成本降低30%左右。

施工质量与施工成本有着直接的关系，施工质量必须达到国家的验收标准及合同条款的要求，不能使质量超标准，也不能低于标准。

（三）施工安全与施工成本的关系

施工安全与施工成本的关系显而易见，安全生产事故灾难按照其性质、严重程度、可控性和影响范围等因素，一般分为四级：I级（特别重大）、II级（重大）、III级（较大）和IV级（一般），事故造成的损失和事故处理费用对施工成本造成不同程度的影响，甚至导致项目亏损。

（四）施工方案与施工成本的关系

施工方案包括的内容很多，主要有：施工方法的确定；施工机具、设备的选择；科学的施工组织；施工顺序的安排；现场平面布置图；各种技术组织措施。前两项属于施工技术问题，后四项属于科学施工组织和管理问题。施工技术是施工方案的基础，同时又要满足科学施工组织和管理的要求，科学施工组织与管理又必须保证施工技术的实现，两方面是相互联系、相互制约的关系。为了把各种关系更好地协调起来，互相创造条件，施工技术组织措施成为施工方案各项内容必不可少的延续与补充。

（五）施工现场平面管理与施工成本的关系

施工现场是建筑产品的施工场地，是确定项目生产要素（人力、材料、机械设备、临时设施）的各自空间位置，确保项目施工过程中互不干扰、有序施工，达到各项资源与服务设施互相间的有效组合和安全运行，可提高劳动生产率，减少二次搬运费用，降低责任成本。

（六）材料、设备管理与施工成本的关系

材料、设备费占直接费的比重较大，采购和管理的效果，对工程成本影响很大。要保证在合理的价格内完成材料、设备的采购工作，必须加强集中采购管理，对编制技术规格书、制订招标方案、编制招标文件等环节严格把关，在满足技术条件的情况下，进行多方案比较，选出既节约又保障质量的品种，降低采购成本；必须加强材料、设备的供应、管理等环节的管理，对材料、设备运输、储存、领用都考虑成本降低因素进行周密安排和加强过程管控。

三、施工项目目标成本预测

（一）成本预测的作用

1. 投标决策的依据

工企业在选择投标项目过程中，往往需要根据项目是否盈利、利润大小等诸因素确定是否对工程投标。这样在投标决策时就要估计项目施工成本的情况，通过与施工图预算的比较，才能分析出项目是否盈利、利润大小等。

2. 编制成本计划的基础

计划是管理的关键第一步。因此，编制可靠的计划具有非常重要的意义。但要编制出正确可靠的施工项目计划，必须遵循客观经济规律，从实际出发，对施工项目未来实施作出科学的预测。在编制成本计划之前，要在搜集、整理和分析有关施工项目成本、市场行情和施工消耗等资料基础上，对施工项目进展过程中的物价变动等情况和施工项目成本作出符合实际的预测。这样才可以保证施工项目成本计划不脱离实际，切实起到控制施工项目成本的作用。

3. 成本管理的重要环节

成本预测是在分析项目施工进程中各种经济与技术要素对成本升降的影响基础上，推算其成本水平变化的趋势及其规律性，预测施工项目的实际成本。它是预测和分析的有机结合，是事后反馈与事前控制的结合。通过成本的预测，有利于及时发现问题，找出施工项目成本管理中的薄弱环节，采取措施，控制成本。

（二）目标成本预测

目标成本预测可以选择某一先进成本作为目标成本，也可以根据企业施工定额编制施工预算的方式进行预测，或以企业的内控标准体系为基础进行预测。这里介绍按照内

控标准预测目标成本的方法，即区别成本费用性质的不同，按照人工费、材料设备费、机械费、其他直接费、间接费、临时工程费、专业分包、不可预见费和税金九大成本费用分别预测。

（三）责任成本预算编制

责任成本预算应与成本分析预测内容相匹配，责任成本预算总额以目标成本总额为上限，同时对项目部包干使用费用内容及额度和实施过程当中根据审批费用额度予以调整的费用内容予以说明。

（四）责任成本

1. 成本责任中心和成本核算单元的划分

成本责任中心和成本核算单元划分的合理性是做好责任成本分解的关键。项目经理部根据成本费用发生（产生）的根源不同，按照"谁控制、谁承担、谁负责"的原则，将参与项目施工管理的各要素部门、作业层或个人，划分为若干个成本责任中心；根据各成本责任中心负担的成本费用性质，划分为若干个成本核算单元。

2. 责任成本分解

由项目部根据各成本责任中心的责任范围和责任内容，按照可控性原则，以公司审批的责任成本预算为基础实施责任成本分解。

各成本责任中心可根据管理的要求，用其所承担的责任成本对其下属成本责任单元进行二次分解，但不得超出其承担的责任成本限额。

（五）责任成本调整

施工项目责任成本下达后原则上不予调整。

由于客观原因影响，造成施工项目成本有重大变化，确实必须调整的，项目部应对拟调整项目或者费用进行详细的分析和预测，按审批原则执行。

（六）成本计划管理

责任成本计划是实施责任成本管控及成本动态变化对比分析的基础。责任成本计划应与进度计划匹配，按责任成本预算的编制方法编制。

1. 责任成本总计划

根据项目总体施工组织设计和进度要求，按责任成本预算的编制深度，编制项目部和各成本责任中心总成本计划和年度成本计划。

2. 责任成本季度计划

根据季度进度计划和责任成本内控标准编制责任成本季度计划。责任成本季度计划编制的深度到各成本责任中心和成本核算单元，与责任成本分解深度、责任范围、责任内容及成本费用的组成一致。

四、项目成本管理与项目成本控制

（一）含义

成本控制是指有组织有计划地对生产和施工管理过程之中的各种消耗费进行事先预测、中间调控、事后评估的行为。施工项目成本控制是指建筑项目的上级公司与项目共同或分别对项目发生的各种费用进行控制的行为。项目成本管理体系是指项目上级公司和项目本身共同对该项目的生产活动和管理过程的消耗进行定期与不定期的预测、控制、核算和评估的各相关机构、相关制度的总和。

（二）施工项目成本控制的依据

1. 工程承包合同

施工成本控制要以工程承包合同为依据，围绕降低工程成本这个目标，从预算收入和实际成本两方面，努力挖掘增收节支潜力，以求获得最大的经济效益。

2. 施工成本计划

施工成本计划是根据施工项目具体情况制订的施工成本控制方案，既包括预定的具体成本控制目标，又包括实现控制目标的措施和规划，是施工成本控制指导文件。

3. 进度报告

进度报告可提供每一时刻工程实际完成量，工程施工成本实际支付情况等重要信息。施工成本控制工作正是通过实际情况与施工成本计划相比较，找出二者之间的差别，分析偏差产生的原因，从而采取措施改进以后的工作。此外，进度报告还有助于管理者及时发现工程实施中存在的隐患，并在事态还未造成重大损失之前采取有效措施，尽量避免损失。

4. 工程变更

在项目实施过程中，由于各方面原因，工程变更很难避免。工程变更一般包括设计变更、进度计划变更、施工条件变更、技术规范与标准变更、施工次序变更、工程数量变更等。一旦出现变更，工程量、工期、成本都必将发生变化，从而使得施工成本控制的计算、分析出现偏差，要随时掌握变更情况，包括已发生工程量、将要发生工程量、工期是否拖延、支付情况等重要信息，判断变更及变更可能带来的索赔额度等。

5. 其他

除了上述几种施工成本控制工作的主要依据以外，有关施工组织设计、分包合同文本等也都是施工成本控制的依据。

（三）施工项目成本控制原则

施工项目成本控制应遵循全面、动态、开源和节流相结合，目标管理、节约以及责权利相结合的原则。

1. 全面

①项目成本的全员控制原则。项目成本的全员控制，并不是抽象的概念，而应该有一个系统的实质性内容，其中包括各部门、各单位的责任网络与工区（作业队）经济核算等，防止成本控制人人有责又都人人不管。

②项目成本控制的全过程控制。施工项目成本的全过程控制，是指在施工项目确定以后，自施工准备开始，经过工程施工，到竣工交付使用后的保修期结束，其中每一项经济业务都要纳入成本控制的轨道。

2. 动态

①项目施工是一次性行为，其成本控制应更重视事前、事中控制。

②在施工开始之前进行成本预测，确定目标成本，编制成本计划，制定或修订各种消耗定额和费用开支标准。

③施工阶段重在执行成本计划，落实和降低成本措施实行成本目标管理。

④成本控制随施工过程连续进行，与施工进度同步，不能时紧时松，不能拖延。

⑤建立灵敏的成本信息反馈系统，使成本责任部门（人员）能及时获得信息、纠正不利成本偏差。

⑥制止不合理开支，把可能导致损失和浪费的苗头消灭在萌芽状态。

⑦竣工阶段成本盈亏已成定局，主要进行整个项目的成本核算、分析和考评。

3. 开源和节流相结合

降低项目成本，需要一面增加收入，一面节约支出。因此，每发生一笔金额较大的成本费用，都要查一查有无与其相对应的预算收入，是否大于收入。

4. 目标管理

目标管理是贯彻执行计划的一种方法，它把计划的方针、任务、目的和措施等逐一加以分解，提出进一步的具体要求，并分别落实到执行计划的部门、单位与个人。

5. 节约

①施工生产既是消耗资财人力的过程，也是创造财富增加收入的过程，其成本控制也应坚持增收与节约相结合的原则。

②作为合同签约的依据，编制工程预算时，应"以支定收"，保证预算收入；在施工过程中，要"以收定支"，保证预算收入，控制资源消耗和费用支出。每发生一笔成本费用，都要核查是否合理。

③经常性的成本核算时，要进行实际成本和预算收入的对比分析。

④抓住索赔时机，搞好索赔，合理力争甲方给予经济补偿。严格控制成本开支范围、

费用开支标准和有关财务制度，对各项成本费用的支出进行限制和监督。

⑤提高施工项目的科学管理水平、优化施工方案，提高了生产效率，节约人、财、物的消耗。

⑥采取预防成本失控的技术组织措施，制止可能发生的浪费。

⑦施工的质量进度都对工程成本有很大的影响，因而成本控制必须与质量控制、进度控制、安全控制等工作相结合、相协调，避免返工（修）损失、降低质量成本，减少并杜绝工程延期违约罚款、安全事故损失等费用支出的发生。坚持现场管理标准化，堵塞浪费的漏洞

6. 责权利相结合

要使成本控制真正发挥及时有效的作用，必须严格按照经济责任制的要求，贯彻责权利相结合，实践证明，只有责权利相结合的成本控制，才成为名副其实的项目成本控制。

（四）施工项目成本控制方法

1. 定额制定

定额是施工企业在一定生产技术水平和组织条件下，人力、物力、财力等各种资源的消耗达到的数量界限，主要有材料定额和工时定额。施工项目成本控制主要是制定消耗定额，只有制定出消耗定额，才能在成本控制中起作用。工时定额的制定主要依据各地区收入水平、企业工资战略、人力资源状况等因素。随着人力成本越来越大，工时定额显得特别重要。在工作实践中，根据施工生产特点和成本控制需要，还会出现费用定额等。定额管理是成本控制基础工作的核心，建立定额领料制度，控制材料成本、燃料动力成本，建立人工费包干制度，控制工时成本，以及控制制造费用，都要依赖定额制度，没有很好的定额，就无法控制生产成本；同时，定额也是成本预测、决策、核算、分析、分配的主要依据，是成本控制工作的重中之重。

2. 标准化工作

标准化工作是施工项目管理的基本要求，它是施工项目正常运行的基本保证，它促使项目施工和各项管理工作达到合理化、规范化、高效化，是施工项目成本控制成功的基本前提。

3. 用价值工程进行成本控制

价值工程是通过各相关领域的协作，对所研究对象的功能和成本进行系统分析，不断创新，旨在提高所研究对象价值的思想方法和管理技术。

4. 用挣值法进行成本控制

挣值法是用以分析目标实施与目标期望之间差异的一种方法，挣值法又称为赢得值法或偏差分析法。挣值法通过测量和计算已完成工作的预算费用与已完成工作的实际费用，将与计划工作的预算费用相比较得到的项目的费用偏差和进度偏差，从而达到判断项目费用进度计划执行状况的目的。挣值法主要运用三个费用值进行分析，它们分别是

已经完成工作预算费用、计划完成工作预算费用和已经完成工作实际费用。

五、施工项目成本核算

（一）施工项目成本核算的概念

项目成本核算是在项目法施工条件下诞生的，是施工企业探索在企业管理方式和管理水平基础上，采取的适合施工企业特点的降低成本开支、提高了企业利润水平的主要途径。

（二）施工项目成本核算的要求

项目经理部应根据财务制度和会计制度的有关规定，建立项目成本核算制，明确项目成本核算的原则、范围、程序、方法、内容、责任及要求，并设置核算台账，记录原始数据。

（三）施工项目成本核算的方法

工项目成本核算方法是将各种产品的成本费用进行归集，来计算完工产品总成本和单位成本的方法。主要包括表格核算法和会计核算法两种。

1. 项目成本表格核算法

表格核算法是建立在内部各项成本核算基础上、各要素部门和核算单位定期采集信息，填制相应的表格，并且通过一系列的表格，形成项目成本核算体系，作为支撑项目成本核算平台的方法。

2. 项目成本会计核算法

会计核算法是指建立在会计核算基础上，利用会计核算所独有的借贷记账法和收支全面核算的综合特点，按项目成本内容和收支范围，组织项目成本核算的方法。

3. 两种核算方法的并行运用

会计核算法科学严密，人为控制的因素较小而且核算的覆盖面较大。会计核算法对核算工作人员的专业水平和工作经验都要求较高。由于表格核算法便于操作和表格格式自由的特点，它可以根据管理方式和要求设置各种表式。使用表格法核算项目岗位成本责任，能较好地解决核算主体和载体的统一、和谐问题，便于项目成本核算工作的开展，并且随着项目成本核算工作的深入发展，表格的种类、数量、格式、内容、流程都在不断发展和改进，以适应各个岗位的成本控制和考核。

六、施工项目成本分析

（一）施工项目成本分析方法

成本分析应依据会计核算、统计核算和业务核算的资料进行。采用比较法、因素分析法、差额分析法和比率法等基本方法；也可采用分部分项成本分析，年、季、月（或周、旬等）度成本分析，竣工成本分析等综合成本分析方法。

1. 对比法

对比法也称比较法，又称"指标对比分析法"，就是通过技术经济指标的对比，检查目标的完成情况，分析产生差异的原因，进而挖掘内部潜力的方法。通过对比分析，正确评价项目成本计划的执行结果，提高企业和职工讲求经济效益的积极性，揭示成本升降的原因，正确地查明影响成本高低的各种因素及其原因，进一步提高企业管理水平，寻求进一步降低成本的途径和方法，从而达到控制项目成本，实现了成本目标的目的。

2. 差额计算法

差额计算法是因素分析法的一种简化形式，它利用各因素的目标值与实际值的差额来计算其对成本的影响程度。

成本分析的方法可以单独使用，也可结合使用。尤其是在进行成本综合分析时，必须使用基本方法。为更好地说明成本升降的具体原因，必须依据定量分析的结果进行定性分析。

（二）成本管理预警

1. 预警源

①施工项目成本管理信息系统。

②责任成本及经济活动分析报告。

2. 预警等级划分

施工企业按照责任成本偏离程度划分预警黄色和红色等级。

3. 应对措施

①当项目达到黄色预警等级时，由施工企业责成项目部分析产生偏差的原因，并制定整改措施，上报审批后进行落实。

②当项目达到红色预警等级时，则由施工企业组成调查组进驻项目部进行现场督查，查找产生重大偏差的原因，并制定整改措施，必要时建议追责。

七、施工项目成本信息化管理

（一）施工项目成本信息化管理的意义

①有利于不断改进企业的管理水平。对已完工成本资料进行分析整理，有利于不断改进企业的管理水平，还可以为今后的工程投标或实施提供有效的参考。

②为管理者提供可靠依据。企业管理者可以根据这些资料评估项目管理水平的高低，做出施工管理过程中的决策；评估项目管理水平的高低。

③提高管理效率。成本信息资源共享，大大降低了现场管理人员成本信息资源共享

成本，大大降低了现场管理人员的劳动强度，工作准确度提高，出错率降低。现场管理人员可用更多时间与业主沟通，做好服务，提高业主满意度。

④使工程竣工结算更加及时。在项目施工过程中，准确、及时地统计施工成本资料，在工程结尾时方便快捷地整理竣工结算资料，彻底改变以往竣工之后结算往后拖的现象。

（二）施工项目成本信息系统一般设计理念和原则

①与施工企业管理制度体系融合，反映和体现不同管理层级的管理信息需求。

②以合同管理为主线，收入管理与成本管理相对独立，且盈利能力分析数据共享。

③以施工组织管理和资源配置为基础，以方案指引成本。

④以目标管理和责任成本预算为基准，实现责任成本预算动态调整。

⑤以全成本要素（人工费、材料费、设备费、机械费、其他直接费、间接费、过渡工程费、不可预见费、专业分包费和税金）管控为核心，充分反映项目管理要素的全过程管控（项目策划、合同收入、工程成本、过程控制、预警纠偏、核算分析）。

⑥财务、物资、劳务系统主要功能相融合，相对独立、数据共享。

⑦项目经济事项实行网上报销，实现各类要素成本归集、核算分析的真实性。

⑧以财务系统会计科目划分为出发点与落脚点，实现财务系统和成本核算系统数据统一。

⑨适应增值税政策变化，对涉税要素进行同步优化改造。

⑩实现系统管理方式与项目管理模式相结合，施工项目收入管理、预算管理、合同管理、成本管控与资金管理的同步分析，实现不同层级核算分析要求。

（三）施工项目成本信息系统一般系统架构

1.系统区别项目规模或合同工期要求，按标准版和简化版设置，标准版适用于规模大、工期长的项目；简化版则适用于工期较短，规模较小的施工项目，但能够全面反映集团公司项目的整体性。

2.系统按七大功能模块设置：基础数据库管理、收入管理、预算管理、成本管理、资金管理、网络报销与核算分析管理。

（四）施工项目成本信息系统各模块系统功能

①基础数据库管理。材料机械目录分专业、类别进行设置；价格数据库体现集团公司指导价、子分公司限价、项目部限价。

②收入管理。业主验工计价、内部验工计价、变更索赔。

③预算管理。按照不同的费用性质将公司下达的目标成本分解到各个专业和责任成本中心。

④成本管控。合同类费用控制以及预算控制相结合。

⑤资金管理。支付申请、控制比例变更、报销申请、凭证制作。

⑥网络报销。按照责任成本进行网上报销申请。

⑦核算分析。取自系统专用报表数据进行各项核算分析，给各级领导决策提供数据支撑。

第四节　施工安全管理

一、施工安全管理概述

（一）安全与安全生产的概念

1. 安全

安全即没有危险、不出事故，是指人的身体健康不受伤害，财产不受损伤，保持完整无损的状态。安全可分为人身安全与财产安全两种情形。

2. 安全生产

狭义的安全生产，是指生产过程处于避免人身伤害、物的损坏及其他不可接受的损害风险（危险）的状态。不可接受的损害风险（危险）通常是指超出了法律法规和规章的要求；超出了安全生产的方针、目标和企业的其他要求；超出人们普遍接受的（通常是隐含的）要求。

（二）安全生产管理

1. 管理的概念

管理，简单的理解是"管辖""处理"的意思，是管理者在特定的环境下，为了实现一定的目标，对其所能支配的各种资源进行有效的计划、组织、领导和控制等一系列活动的过程。

2. 安全生产管理的概念

在企业管理系统中，含有多个具有某种特定功能的子系统，安全管理就是其中的一个。这个子系统是由企业中有关部门的相应人员组成的。该子系统的主要目的就是通过管理的手段，实现控制事故、消除隐患、减少损失的目的，让整个企业达到最佳的安全水平，为劳动者创造一个安全舒适的工作环境。因而安全管理的定义为：以安全为目的，进行有关决策、计划、组织和控制方面的活动。

（三）建筑工程安全生产管理的含义

所谓建筑工程安全生产管理，是指为保证建筑生产安全所进行的计划、组织、指挥、协调和控制等一系列管理活动，目的在于保护职工在生产过程中的安全与健康，保证国家和人民的财产不受损失，保证建筑生产任务的顺利完成。建筑工程安全生产管理包括：建设行政主管部门对建筑活动过程中安全生产的行业管理，安全生产行政主管部门对建筑活动过程中安全生产的综合性监督管理，从事建筑活动的主体（包括了建筑施工企业、建筑勘察单位、设计单位和工程监理单位）为保证建筑生产活动的安全生产所进行的自我管理等。

（四）安全生产的基本方针

我国安全生产方针经历了从"安全生产"到"安全生产、预防为主"及"安全生产、预防为主、综合治理"的产生和发展过程，并且强调在生产中要做好预防工作，尽可能地将事故消灭在萌芽状态。

（五）建设工程安全生产管理的特点

1. 安全生产管理涉及面广、涉及单位多

由于建设工程规模大，生产周期长，生产工艺复杂、工序多，在施工过程中流动作业多，高处作业多，作业位置多变及多工种的交叉作业等，遇到不确定因素多，因此安全管理工作涉及范围大，控制面广。建筑施工企业是安全管理的主体，但安全管理不仅仅是施工单位的责任，材料供应单位、建设单位、勘察设计单位、监理单位以及建设行政主管部门等，也要为安全管理承担相应的责任与义务。

2. 安全生产管理动态性

（1）建设工程项目的单件性及建筑施工的流动性

建设工程项目的单件性，使得每项工程所处的条件不同，所面临的危险因素与防范措施也会有所改变，员工在转移工地后，熟悉一个新的工作环境需要一定的时间，有些制度和安全技术措施会有所调整，员工同样需要一个熟悉的过程。

（2）工程项目施工的分散性

因为现场施工是分散于施工现场的各个部位，尽管有各种规章制度和安全技术交底的环节，但是面对具体的生产环境时，仍然需要自己的判断和处理，有经验的人员还必须适应不断变化的情况。

（3）产品多样性，施工工艺多变性

建设产品具有多样性，施工生产工艺具有复杂多变性，如一栋建筑物从基础、主体至竣工验收，各道施工工序均有其不同的特性，其不安全因素各不相同。同时，随着工程建设进度，施工现场的不安全因素也在随时变化，要求施工单位必须针对工程进度和施工现场实际情况及时采取安全技术措施和安全管理措施予以保证。

3. 产品的固定性导致作业环境的局限性

建筑产品坐落在一个固定的位置上，导致了必须在有限的场地和空间上集中大量的人力、物资、机具来进行交叉作业，导致作业环境的局限性，进而容易产生物体打击等伤亡事故。

4. 露天作业导致作业条件恶劣性

建设工程施工大多是在露天空旷的场地上完成的，导致了工作环境相当艰苦，容易发生伤亡事故。

5. 体积庞大带来了施工作业高空性

建设产品的体积十分庞大，操作工人大多在十几米甚至几百米进行高空作业，因而容易产生高空坠落的伤亡事故。

6. 手工操作多、体力消耗大、强度高导致个体劳动保护任务艰巨

在恶劣的作业环境下，施工工人的手工操作多，体能耗费大，劳动时间和劳动强度都比其他行业要大，其职业危害严重，带来个人劳动保护的艰巨性。

7. 多工种立体交叉作业导致安全管理的复杂性

近年来，建筑由低向高发展，劳动密集型的施工作业只能在极其有限的空间展开，致使施工作业的空间要求与施工条件的供给的矛盾日益突出，这种多工种的立体交叉作业将导致机械伤害、物体打击等事故增多。

8. 安全生产管理的交叉性

建设工程项目是开放系统，受自然环境和社会环境影响很大，安全生产管理需要将工程系统、环境系统及社会系统相结合。

9. 安全生产管理的严谨性

安全状态具有触发性，安全管理措施必须严谨，一旦失控，就会造成损失和伤害。

（六）施工现场安全管理的范围与原则

1. 施工现场安全管理的范围

安全管理的中心问题，是保护生产活动中人的健康和安全以及财产不受损伤，保证生产顺利进行。

宏观的安全管理概括地讲，包括劳动保护、施工安全技术和职业健康安全，它们是既相互联系又相互独立的三个方面。

①劳动保护偏重于以法律、法规、规程、条例、制度等形式规范管理或操作行为，从而使劳动者的劳动安全与身体健康得到应有的法律保障。

②施工安全技术侧重于对"劳动手段与劳动对象"的管理，包括预防伤亡事故的工程技术和安全技术规范、规程、技术规定、标准条例等，以规范物的状态，减轻对人或物的威胁。

③职业健康安全着重于施工生产中粉尘、振动、噪声、毒物的管理。通过防护、医疗、保健等措施，保护劳动者的安全与健康，保护劳动者不受有害因素的危害。

2. 施工现场安全管理的基本原则

（1）管生产的同时管安全

安全寓于生产之中，并对生产发挥促进与保证作用，安全管理是生产管理的重要组成部分，安全与生产在实施过程中，两者存在着密切联系，没有安全就绝不会有高效益的生产。事实证明，只抓生产忽视安全管理的观念和做法是极其危险和有害的。所以，各级管理人员必须负责管理安全工作，在管理生产的同时管安全。

（2）明确安全生产管理的目标

安全管理的内容是对生产中人、物、环境因素状态的管理，有效地控制人的不安全行为和物的不安全状态，消除或避免事故，达到保护劳动者安全和健康和财物不受损伤的目标。

（3）必须贯彻"预防为主"方针

安全生产的方针是"安全第一、预防为主、综合治理"。"安全第一"是把人身和财产安全放在首位，安全为了生产，生产必须保证了人身和财产安全，充分体现"以人为本"的理念。

（4）坚持"四全"动态管理

安全管理涉及生产活动中的方方面面，涉及参与安全生产活动的各个部门和每一个人，涉及从开工到竣工交付的全部生产过程，涉及全部的生产时间，涉及一切变化着的生产因素。因此，生产活动中必须坚持全员、全过程、全方位、全天候的动态安全管理。

（5）安全管理重在控制

进行安全管理的目的是预防、消灭事故，防止或消除事故伤害，保护劳动者的安全与健康及财产安全。在安全管理的前四项内容中，虽然都是为了达到安全管理的目标，但是对安全生产因素状态的控制与安全管理的关系更直接，显得更为突出，因此对生产中的人的不安全行为和物的不安全状态的控制，必须看作动态安全管理的重点。事故的发生，是由于人的不安全行为运动轨迹与物的不安全状态运动轨迹的交叉。事故发生的原理也说明了对生产因素状态的控制应该当作安全管理重点，把约束当作安全管理重点是不正确的，是因为约束缺乏带有强制性的手段。

（6）在管理中发展、提高

既然安全管理是在变化着的生产活动中的管理，是一种动态的过程，其管理就意味着是不断发展、不断变化的，以适应变化的生产活动。然而更为重要的是要不间断地摸索新的规律，总结管理、控制的办法与经验，掌握新的变化之后的管理方法，从而使安全管理不断地上升到新的高度。

二、安全管理体系、制度以及实施办法

（一）建立安全生产管理体系

为了贯彻"安全第一、预防为主、综合治理"的方针，建立、健全安全生产责任制和群防群治制度，确保工程项目施工过程中的人身和财产安全，减少一般事故的发生，应结合工程的特点，建立施工项目安全生产管理体系。

1. 建立安全生产管理体系的原则

①要适用于建设工程施工项目全过程的安全管理与控制。

②建立安全生产管理体系必须包含的基本要求和内容。项目经理部应结合各自实际情况加以充实，建立安全生产管理体系，确保项目的施工安全。

③建筑施工企业应加强对施工项目的安全管理，指导、帮助项目经理部建立、实施并保持安全生产管理体系。施工项目安全生产管理体系必须由总承包单位负责策划建立，生产分包单位应结合分包工程的特点，制订相适宜的安全保证计划，并且纳入接受总承包单位安全管理体系的管理。

2. 建立安全生产管理体系的作用

①职业安全卫生状况是经济发展和社会文明程度的反映，是所有劳动者获得安全与健康的保证，是社会公正、安全、文明、健康发展的基本标志，也是保持社会安定、团结和经济可持续发展的重要条件。

②安全生产管理体系对企业环境的安全卫生状态规定了具体的要求和限定，通过科学管理，使工作环境符合安全卫生标准的要求。

③安全生产管理体系的运行主要依赖于逐步提高、持续改进，是一个动态、自我调整和完善的管理系统，同时也是职业安全卫生管理体系的基本思想。

④安全生产管理体系是项目管理体系中的一个子系统，其循环也是整个管理系统循环的一个子系统。

（二）安全生产管理方针

1. 安全意识在先

由于各种原因，我国公民的安全意识相对淡薄。关爱生命、关注安全是全社会政治、经济和文化生活的主题之一。重视和实现安全生产，须有很强的安全意识。

2. 安全投入在先

生产经营单位要具备法定的安全生产条件，必须有相应的资金保障，安全投入是生产经营单位的"救命钱"。

3. 安全责任在先

实现安全生产，必须建立、健全各级人民政府及有关部门和生产经营单位的安全生

产责任制，各负其责，齐抓共管。

4. 建章立制在先

"预防为主"需要通过生产经营单位制定并且落实各种安全措施和规章制度来实现。建章立制是实现"预防为主"的前提条件。

5. 隐患预防在先

消除事故隐患、预防事故发生是生产经营单位安全工作的重中之重。

6. 监督执法在先

各级人民政府及其安全生产监督管理部门和有关部门强化安全生产监督管理，加大行政执法力度，是预防事故、保证安全的重要条件。安全生产监督管理工作的重点、关口必须前移，放在事前、事中监管上。要通过事前、事中监管，依照法定的安全生产条件，把住安全准入"门槛"，坚决把那些不符合安全生产条件或不安全因素多、事故隐患严重的生产经营单位排除在安全准入"门槛"之外。

（三）安全生产管理组织机构

1. 公司安全管理机构

建筑公司要设专职安全管理部门，配备专职人员。公司安全管理部门是公司一个重要的施工管理部门，是公司经理贯彻执行安全施工方针、政策和法规，实行安全目标管理的具体工作部门，是领导的参谋和助手。建筑公司施工队以上的单位，要设专职安全员或安全管理机构，公司的安全技术干部或安全检查干部应列为施工人员，不可以随便调动。

2. 项目处安全管理机构

公司下属的项目处，是组织和指挥施工的单位，对管理施工、管理安全有着极为重要的影响。项目处经理是本单位安全施工工作第一责任者，要根据本单位的施工规模及职工人数设置专职安全管理机构或配备专职安全员，并且建立项目处领导干部安全施工值班制度。

3. 工地安全管理机构

工地应成立以项目经理为负责人的安全施工管理小组，配备专（兼）职安全管理员，同时要建立工地领导成员轮流安全施工值日制度，解决和处理施工中的安全问题和进行巡回安全监督检查。

4. 班组安全管理组织

班组是搞好安全施工的前沿阵地，加强班组安全建设是公司加强安全施工管理的基础。各施工班组要配不脱产安全员，协助班组长搞好班组安全管理。各班组要坚持岗位安全检查、安全值日和安全日活动制度，同时要坚持做好班组安全记录。由于建筑施工点多、面广、流动、分散，一个班组人员往往不会集中在一处作业。所以，工人要提高自我保护意识和自我保护能力，在同一作业面的人员要互相关照。

（四）安全生产责任制

1. 总包、分包单位的安全责任

（1）总包单位的职责

①项目经理是项目安全生产的第一负责人，必须认真贯彻、执行国家和地方的有关安全法规、规范、标准，严格按文明安全工地标准组织施工生产，确保实现安全控制指标和文明安全工地达标计划。

②建立、健全安全生产保证体系，根据安全生产组织标准和工程规模设置安全生产机构，配备安全检查人员，并设置 5 ~ 7 人（含分包）的安全生产委员会或安全生产领导小组，定期召开会议（每月不少于一次），负责对本工程项目安全生产工作的重大事项及时做出决策，组织督促检查实施，并将分包的安全人员纳入总包管理，统一活动。

③根据工程进度情况除进行不定期、季节性的安全检查以外，工程项目经理部每半月由项目执行经理组织一次检查，每周由安全部门组织各分包方进行专业（或全面）检查。对查到的隐患，责成分包方和有关人员立即或限期进行消除整改。

④工程项目部（总包方）与分包方应在工程实施前或进场的同时及时签订含有明确安全目标和职责条款划分的经营（管理）合同或协议书；当不可以按期签订时，必须签订临时安全协议。

⑤根据工程进展情况和分包进场时间，应分别签订年度或一次性的安全生产责任书或责任状，做到总分包在安全管理上责任划分明确，有奖有罚。

⑥项目部实行"总包方统一管理，分包方各负其责"的施工现场管理体制，负责对发包方、分包方和上级各部门或政府部门的综合协调管理工作，工程项目经理对施工现场的管理工作负全面领导责任。

⑦项目部有权限期责令分包方将不能尽责的施工管理人员调离本工程，重新配备符合总包要求的施工管理人员。

（2）分包单位的职责

①分包单位的项目经理、主管副经理是安全生产管理工作的第一责任人，必须认真贯彻执行总包方在执行的有关规定、标准以及总包方的有关决定和指示，按总包方的要求组织施工。

②建立、健全安全保障体系。根据安全生产组织标准设置安全机构，配备安全检查人员，每 50 人要配备一名专职安全人员，不足 50 人的要设兼职安全人员，并接受工程项目安全部门的业务管理。

③分包方在编制分包项目或单项作业的施工方案或冬季方案措施时，必须同时编制安全消防技术措施，并经总包方审批后方可实施，如改变原方案，必须重新报批。

④分包方必须执行逐级安全技术交底制度和班组长班前安全讲话制度，并跟踪检

查管理。

⑤分包方必须按规定执行安全防护设施、设备验收制度，并且履行书面验收手续，建档存查。

⑥分包方必须接受总包方及其上级主管部门的各种安全检查并接受奖罚。在生产例会上应先检查、汇报安全生产情况。在施工生产过程中，切实把好安全教育、检查、措施、交底、防护、文明、验收七关，做到预防为主。

⑦对安全管理纰漏多、施工现场管理混乱的分包单位除进行罚款处理外，对于问题严重、屡禁不止，甚至不服从管理的分包单位，给予以解除经济合同。

2. 租赁双方的安全责任

（1）大型机械（塔式起重机、外用电梯等）租赁、安装、维修单位的职责

①各单位必须具备相应资质。

②所租赁的设备必须具备统一编号，其机械性能良好，安全装置齐全、灵敏和可靠。

③在当地施工时，租赁外埠塔式起重机和施工用电梯或外地分包自带塔式起重机和施工用电梯，使用前必须在本地建设主管部门登记备案并取得统一临时编号。

④租赁、维修单位对设备的自身质量和安装质量负责，定期对其进行维修、保养。

⑤租赁单位向使用单位配备合格的司机。

（2）承租方对施工过程中设备的使用安全负责

承租方对施工过程中设备的使用安全责任，应参照相关安全生产管理条例的规定。

第五节　施工资源管理

一、施工资源管理概述

施工项目资源管理的主要环节包括以下内容：

（一）编制资源计划

根据施工进度计划、各分部分项工程量，编制资源需用计划表，对于资源投入量、投入时间和投入顺序做出合理安排，以满足施工项目实施的需要。

（二）资源的管理

按照编制的各种资源计划，从资源的来源到资源的投入进行管理，使资源计划得以实现。

（三）节约使用资源

根据每种资源的特性，制定出科学的措施，进行动态配置和组合，协调投入、合理使用、不断纠正偏差，以尽可能少的资源来满足项目的使用，达到节约资源的目的。

（四）进行资源使用效果分析

对资源使用效果进行分析，一方面对管理效果进行总结，找出了经验和问题，评价管理活动；另一方面为管理提供储备和反馈信息，以指导之后的管理工作。

二、施工项目人力资源管理

（一）施工项目人力资源管理体制

施工总承包、专业承包企业可通过自有劳务人员或劳务分包、劳务派遣等多种方式完成劳务作业。施工总承包、专业承包企业应拥有一定数量的与其建立稳定劳动关系的骨干技术工人，或拥有独资或控股的施工劳务企业，组织自有劳务人员完成劳务作业；也可以将劳务作业分包给具有施工劳务资质的企业；还可将部分临时性、辅助性工作交给劳务派遣人员来完成。

施工劳务企业应组织自有劳务人员完成劳务分包作业。施工劳务企业应依法承接施工总承包、专业承包企业发包的劳务作业，并组织自有劳务人员完成作业，不得将劳务作业再次分包或转包。

（二）劳动力的优化配置

劳动力的优化配置就是根据劳动力需要量计划，通过双向选择，择优汰劣，能进能出，并保证人员的相对稳定，使人力资源得到充分利用，降低了工程成本，以实现最佳方案。具体应做好以下几方面的工作：

①在劳动力需用量计划的基础上，按照施工进度计划和工种需要数量进行配置，必要时根据实际情况对劳动力计划进行调整。

②配置劳动力时应掌握劳动生产率水平，使工人有超额完成的可能，以获得奖励，进而激发工人的劳动热情。

③如果现有人员在专业技术或其他素质上不能满足要求，应提前进行培训，再上岗作业。

④尽量使劳动力和劳动组织保持稳定，防止频繁调动。当使用的劳动组织不适应任务要求时，则应进行劳动组织调整。

⑤劳动力均衡配置，劳动资源强度适当，各工种组合合理和配套。

（三）劳动力的动态管理

劳动力的动态管理指根据生产任务和施工条件的变化对劳动力进行跟踪、协调、平衡，以解决劳动力失衡、劳务与生产要求脱节的动态过程。

劳动力动态管理的原则是：以进度计划与劳务合同为依据，以劳动力市场为依托，以动态平衡和日常调度为手段，来达到劳动力优化组合和充分调动作业人员的积极性为目的，允许劳动力在市场内做充分地合理流动。

（四）人员培训和持证上岗

劳动者的素质、劳动技能不同，在施工中所起的作用和获得的劳动成果也不同。当前建筑施工企业缺少的是有知识、有技能、适应施工企业发展要求的劳务人员。因此，相关部门应采取措施全面开展培训，达到预定的目标和水平后，经考核取得合格证，劳务人员才能上岗。

（五）劳动绩效评价与激励

绩效评价指按照既定标准，采用具体的评价方法，检查和评定劳动者工作过程、工作结果，以确定工作成绩，并将评价结果反馈给劳动者的过程。

施工企业劳动定额是进行绩效评价的重要依据。企业应建立编制企业定额的专门机构，收集本单位及行业定额水平资料，结合生产工艺、操作方法及技术条件，编制企业劳动定额，并定期进行修改、完善，使其反映新技术、新工艺，起到鼓励先进鞭策落后的作用。

三、施工材料管理

施工材料管理指按照一定的原则、程序和方法，合理地做好材料的供需平衡、运输与保管工作，以保证施工生产的顺利进行。

（一）材料采购与供应管理

材料供应是材料管理的首要环节。施工项目的材料供应通常划分为企业管理层和项目部两个层次。

1. 企业管理层材料采购供应

企业应建立统一的材料供应部门，对各工程项目所需的主要材料、大宗材料实行统一计划、统一采购、统一供应、统一调度和统一核算。企业材料部门建立合格供应方名录，对供应方进行考核，签订供货合同，确保供应工作质量和材料质量。同时，企业统一采购有助于进一步降低材料成本，还可以避免由于多渠道、多层次采购而导致的低效状态。

2. 项目部的材料采购供应

由于工程项目所用材料种类繁多，用量不一，为便于管理，企业应给予项目部必要的材料采购权，负责采购企业物资部门授权范围内的材料，这样有利于两级采购相互弥补，保证供应不留缺口。

（二）施工材料的现场管理

1. 现场材料管理的责任

项目经理是现场材料管理的全面领导者和责任者。项目部主管材料人员是施工现场材料管理的直接责任人。班组材料员在项目材料员的指导之下，协助班组长组织和监督本班组合理进行领料、用料和退料工作。现场材料人员应建立材料管理岗位责任制。

2. 现场材料管理的内容

（1）材料计划管理

项目开工前，项目部向企业材料部门提交一次性计划，作为供应备料的依据。在施工当中，再根据工程变更及调整的施工进度计划，及时向企业材料部门提出调整供料计划。材料供应部门按月对材料计划的执行情况进行检查，不断地改进材料供应。

（2）材料验收

材料进场验收应遵守下列规定：

①清理存放场地，做好材料进场准备工作。

②检查进场材料的凭证、票据、进场计划、合同、质量证明文件等有关资料，是否与供应材料要求一致。

③检查材料品种、规格、包装、外观、尺寸等，检查外观质量是否满足要求。在外观质量满足要求的基础上，再按要求取样进行材料复验。

④按照规定分别采取称重、点件、检尺等方法，检查材料数量是否满足要求。

⑤验收要做好记录，办理验收手续。

（3）材料的储存、保管与领发

进场的材料应验收入库，建立台账；入库的材料应按型号、品种分区堆放，施工现场材料按总平面布置图实施，要求位置正确、保管处置得当、符合了堆放保管制度；要日清、月结、定期盘点，账物相符。

（4）材料的使用监督

项目部应实行材料使用监督制度，由现场材料管理责任者对材料的使用进行监督，填写监督记录，对存在的问题及时分析并予以处理。监督的内容主要包括：是否按平面图要求堆放材料，是否按要求保管材料，是否合理使用材料，是否认真执行领发料手续，是否做到工完料清、场清等。

（5）材料的回收

班组余料必须回收，及时办理退料手续，并且在限额领料单中登记扣除。余料要造表上报，按供应部门的要求办理调拨或退料，建立回收台账，处理好经济关系。

四、施工机械设备管理

（一）施工项目机械设备的供应形式

1. 企业自有装备

施工企业应根据自身经济实力、任务类型、施工工艺特点与技术发展趋势购置自有机械，自有机械应当是企业常年大量使用的机械，以保证较高的机械利用率和经济效益。

2. 租赁

某些大型、专业的特殊建筑机械，当施工企业自行装备会导致经济上的不合理时，可以租赁方式供施工企业使用。

3. 机械施工承包

对某些操作复杂或要求人与机械密切配合的机械，可以由专业机械化分包公司装备，如大型构件吊装、大型土方等工程。

不论采用哪种形式进行机械设备供应，提供给项目部使用的施工机械设备必须符合相关要求，保证施工的正常进行。

（二）机械设备的选择

机械设备的选择是机械设备管理的首要环节。其选择原则是：切合需要，技术上先进，经济上合理，充分发挥现有机械设备能力，减少闲置。

机械设备的选择应根据企业装备规划，有计划、有目的地进行，防止盲目性。选择机械设备时，首先要挖掘企业潜力，充分发挥现有机械设备的作用。在此基础上，对新增机械设备，应从生产性、可靠性、节约性、维修性、环保性、耐用性、成套性、安全性和灵活性等方面进行技术经济分析。

（三）施工项目机械设备的使用管理

1. 机械设备的安全管理

机械设备的安全管理主要包括以下内容：

①项目要建立健全设备安全检查、监督制度，要定期和不定期地进行设备安全检查，及时消除隐患，确保设备和人身安全。

②对于起重设备的安全管理，要认真执行当地政府的有关规定。由具有相应资质的专业施工单位承担设备的安装、拆除、顶升、锚固、轨道铺设等工作任务。

③各种机械必须按照国家标准安装安全保险装置。机械设备转移施工现场，重新安装后必须对设备安全保险装置重新调试，并经试运转，以确认各种安全保险装置符合标准要求，方可交付使用。

④严格遵守建筑机械使用安全技术规程，按照要求进行设备操作和维护。

⑤项目应建立健全设备安全使用岗位责任制。

2. 机械设备的制度管理

机械设备的制度管理主要包括以下内容：

①实行机械设备中的交接班制度。采用交接班制度，能保持施工的连续性，使作业班组能够交清问题，防止机械损坏和附件丢失。机械设备操作人员要及时填写台班工作记录，记载设备运转小时、运转情况、故障及处理办法、设备附件和工具情况、岗位其他需要注意的问题等。以明确设备管理责任并为机械设备的维修、保养提供依据。

②机械设备使用中应定机、定人、定岗位责任，就是实行"三定制度"。

③健全机械设备管理的奖励与惩罚制度。

3. 严格进行机械设备的进场验收

工程项目要严格进行机械设备进场验收，通常中小型机械设备由施工员（工长）会同专业技术管理人员和使用人员共同验收；大型设备、成套设备须在项目部自检基础上报请公司有关部门组织技术负责人及有关部门人员验收；对于重点设备要组织第三方具有认证或相关验收资质单位进行验收，如塔式起重机、外用施工电梯等。

4. 机械设备使用注意事项

①人机固定，实行机械使用、保养责任制，将机械设备的使用效益与个人经济利益相结合。

②实行持证上岗制度，操作人员必须经过培训和统一考试，考试合格取得操作证后，方可独立操作。

③遵守磨合期使用规定，以防止机件早期磨损，延长机械使用寿命和修理周期。

④做好机械设备的综合利用，现场安装的施工机械应尽量做到一机多用。

⑤组织机械设备的流水施工，当施工中某些施工过程主要通过机械而不是人力时，划分施工段必须考虑机械设备的服务能力，尽量使机械连续作业，不停歇。一个施工项目有多个单位工程时，应使机械在单位工程之间流水作业，减少了机械设备进出场时间和装卸费用。

5. 施工项目机械设备的保养与维修

为保持机械设备的良好运行状态，提高设备运转的可靠性和安全性，减少零件的磨损，降低消耗，延长使用寿命，进一步提高机械施工的经济效益，应按要求及时进行机械设备的保养。

第六节　施工合同管理

一、施工合同管理概述

工程施工合同是发包人与承包人之间完成商定的建设工程项目，确定合同主体权利与义务的协议。建设工程施工合同也称为建筑安装承包合同，建筑是对工程进行建造的行为，安装主要是与工程有关的线路、管道及设备等设施的装配。

二、施工投标

（一）建筑工程施工投标程序

建筑工程施工投标的一般程序如下：

报告参加投标→办理资格审查→取得招标文件→研究招标文件→调查招标环境→确定投标策略→编制施工方案→编制标书→投送标书。

（二）建筑工程施工投标的准备工作

1.收集招投标信息

在确定招标组织后，收集招标信息，从中了解工程制约因素，可帮助投标单位在投标报价时做到心中有数，这是施工企业在投标过程中成败的关键，如工程所在地的交通运输、材料和设备价格及劳动力供应状况；当地施工环境、自然条件、主要材料供应情况及专业分包能力和条件；类似工程的技术经济指标、施工方案以及形象进度执行情况；参加投标企业的技术水平、经营管理水平及社会信誉等。

2.研究招标文件

投标单位取得投标资格，获得招标文件之后，首先就是认真仔细地研究招标文件，充分了解其内容与要求，以便有针对性地开展投标工作。研究招标文件的重点应该放在投标者须知、合同条款、设计图纸、工程范围及工程量表上，还要研究技术规范要求，看是否有特殊要求，投标人应该把重点放在投标人须知、投标附录与合同条件、技术说明、永久性工程之外的报价补充文件上。

3.编制施工方案

施工方案是投标报价的一个前提条件，也是招标单位评标时要考虑的因素之一。施工方案由投标单位的技术负责人主持编制，主要考虑施工方法、施工机具的配置，各个工种劳动力的安排及现场施工人员的平衡，施工进度的安排，质量安全措施等。施工方案的编制应该在技术和工期两方面对招标单位有吸引力，同时又能降低施工成本。

（三）建筑工程的投标报价

建筑工程的投标报价指投标单位为了中标而向招标单位报出的该建筑工程的价格。投标报价的正确与否，对投标单位能否中标以及中标后的盈利情况将起决定性作用。

1. 报价的基本原则

报价按照国家规定，并且体现企业的生产经营管理水平；标价计算主次分明，并从实际出发，把实际可能发生的一切费用计算在内，避免会出现遗漏和重复；报价以施工方案为基础。

2. 投标报价的基本程序

（1）准备阶段

熟悉招标文件，参加招标会议，了解、调查施工现场及建筑原材料的供应情况。

（2）投标报价费用计算阶段

分析并计算报价的有关费用，确定费率标准。

（3）决策阶段

投标决策并且编写投标文件。

3. 复核工程量

在报价前，应该对工程量清单进行复核，确保标价计算的准确性。对单价合同，虽然以实测工程量结算工程款，但投标人仍然应该根据图纸仔细核算工程量，若发现差异较大，投标人应该向招标人要求澄清。对于总价固定合同，总价合同是以总报价为基础进行结算，如果工程量出现差异，可能对施工方不利。对于总价合同，如果业主在投标前对争议工程量不予以更正，而且是对投标者不利的情况，投标者在投标时要附上声明：工程量表中某项工程量有错误，施工结算应该按照实际完成量计算。

4. 选择施工方案

施工方案是报价的基础和前提，也是招标人评标时考虑的重要因素之一，有什么样的方案，就会有什么样的人工、机械和材料消耗，也就会有相应的报价。因此，必须弄清楚分项工程的内容、工程量、所包含的相关工作、工程进度计划的各项要求、机械设备状态、劳动与组织状况等关键环节，根据此制订施工方案。

5. 正式投标

投标人经过多方面的情况分析、运用报价策略和技巧确定投标报价，并且按照招标人的要求完成标书的准备与填报之后，就可以向招标人正式提交投标文件，但是需要注意投标的截止日期、投标文件的完整性、标书的基本要求和投标的担保。

三、施工合同的订立

订立施工合同要经过要约和承诺两个过程。要约指当事人一方向另一方提出签订合同的建议与要求，拟定合同的初步内容，承诺是指受约人完全同意要约人提出的要约内容的一种表示。承诺后合同即成立。

招标、投标、中标的过程实质就是要约、承诺的一种具体方式。招标人通过媒体发布招标公告，或向符合条件的投标人发出招标文件，为要约邀请；投标人根据招标文件内容在约定的期限内向招标人提交投标文件，为要约；招标人通过评标确定中标人，发出中标通知书，为承诺；招标人和中标人按照中标通知书、招标文件和中标人的投标文件等订立书面合同时，合同成立并且生效。

四、施工合同执行过程的管理

合同的履行指工程建设项目的发包方和承包方根据合同规定的时间、地点、方式、内容和标准等要求，各自完成合同义务的行为。合同的履行是合同当事人双方都应尽的义务，任何一方违反合同，不履行合同义务，或者未完全履行合同义务，给对方造成损失时，都应当承担赔偿责任。合同签订后，当事人必须认真分析合同条款，向参与项目实施的有关责任人做好合同交底工作，在合同履行过程中进行跟踪与控制，并且加强合同的变更管理，保证合同的顺利履行。

合同签订以后，合同中各项任务的执行要落实到具体的项目经理部或具体的项目参与人员身上，承包单位作为履行合同义务的主体，必须对合同执行者（项目经理部或项目参与人）的履行情况进行跟踪、监督和控制，确保合同义务的完全履行。施工合同跟踪有两个方面的含义：一是承包单位的合同管理职能部门对合同执行者的跟踪；二是合同执行者本身对合同计划的执行情况进行的跟踪、检查与对比，在合同实施过程中二者缺一不可。

五、施工合同的索赔

（一）建设工程索赔概述

建设工程索赔通常指在工程合同履行过程中，合同当事人一方因对方不履行或未能正确履行合同或者由于其他非自身因素而受到经济损失或权利损害，通过合同规定的程序向对方提出经济或时间补偿要求的行为。索赔是一种正当的权利要求，它是合同当事人之间一项正常的而且普遍存在的合同管理业务，是一种以法律与合同为依据的合情合理的行为。

（二）工程索赔的主要特点

工程索赔的主要特点是由于业主或者其他非承包商的原因，致使承包商在项目施工中付出了额外的费用或造成损失，承包商通过合法途径和程序，运用谈判、仲裁、诉讼等手段，要求业主偿付其在施工中的费用损失或延长工期。

（三）索赔工作程序

索赔工作程序指从索赔事件产生到最终处理结束全过程所包含的工作内容和工作步骤。在项目施工阶段，每出现一个索赔事件，承包人与发包人都应该按照国家规定和工程项目合同条件规定，认真及时地协商解决。

1. 索赔的依据

承包商向业主提出索赔，希望费用补偿或工期延长。为此，承包商需要进行索赔论证工作，在工程项目实施过程中，会产生大量的工程信息和资料，这些信息和资料是进行索赔的重要依据。因此，在施工工程中应该自始至终做好资料积累工作，建立完善的资料记录和资料管理制度，认真系统地积累和管理合同、质量、进度及财务收支等方面的资料。

2. 索赔报告

索赔报告的具体内容随索赔事件的性质和特定而有所不同，但是一个完整的索赔报告应该包括：

（1）总述部分

概要论述索赔事项发生的日期和过程；承包人为该索赔事项付出的努力和附加开支；承包人的具体索赔要求。在总述部分最后，附上索赔报告编写组主要人员及审核人员，注明其职称、职位及施工经验，来表示该索赔报告的严肃性和权威性。

（2）论证部分

论证部分是索赔报告的关键部分，其目的是说明自己有索赔权，是索赔能否成立的关键。论证部分主要来自工程项目合同文件，并且参照有关法律规定，一般来说，论证部分一般包括：索赔发生情况；已经递交索赔意向通知书的情况；索赔事件的处理过程；所附证据资料。

（3）索赔款项（或工期）计算部分

如果说索赔报告论证部分的任务是解决索赔权能否成立，则款项计算是为解决能获得多少索赔款项。前者定性，后者定量。在索赔款项（或工期）计算部分，承包商必须说明索赔款总额，各项索赔款计算，指明各项开支计算依据及证明资料。

（4）证据部分

要注意引用的每个证据的效力或可信程度，对重要的证据资料最好附以文字说明，或附以确认件。例如，对一个重要的电话内容，仅附上自己的记录本是不够的，最好附上经过双方签字确认的电话记录。

（四）工程索赔处理的原则

工程索赔的处理应该遵循以下原则：

1. 索赔必须以合同为依据

工程师依据合同和事实对索赔进行处理是其公平性的重要体现。在不同的合同条件下，这些依据很可能是不同的。例如，因为不可抗力、异常恶劣气候条件、特殊社会事件、其他的第三方等原因引起延误。

2. 及时、合理地处理索赔

索赔事件发生后，必须依据合同及时地对索赔进行处理。如果承包人的合理索赔要求长时间得不到解决，单项工程的索赔积累下来，有时可能影响整个工程的进度。此外，拖到后期综合索赔，往往还牵涉利息、预期利润补偿、工程结算以及责任的划分、质量的处理等，大大增加了处理索赔的难度。因此，尽量将单项索赔在执行过程中解决。

3. 加强主动控制，减少工程索赔

对于工程索赔应当加强主动控制，尽量减少索赔。这就要求在工程管理过程中，应当尽量将工作做在前面，减少索赔事件的发生。这种能够使工程更顺利地进行，降低工程投资，保证施工工期。

（五）反索赔

反索赔指业主向承包商提出的索赔要求。反索赔分为工期索赔和费用索赔。一般包括工程师依据合同内容，对承包商的违约行为提出反索赔要求。此外，也包括工程师在对承包商提出的索赔进行审核评价时，指出其错误的合同依据和计算方法，否定其中部分索赔款项或全部款额。反索赔的工作内容可以包括两个方面：一是防止对方提出索赔；二是反击或反驳对方的索赔要求。

要成功地防止对方提出索赔，应采取积极防御的策略。首先，自己严格履行合同规定的各项义务，防止自己违约，并通过加强合同管理，使对方找不到索赔的理由和根据，使自己处于不被索赔的地位。其次，如果在工程实施过程中发生了干扰事件，则应立即着手研究和分析合同依据，收集证据，为提出索赔和反索赔做好两手准备。

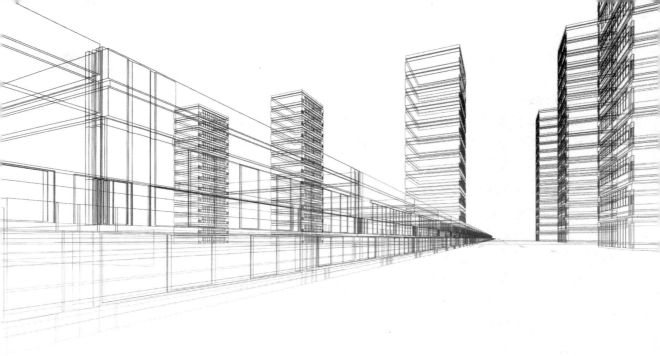

参考文献

[1] 赵研，杨庆丰，信思源 . 建筑施工技术第 4 版 [M]. 北京：北京理工大学出版社，2022.03.

[2] 张升贵 . 智能建筑施工与管理技术研究 [M]. 长春：吉林科学技术出版社，2022.02.

[3] 张立华，宋剑，高向奎 . 绿色建筑工程施工新技术 [M]. 长春：吉林科学技术出版社，2022.

[4] 余斌 . 建筑施工技术 [M]. 北京：中国财政经济出版社，2022.08.

[5] 苏小梅，杨向华 . 建筑施工技术 [M]. 北京：北京理工大学出版社有限责任公司，2022.05.

[6] 包永刚 . 建筑施工技术第 2 版 [M]. 郑州：黄河水利出版社，2022.02.

[7] 杨正凯，张欣 . 建筑施工技术第 2 版 [M]. 北京：中国电力出版社有限责任公司，2022.01.

[8] 徐滨，蒋晓燕，杜国平 . 装配式建筑施工技术 [M]. 北京：电子工业出版社，2022.01.

[9] 肖义涛，林超，张彦平 . 建筑施工技术与工程管理 [M]. 北京：中华工商联合出版社，2022.07.

[10] 刘海龙，尹克俭，韩阳 . 建筑施工技术与工程管理 [M]. 长春：吉林人民出版社，2022.09.

[11] 冯江云 . 绿色建筑施工技术及施工管理研究 [M]. 北京：北京工业大学出版社，

2022.01.

[12] 柳志强 . 建筑施工技术与管理经验 [M]. 长春：吉林科学技术出版社有限责任公司，2021.12.

[13] 张琨，杨道宇，高峰 . 装配式混凝土建筑施工技术 1+X[M]. 河北：天津大学出版社有限责任公司，2021.06.

[14] 陈伟，刘美霞，胡兴福 . 装配式混凝土建筑施工技术与项目管理第 1 版 [M]. 北京理工大学出版社有限责任公司，2021.10.

[15] 高将，丁维华 . 建筑给排水与施工技术 [M]. 镇江：江苏大学出版社，2021.03.

[16] 杜涛 . 绿色建筑技术与施工管理研究 [M]. 西安：西北工业大学出版社，2021.04.

[17] 刘臣光 . 建筑施工安全技术与管理研究 [M]. 北京：新华出版社，2021.03.

[18] 何相如，王庆印，张英杰 . 建筑工程施工技术及应用实践 [M]. 长春：吉林科学技术出版社，2021.08.

[19] 吴海科，周兴瑜，黄辉 . 建筑施工技术 [M]. 哈尔滨：哈尔滨工程大学出版社，2021.08.

[20] 杨转运，张银会 . 建筑施工技术 [M]. 北京：北京理工大学出版社有限责任公司，2021.11.

[21] 王化柱，孙鸿景 . 建筑施工技术 [M]. 河北：天津出版传媒集团；天津：天津科学技术出版社，2021.03.

[22] 陈晋中 . 建筑施工技术第 2 版 [M]. 北京理工大学出版社有限责任公司，2021.10.

[23] 周晓龙 . 建筑施工技术方案设计 2 版 [M]. 北京：国家开放大学出版社，2021.

[24] 刘禹 . 建筑施工技术、管理与组织第 2 版 [M]. 黑龙江：东北财经大学出版社有限责任公司，2021.12.

[25] 郝增韬，熊小东 . 建筑施工技术 [M]. 武汉：武汉理工大学出版社，2020.07.

[26] 张蓓，高琨，郭玉霞 . 建筑施工技术 [M]. 北京：北京理工大学出版社，2020.07.

[27] 苏健，陈昌平 . 建筑施工技术 [M]. 南京：东南大学出版社，2020.11.

[28] 陈思杰，易书林 . 建筑施工技术与建筑设计研究 [M]. 青岛：中国海洋大学出版社，2020.05.

[29] 李联友 . 建筑设备施工技术 [M]. 武汉：华中科技大学出版社，2020.05.

[30] 张牲 . 绿色建筑工程施工技术 [M]. 长春：吉林科学技术出版社有限责任公司，2020.04.

[31] 路明 . 建筑工程施工技术及应用研究 [M]. 天津：天津科学技术出版社，2020.07.

[32] 刘镇，杨茜，张隆博 . 建筑施工技术 [M]. 大连：大连理工大学出版社，

2020.09.

[33] 姚晓霞 . 建筑施工技术 [M]. 北京：中国建筑工业出版社，2020.09.

[34] 徐永迫，彭芳 . 建筑施工技术 [M]. 武汉：中国地质大学出版社，2020.02.

[35] 孙玉龙 . 建筑施工技术 [M]. 北京：清华大学出版社，2020.01.

[36] 李高锋，刘大鹏，焦文俊 . 建筑施工技术 [M]. 南京：南京大学出版社，2020.12.

[37] 邓自宇，王莉 . 建筑施工技术 [M]. 北京：科学出版社，2020.03.